原子力政策学

神田啓治・中込良廣 編

京都大学学術出版会

目 次

序　章　原子力政策学の射程と意義　　　　　　（神田啓治）　1
　　1　エネルギー政策学の中の原子力政策学　1
　　2　原子力政策学の射程　4
　　3　原子力政策学の意義　6

第Ⅰ部
原子力と現代社会

第1章　原子力の政策形成　　　　　　　　　　　（村田貴司）　11
　　1　はじめに　11
　　2　原子力政策と社会との関係性　12
　　3　もんじゅ事故の意味　13
　　4　原子力政策の広がり　16
　　5　原子力政策のステイクホルダー　18
　　　　5-1　ステイクホルダーの拡大　（18）
　　　　5-2　公共の空間の出現　（20）
　　6　原子力政策をめぐる動向　22
　　　　6-1　基礎的なデータ　（22）
　　　　6-2　原子力ルネサンス　（24）
　　7　原子力政策形成メカニズム　29
　　8　まとめ——政策形成のあり方　32
　　　　8-1　公共の空間の共有　（33）
　　　　8-2　公共を創出する政策形成空間　（33）
　　　　8-3　知慮（フロネーシス）の獲得　（34）

第2章　原子力技術の社会的受容とその獲得　　　（倉田健児）　37
　　1　はじめに　37
　　2　技術と社会を巡る認識　38

i

2-1　技術依存の桎梏　(38)
　　2-2　社会と技術の関係の変化　(40)
　　2-3　向かう先――「マルチリスク社会」　(43)
　3　求められる「安全性」と「信頼性」　45
　　3-1　安全性確保の考え方　(45)
　　3-2　「信頼性」確保の必要性　(46)
　　3-3　安全マネジメントシステム　(47)
　　3-4　従来型規制措置の困難性　(49)
　4　目指すべき方向は　50
　　4-1　「環境マネジメントシステム」という枠組み　(50)
　　4-2　「安全文化」醸成の必要性　(52)
　　4-3　環境マネジメントシステムとの相違　(55)
　　4-4　信頼性の確保に向けて　(57)
　5　おわりに　59

第3章　原子力とエネルギー安全保障　　　　　　（入江一友）　63
　1　はじめに　63
　2　原子力開発利用長期計画における原子力の評価　64
　3　総合エネルギー調査会答申類における原子力の評価　67
　4　原子力のエネルギー安全保障上の評価と意義　72
　　4-1　両政策文書群における評価の比較　(72)
　　4-2　原子力のエネルギー安全保障上の特性　(76)
　　4-3　原子力のエネルギー安全保障上の意義　(78)
　5　原子力の意義の向上　79
　　5-1　原子力の開発規模の拡大　(79)
　　5-2　原子力の特性の伸張　(80)
　6　おわりに　81

第4章　原子力と地球温暖化　　　　　　　　　　（池本一郎）　83
　1　地球温暖化とエネルギー　83
　　1-1　人口増加と経済成長で急増する開発途上国のエネルギー消費　(83)

1-2　地球温暖化問題の顕在化　　（86）
　2　地球温暖化防止手段としての原子力の評価　96
　　2-1　原子力エネルギーの特徴　　（96）
　　2-2　途上国の温室効果ガス削減技術として原子力はどう評価されたか　（100）
　3　CDMに原子力が適用できた場合の試算例　103
　　3-1　原子力CDMの有効性　　（103）
　　3-2　試算の前提条件　　（104）
　　3-3　入手できる温室効果ガス排出権の価値　　（105）
　　3-4　原子力CDM実現に向けた課題と展望　　（106）

第Ⅱ部
原子力産業政策

第5章　原子力開発における信頼形成　　（山形浩史）　111
　　　　　　―ベイズ確率論を用いた考察―
　1　緒言　111
　2　ベイズ定理とは何か　112
　3　原子力発電所の信頼度　114
　4　事例A：操業期間における信頼形成と変化プロセス　115
　　4-1　無事故運転の場合　　（116）
　　4-2　1年目の事故の後，無事故の場合　　（117）
　　4-3　信頼を得た後の事故の場合　　（118）
　5　事例B：情報操作を想定した信頼形成と変化プロセス　118
　　5-1　無事故運転の場合　　（120）
　　5-2　事故を起こした場合　　（121）
　　5-3　報告者の更迭　　（122）
　　5-4　「絶対」という言葉の影響　　（122）
　6　外部に放射線影響のある事故とない事故の区別　123
　7　ベイズ定理から得られた示唆　124
　8　おわりに　126

第6章　原子力利用と合意形成　　　　　　　　（髙橋玲子）　127
1　はじめに　127
2　合意形成に向けた国の取組みと国民の認識　128
　2-1　合意形成に向けた国の取組み　（128）
　2-2　合意形成に対する国民の認識と意見　（130）
3　合意形成の阻害要因の分析　132
　3-1　電源選択に固有な事項　（132）
　3-2　国と国民の立場と役割　（136）
4　合意形成のための対話と方策　138
　4-1　合意形成のあり方　（139）
　4-2　対話に求められる国と国民の姿勢　（141）
　4-3　エネルギーコミュニケータの提唱　（143）
5　おわりに　147

第7章　原子力発電所立地と地域振興　　　　　　（山本恭逸）　151
1　問題の所在　151
　1-1　エネルギー政策と地域　（151）
　1-2　原子力政策と地方財政　（152）
2　地域振興の一般理論　154
3　大規模発電所の立地に伴うインパクト　156
4　統計データによる検証　158
　4-1　統計指標の選択　（158）
　4-2　一般的な知見　（160）
　4-3　総合効果を表す市町村合併　（163）
5　産業振興の重要性と成果の方向　164
6　今後の展望　166

第8章　放射性廃棄物の処分　　　　　　　　　　（坂本修一）　171
　　　―社会的受容に向けての技術開発、制度設計のあり方―
1　はじめに　171
2　処分技術の社会適合性向上を誘導する枠組み　175
3　カナダの先駆的事例　178

         3-1 カナダの HLW 処分概念に係る EARP の概要　（179）
         3-2 カナダの事例が与える示唆　（182）
     4 処分地選定を巡る制度的課題　187
         4-1 処分地選定の枠組み　（189）
         4-2 地質環境の適性評価に関する課題　（193）
         4-3 処分施設立地を受け入れ易いものとするための環境づくりに関する課題——地域間の公平確保の観点から　（199）
     5 まとめ　203

第Ⅲ部
原子力安全政策

第9章　原子力法規制の体系　　　　　　　　　（田邉朋行）　207
     1 はじめに　207
     2 原子炉等規制法の概要　208
         2-1 原子炉等規制法の立法経緯　（208）
         2-2 原子炉等規制法の目的及び規制方法　（209）
     3 原子炉等規制法の特色　210
         3-1 縦割り型の事業規制を柱とする規制方法　（210）
         3-2 施設の設置運転に先行する事前規制の重視（「入口」規制方式）　（213）
     4 原子炉等規制法を取り巻く情勢の変化　214
         4-1 これまで原子炉等規制法が情勢の変化に対応できていた理由　（215）
         4-2 原子炉等規制法を取り巻く情勢の変化　（216）
     5 原子炉等規制法の課題　218
         5-1 新規ビジネス等への対応　（218）
         5-2 重複する施設投資を招く可能性　（220）
         5-3 最新技術・設備採用への対応　（222）
         5-4 事業別許可制度と事業分類に関わる課題　（223）
         5-5 核物質利用に対する規制の不徹底　（225）
     6 これからの我が国の原子力法規制体系のあり方　226

6-1　事業別許可制の修正と包括的な物質許可制の導入　（227）
　　6-2　施設の設置運転に先行する事前規制の適正化　（230）
　7　おわりに　231

第10章　放射線防護政策　　　　　　　　　　　　（中川晴夫）　233
　1　はじめに　233
　2　放射線防護政策における放射線　234
　　2-1　放射線　（234）
　　2-2　放射線被ばく　（235）
　　2-3　放射線影響　（236）
　　2-4　放射線量　（237）
　3　放射線防護政策の基本　240
　　3-1　被ばく線量限度　（240）
　　3-2　放射線防護基準と規制　（241）
　　3-3　我が国の放射線防護規制に内在する課題　（242）
　4　規制の現場における被ばく管理の現状と課題　249
　　4-1　放射線防護関連規制法令の対象区分　（249）
　　4-2　放射線業務及び放射線業務従事者　（250）
　　4-3　放射線業務従事者総数の把握　（251）
　　4-4　測定記録の多重性　（252）
　　4-5　現行の線量記録登録　（253）
　5　被ばく前歴確認規制方式の補強　254
　　5-1　被ばく前歴確認規制方式の課題　（254）
　　5-2　個人被ばく線量登録制度の必要性　（254）
　　5-3　一元的線量登録制度がもたらす効用　（255）
　6　おわりに　258

第11章　原子力損害賠償制度　　　　　　　　　　（広瀬研吉）　267
　1　はじめに　267
　2　原子力損害賠償制度の特徴　267
　3　原子力損害賠償制度の基本的枠組み　269
　　3-1　原子力損害賠償制度の目的　（269）

  3-2 基本的枠組み　（269）
 4 我が国の原子力損害賠償制度　271
  4-1 「原子力損害の賠償に関する法律」の内容　（271）
  4-2 法律改正の経緯　（274）
  4-3 責任保険契約及び補償契約の状況　（276）
 5 国際的な原子力損害賠償制度　277
  5-1 種類　（277）
  5-2 パリ条約とウィーン条約の基本的枠組み　（278）
  5-3 両条約の差異　（278）
  5-4 条約としての普遍性　（279）
  5-5 両条約と我が国の原子力損害賠償制度　（280）
 6 国内外の原子力事故とその後の対応　280
  6-1 チェルノブイリ事故　（280）
  6-2 ジェーシーオー（JCO）臨界事故　（281）
 7 今後に向けて　281

第Ⅳ部
原子力平和利用・核不拡散政策

第12章　原子力の平和利用と保障措置　（坪井　裕）　285
 1 保障措置とは　285
 2 保障措置の進化と世代区分　288
  2-1 IAEA 保障措置の誕生まで　（288）
  2-2 部分的保障措置（第一世代）：INFCIRC/66型保障措置　（289）
  2-3 包括的保障措置（第二世代）：INFCIRC/153型保障措置　（290）
  2-4 強化・統合保障措置（第三世代）：INFCIRC/153 ＋ INFCIRC/540型保障措置　（291）
  2-5 普遍的保障措置（第四世代）　（296）
  2-6 世代間の保障措置の変化　（296）
 3 核兵器国と保障措置・検証措置　299
  3-1 核兵器国と保障措置の関係　（299）
  3-2 ボランタリー保障措置　（302）

3-3　核軍縮に関連する核物質の検証措置　（304）
4　二国間原子力協力協定に基づく国籍管理　308
5　まとめ　312

第13章　核不拡散輸出管理　　　　　　　　　　（国吉　浩）　315
1　輸出管理の歴史　312
2　核不拡散輸出管理体制の歴史　316
 2-1　核不拡散体制の誕生　（316）
 2-2　NPT体制　（320）
 2-3　NSGの創設　（321）
3　冷戦後の不拡散輸出管理の発展　322
 3-1　イラクの核開発活動とNSGの強化　（322）
 3-2　汎用品規制の創設　（324）
 3-3　フル・スコープ保障措置の導入　（326）
 3-4　NSGのその他の強化策　（328）
 3-5　NSG以外の輸出管理体制の強化　（330）
4　国際輸出管理体制の性格の変化と評価　330
 4-1　性格の変化　（331）
 4-2　輸出管理体制の評価　（332）
 4-3　NSG強化策の核不拡散体制上の意味　（338）
5　おわりに　339

第14章　核物質防護　　　　　　　　　　（板倉周一郎）　343
1　核物質防護とは　343
2　核物質防護制度の発展の経緯と現状　343
 2-1　核物質防護制度の成立の経緯　（343）
 2-2　現行の核物質防護制度　（346）
3　現行制度を取り巻く状況と課題　350
 3-1　核密輸の発生　（350）
 3-2　放射性物質散布装置の脅威の顕在化　（351）
 3-3　防護措置の評価の導入　（351）
 3-4　内部脅威者への対応　（352）

4　抜本的な制度改善に向けた新たな視座の提示　354
        4-1　核物質防護の分類体系の再構築　（355）
        4-2　防護に関する一部の情報開示　（359）
    5　おわりに　360

終　章　原子力政策学の課題と展望　　　　　　　　　（中込良廣）　363
    1　原子力政策学の必要性　363
    2　原子力政策学の課題　364
    3　原子力政策学の展望　366

索引　367

序　章
原子力政策学の射程と意義

1 ｜ エネルギー政策学の中の原子力政策学

（1）　エネルギーの中の原子力

　産業革命以降の近代社会の大きな特徴は，エネルギーの大量生産と大量消費である。産業革命を象徴する蒸気機関は，石炭エネルギーを多用することで成立した。原始以来，薪炭という森林エネルギーを中心に営まれてきた人間の経済社会活動は，石炭エネルギーの本格利用により，西欧を起点に大きく変貌を始めた。身近な薪炭と異なり，生産地が限られる石炭の開発・生産・輸送においては，各国政府の関与が欠かせず，石炭政策が成立した[1]。

　20世紀に入り，エネルギーの主役は石炭から石油に交代し，生産地がさらに限定される石油の開発・生産・輸送には各国政府が深く関与し，各国間の利害も錯綜して石油政策は国際的な課題となってきた。

　西欧・北米に遅れて産業革命を経験した日本も，19世紀後半から，いかにして石炭を確保し，さらに石油を調達するかで苦闘を続けてきた。ギリシア語の「仕事をしている状態」を語源とし，「仕事をする能力」を意味するエネルギー（Energie）というドイツ語を日本が輸入したのも，この過程においてであろう[2]。

---

1 ）田中（2001b）pp.98-100参照。

原子力は比較的新しいエネルギー源である。原子力は，周知のように第二次世界大戦中に核兵器として実用化された。戦後の1953年12月8日に当時のドワイト・D・アイゼンハワー米国大統領が国連総会で行った「平和のための原子力 (Atoms for Peace)」演説を契機として，原子力発電など平和目的への利用が始められた。それから数えても漸く半世紀を越えたところであり，1970年代に二度にわたる石油危機が生じ，原子力発電の利用が加速されてからでは，30年に過ぎない。

　また，原子力エネルギーの用途はほとんど発電に限定されており，発電用エネルギーとしては相当の地位を確保したものの，一次エネルギー供給全体に占める比率は高くない。日本の場合，2006年度で見てみると，原子力のシェアは11％に過ぎず，石油（44％）・石炭（20％）・天然ガス（15％）に次ぐ第4位のエネルギー源に止まっている。

（2）　エネルギー政策の中の原子力政策

　このようにエネルギーの中の原子力の比重は決して高くないが，エネルギー政策の中で原子力政策の比重は，より高い。他のエネルギー源と比べて，原子力は政府との関係が相対的に深いと言える。

　その第一の要因は，元来軍事技術であり，平和利用に当たって核兵器などの軍事転用を防がなければならないことが大前提となっていることが挙げられる。不幸にして，広島・長崎，さらには第5福竜丸事件と，核兵器使用・実験による惨禍をいくたびも経験した日本にとって，特に忘れることのできない政策課題である。諸外国・国際機関からの軍事転用防止の強い要請を政府として受けとめ，原子力事業者に対しても，政府として監視していく必要が生じる。

　第二の要因は，原子力の潜在的危険性のために，平和利用に当たっても安全確保に特段の注意が払われなければならないことである。いったん事故が起こった場合の災厄は計り知れず，事業者の努力を待つだけでなく，政府としても安全規制や防災対策を強力に講じる必要が生じる。

2）近藤（1992）p.1参照。

第三に，原子力が巨大技術であるとともに，社会全体に大きな波及効果（いわゆる「外部経済」）を及ぼすため，民間企業のみでは担えず，また費用回収が難しいことが挙げられる。原子力の技術開発には政府の関与が欠かせず，開発された技術を実用化する段階でも，その実用化を社会が受容する上で，広報施策や地域振興施策など，政府の関与が求められる。また，現在はエネルギー源の主流である石油・石炭などの化石燃料は早晩枯渇する懸念があり，技術開発によって長期間の利用が可能となる原子力への期待は根強い。さらに化石燃料使用による二酸化炭素排出が地球温暖化の原因と疑われており，二酸化炭素を排出しない原子力への期待はますます高くなっている。裏返して言えば，こうした期待があるので，技術開発・広報・地域振興などの政策経費支出が正当化されるといえる。

　日本のエネルギー政策の基本方針については，2002年に制定されたエネルギー政策基本法において，安定供給の確保，環境への適合，市場原理の活用の3原則が定められている。同法に基づき，政府はエネルギー基本計画を策定することとされ，同計画は少なくとも3年ごとに検討を加え，必要があると認めるときは変更することとされている。現行のエネルギー基本計画においては，上述のエネルギー政策の基本方針に基づき，原子力を積極的に推進することが，特に強調されている。

（3）　エネルギー政策学の中の原子力政策学

　エネルギー政策の中の原子力政策の比重が高くなっている理由を上述したが，研究分野としてのエネルギー政策学の中で，原子力政策学の比重はさらに高く，ほとんど中核部分を占めるといえよう。

　そもそもエネルギー政策が主要な政策領域であるに関わらず，エネルギー政策学の研究教育は決して活発ではない。最近のサーベイによれば，「エネルギー政策学」あるいは「エネルギー政策論」と題した体系的な概説書は日本では刊行されておらず，大学の講義科目も，京都大学大学院エネルギー科学研究科で編者2名が行い後任に引き継いだ「エネルギー政策論」のほかには，京都女子大学大学院現代社会研究科公共圏創成専攻にお

いて「エネルギー政策研究」・「エネルギー政策特殊研究」が開講されていることが確認されているのみである[3]。もちろん，エネルギー政策に関する個々の研究は存在するし，エネルギー政策を部分的に取り上げた講義は他の科目名（例えば「環境政策論」など）で開講されているであろうが，エネルギー政策学の体系化が進んでおらず，エネルギー政策学に関する体系的な教育も寥々たるものであることは否定できない。

このような中にあって，原子力政策に関する研究は比較的活発である。本書の母体となった京都大学大学院エネルギー科学研究科のエネルギー政策研究室では相当数の修士論文・博士論文が執筆されてきたが，特に博士論文の多くは原子力政策に関わるものであり，エネルギー政策一般に関する博士論文でも原子力に一章を割いたものが見られる。本書は，そうした博士論文の成果を基礎にして編纂されている。

本書の編纂においては，こうしたこれまでの研究成果を体系的に示すよう心がけた。研究成果の蓄積が十分ではないため，完全な体系化には至っていないが，本書は原子力政策学として最初の体系書であるとともに，他のエネルギー分野に先駆けてエネルギー政策学における体系化を試みた事例といえる。

2 原子力政策学の射程

原子力政策学は，現実に政府が展開している原子力政策の全体に及びうるが，焦点が当てられるのは，前節の（2）で述べた，軍事転用防止に関わる施策，平和利用における安全確保に関わる施策，巨大技術であり波及効果が大きいことに伴う諸施策，の3点である。

本書では，まず第Ⅰ部「原子力と現代社会」として，原子力の政策形成の特殊性と，その根底にある原子力技術の社会的受容の問題を取り上げる。次いで，社会全体への波及効果に関する議論として，原子力はエネルギー安全保障にいかに貢献するか，また地球温暖化対策にいかに寄与するか，についてそれぞれ論じる。行政学・国際政治学を含む政治学的議論が

---

[3] 入江（2009）p.811参照。

中心となる。

　続けて各論の最初の第Ⅱ部で，原子力が巨大技術で波及効果が大きいため，民間企業のみでは担えないことから必要とされる「原子力産業政策」について取り扱う。最初に原子力の社会受容の根幹である信頼性の問題について，信頼形成過程の解明を行い，その上で，国全体としての合意形成に向けた取り組みのあり方を論じる。次いで，原子力発電所立地地域における具体的な合意形成の鍵である地域振興問題を取り上げ，最後に放射性廃棄物処分に関する合意形成の課題を論じる。およそ原子力開発において必要となる政府の関与を時系列で並べたといえる。民主主義社会では避けて通れない国民・住民の合意形成をいかに進めるかという政治学的視点，合意形成の根底に迫る心理学的視点，産業政策論一般に通じる経済学的視点など，様々な視点からの考察となる。

　各論の中間部である第Ⅲ部では，「原子力安全政策」と題して，平和利用における安全確保に関わる施策をまとめて取り扱う。まず原子力安全を中心とする法規制体系の現状と課題を概観し，続けて，原子力安全と平行する放射線防護の法及び政策を分析する。その後，原子力安全が達成できなかった場合の原子力損害賠償制度について経緯と現状を分析する。いずれも法律学，特に法解釈学を基礎においた研究内容である。

　各論の最後である第Ⅳ部では，「原子力平和利用・核不拡散政策」について，平和利用確保・核不拡散のための主要な施策分野である保障措置・輸出管理・核物質防護のそれぞれについて複雑な施策体系を解明し，課題を抽出する。これらも法律学を根底においた議論であるが，問題の性質を反映して国際法学に関連が深く，国際法の形成過程では国際政治学にも関連する。

　以上のように，本章の叙述は，原子力政策の必要性の説明とはほぼ逆の順序になっている。これは，当初からの政策的必要性である軍事転用防止から出発して次第に拡大し形成されてきた政策体系の現状について，まず現状を概観することから始めて，今度は逆に歴史的に遡って解明していくプロセスを提示しようとしたためである。各施策の重要度の順に紹介して

いるものでは決してないことに注意されたい。

なお，原子力利用の中には，エネルギーとしての利用の他に，放射線利用も含まれる。放射線は医療分野，工業分野，農業・環境・資源分野，科学技術・学術分野などで幅広く利用されている。ガン治療における放射線利用などは一般にも幅広く知られている。これらの放射線利用は，原子力のエネルギー利用に比べ，勝るとも劣らない社会的有用性を備えており，原子力政策学の重要な対象分野である。ただし，本書では，京都大学大学院エネルギー科学研究科におけるエネルギー政策学研究の一環としての原子力政策学研究の成果を取りまとめたため，放射線利用には考察が及んでいない部分があることにも留意されたい。

3 原子力政策学の意義

原子力政策学の意義としては，第一に，現在の原子力政策を評価し，将来に向かって改善していくための基礎を提供することが挙げられる。およそ各分野の政策学に共通した意義付けであるといえよう。

第二に，原子力政策学には，原子力政策学を包含するエネルギー政策学全体の体系化を促す意義が考えられる。政策自体の重要性に比べ，体系化が遅れてきたエネルギー政策学の中で，原子力政策学がいち早く体系化の試みを進めることは，エネルギー政策学全体の進展につながり，ひいてはエネルギー政策の評価と改善に寄与しうるであろう。

第三に，政策学・政策研究一般に共通する伝統的諸学問の成果を踏まえた学際性に関連して，原子力政策学には，学際性を発揮した典型的事例を提供する意義も考えられる。前節で本書の構成を紹介しつつ，原子力政策学の射程を示したが，政治学・社会学・心理学・経済学・法律学といった伝統的諸学問の手法と成果が活用されており，しかもその際，原子力に対する工学的知識も常に参照されている。世に学際的と銘打った研究は多く現れているが，原子力政策学ほど多彩かつ融合的な学際的研究は希ではないかと思われる。

最後に，この学際性と関連するが，原子力政策学が活発な知的交流の場

を提供している意義にも触れておきたい。本書への寄稿者を見ても，研究者と実務家の双方にわたり，実務家の中にも行政官と企業人の双方が顔を揃える。本書は単なる分担執筆ではなく，各章の基となった学位論文の草稿は，こうした多様なメンバーが参加した研究会で発表され，活発な質疑応答やコメントを踏まえて改訂を重ね，学位論文に結実したものである。

　学問の本質は，人間の知への渇望，「知りたい」という欲求の充足にある。本書のどの章からでもよいので，原子力政策学の研究に集った人々の知的営為の成果を読者が味読されることを願いたい。

　なお，本章の執筆に当たっては，寄稿者の一人である入江一友氏の協力を得た。

[神田啓治]

参考文献

入江一友（2009）「エネルギー政策学の体系化に向けて」『日本エネルギー学会誌』Vol.88, No.9，pp.810-815。
近藤駿介（1992）『エネルゲイア』電力新報社。
田中紀夫（2001a）『エネルギー環境史　Ⅰ』ERC出版。
田中紀夫（2001b）『エネルギー環境史　Ⅱ』ERC出版。
田中紀夫（2002）『エネルギー環境史　Ⅲ』ERC出版。

第Ⅰ部
原子力と現代社会

第1章

原子力の政策形成

1 はじめに

　政策は，それが対象とする政策領域の，直接，間接を問わず，客体との関係性において初めて成立する。従って，政策形成に当たっては，その客体をどのようなものとして捉えるかが重要であり，その際，客体が，その広がりを含め，常に変化していることを十分認識しなければならない。政策は，社会のあり方に関する意思の表れである。

　特に，先端的な研究開発に関係し，実用化には複雑なマネジメントを行わなければならず，さらには社会との関係性についても十分考慮しなければならない政策分野——原子力政策は当然含まれる——においては，政策は往々にして流動的にならざるを得ない。この流動状況にあって，場当たり的，相対論のそしりを免れるためには，政策形成に当たり，科学技術的背景に裏付けられた，また，長期的な時間軸，広範な空間軸に関する確固とした，かつ，冷静な考え方を持つことが，他の領域以上に重要である。これは，当該政策の評価が客体側の評価に多くを依存すること，あるいは基本的には依存すべきであることを十分認識するとしても，重要なことである。

2 原子力政策と社会との関係性

まず,わが国の原子力政策において,従来,原子力開発と社会との関係性がどのように取り扱われてきたかを概観すると,大きく3つの時期に大別することができる。

第1期は,1950年代中葉から,1960年代まで。この時期はわが国の原子力開発の基礎が形成された時期であり,原子力という未来のエネルギー開発への期待が高まっていった時代である。この時期には,原子力への国民の支援を要請する観点から,原子力に関する知識を社会に普及することに力点が置かれた。

第2期。その後1980年代まで続くこの時期には,原子力発電の進展とともに地域社会との関わり合いが増大する中,国民が原子力技術に対して正しく理解すれば原子量活動への協力が得られ得るとの確信が貫かれた時期である。原子力政策は,国民に対する「理解と協力」を求め,社会に対しさまざまな情報提供が行われた。原子力政策にとって国民は理解を求める対象であった。この時期の後半では,物質的豊かさから心の豊かさへと国民が求める価値観が大きく変化したが,この時期の原子力活動は,変化した国民の意識と十分なコミュニケーションをとることに成功したとは,必ずしも言うことができないであろう。

その後の第3期には,1994年の原子力長期計画改定において原子力を「国民とともにある」べきものと位置づけているように,原子力政策においても,国民とのコミュニケーションの重要性に対する認識が高まり,また政策形成過程への国民参加が真剣に模索されるようになった。この時期は,社会の知識社会化と符合する。情報量と,情報伝達手段の急速な拡大を特徴とする知識社会をマクロに見れば,「知」は単なる情報以上のものとして,社会のそれぞれの構成員において解釈され,実践される。他方,個人ベースでは,専門的で付加価値の高い情報や,個人にとって関心の少ない領域の情報量は少ないという情報過疎的な状況が生じている。このような二重構造を有する社会において,原子力政策が「国民とともにある」

というスローガンを実践するには，多くの困難が伴った。

　動力炉・核燃料開発事業団（当時。現（独）日本原子力研究開発機構）が開発している高速増殖原型炉「もんじゅ」における二次系ナトリウム漏洩事故（以下「もんじゅ事故」という）は，そのような社会状況で，1995年12月に発生した。

3 ｜ もんじゅ事故の意味

　もんじゅ事故[1]については，さまざまな技術的観点からの分析が行われた[2]が，原子力の政策形成という視点からは，技術的観点もさることながら，知識社会における我が国における政策決定プロセスの新しい形を形成する上で，重要な役割を果たした。

　すなわち，この事故を契機として，内閣総理大臣の諮問機関である原子力委員会は，「我が国の原子力の研究，開発及び利用に関する国民各界層の多様な意見を今後の原子力政策に反映させ，原子力の研究，開発及び利用についての国民的合意形成に資する」ことを目的として，1996年3月原子力政策円卓会議（以下，「円卓会議」という）を設置した。

　この円卓会議の運営に当たっては，

・　国民各界各層からの幅広い参加

1）動力炉・核燃料開発事業団（現(独)日本原子力研究開発機構）が開発している高速増殖原型炉「もんじゅ」（電気出力28万kw）において1995年12月に発生した二次系ナトリウム漏洩事故。この事故では，事故対応の不適切さから，技術的な問題が社会的な事件となった。同炉は，通常の原子力発電所（軽水炉）と異なり，炉心からの熱除去にナトリウムを使用していることから，従来の軽水炉にはない事故の発生に対する漠然とした不安が地元住民にある中で，事故は発生した。この事故は，発生した場所が炉心に直接触れることのない二次系ナトリウムループであり，技術的には事故自体が直ちに重大な事故を招来する性格のものではなかったが，事故直後，事故現場を直接撮影したビデオテープを編集し，それのみを公表する等，「事故隠し」を意図的に行ったとしかとらえられないような対応が行われたことから，同事業団に対する社会的な信頼を著しく損なうことになり，その組織再編の契機となった。

2）原子力安全委員会が取りまとめた以下の資料を参照のこと。
・動力炉・核燃料開発事業団高速増殖原型炉もんじゅ2次系ナトリウム漏えい事故に関する調査審議の状況について（1996年9月20日）
・高速増殖原型炉もんじゅ2次系ナトリウム漏えい事故に関する調査報告書（第2次報告）（1997年12月18日）
・高速増殖原型炉もんじゅ2次系ナトリウム漏えい事故に関する調査報告書（第3次報告）（1998年4月20日）

- 出席者による対話形式により実施
- 議事運営を円滑に行うため，モデレーターとして有識者若干名を委嘱
- 円卓会議の議事及び議事録の公開
- 東京以外の地においても開催

との方針（1996年3月原子力委員会決定）が定められたが，それは，非常に専門的で，国際政治から地球環境問題，地域行政までさまざまな側面を有する原子力活動に関する諸問題に関する政策形成を，専門家のみならず，多様な価値観を有する有識者で，従来原子力問題に関与のなかった者をも含む広範な識者による議論を通じて実施するとともに，その状況を広く国民に対しすみやかに公開すること等[3]により，原子力に関する国民的な議論の醸成に資するという，従来の行政手法にない先進的な取組であった。

原子力委員会による原子力政策円卓会議の設置とその運営は，
- 不透明な見通しと資源，情報，時間等の制約の下での周到な構想と分析を実施すべきこと
- 社会構成員の多様な価値観，大きな流動性を踏まえた政策形成
- 実行可能性（予算制約，技術制約，社会的制約，国際的制約）を念頭に置いた政策形成
- 代替可能性に関する評価
- 説明責任の貫徹
- 結果責任の受任

等，知識社会における政策形成態度に必要な諸要素を含むという点において，先進的な取組であった。

言うまでもなく，原子力政策がその対象とする原子力の研究，開発，利用に関する一連の活動は，
- 技術オリエンテッドであること
- 安全の確保が大前提であること

---

[3] 徹底した情報公開：議事の完全な公開，テープ起こし議事録の作成と公開，放送衛星（BS）番組を活用した議事の一般への中継，審議に必要な情報の提示（原子力委員会（1996）を参照）。

- 長期的構想が必要であること
- 国際政治環境と密接な関係があること
- 社会環境と密接な関係があること

等の特徴を有するものであり，その政策形成に当たっては，多面的，柔軟な，それでいて透徹した科学技術合理性を支柱に持った検討が必要である。もんじゅ事故が技術的な事故を超え，社会的な事件となり，原子力委員会が円卓会議というような従来にない手法による活動を行った背景には，原子力の研究開発活動が知識社会の出現という大きな社会変化に対し必ずしも十分な対応がなされていなかった状況下で，正に情報公開・提供という社会との接点にかかわるような態様で事故が発生し，事件化したためであった。

当時，円卓会議の開催は，斬新な試みとして注目され，原子力白書等を通じてその評価が公開されているが，その開催を通じて認識されたことは，皮肉なことであるが，上述のような特徴を有する原子力政策について国民の「合意形成」を図ることがいかに困難であるかということであった。政策形成に何らかの形で関与する者（今日的には，ステイクホルダーと称される）が，自らの主張，価値観に拘泥し，自己の主張にあわない主張に対して決して合意することなく，それでいて「合意形成がない状況」を指摘して自己実現を図ろうとする状況に対し，一見望ましいと思われる直接民主制的な合意形成プロセスは機能不全を引き起こす。円卓会議は，原子力政策という非常に大きな広がりのある政策領域における政策決定手法において新たな方法論を提示したが，政策に関する最終的な「合意」という課題については，本質的な解決はできなかった。しかしながら円卓会議は，ともすれば賛成か反対かという少数者による対立，あるいは大多数の無関心という政策形成過程における一般社会の態度に対して，社会の構成員に公共善を目指す立場を要請する，いわゆる「熟慮の民主主義（deliberative democracy）」の重要性を示すことができた。「民主的な政策決定過程は，国民の熟慮を可能とする実質的な過程に依拠すべきである。そこでは，法律や政策に関する賛否の議論は，市民の公共善と，政治社会の正義

を進展させるかどうかという観点から行われる[4]」。このためには，多くの意見が存在する社会において，それぞれが，自らの変質を含め，受け入れ可能な考え方，すなわちより高次の価値をともに探し出す理性的な姿勢を共有することが重要である。このような「熟慮の民主主義」に関する，より詳細な議論については，第II部第6章を参照されたい。

4 | 原子力政策の広がり

それでは，原子力政策が必然的にカバーしなければならない広がりの外縁は，どの程度のものなのかについて見てみよう。

図1-1に示すように，原子力政策は，さまざまな領域を包含する総合的な政策体系である。

原子力の平和利用が，1953年12月のアイゼンハワー米国大統領による"Atoms for Peace"演説を嚆矢とすること，また，その演説が行われた世界情勢を考えれば，それは核不拡散に対する考慮と密接不可分であることは自明であろう。核不拡散政策は，保障措置，輸出入管理，核物質防護という形で具体化されるが，最近では，核燃料供給に関する国際的な枠組み構築に関する議論がIAEAの場等で行われている。

さらに，広島，長崎の悲劇を原体験として持つ我が国では，安全の確保が原子力活動の前提であると認識されている。この安全の確保についても，原子力活動が社会とのインタフェースが拡大するにしたがって，また，国民の側からの情報公開への希求等，近時における社会の構造的な変化をも反映し，技術的な問題のみならず，政策決定過程の在り方問題，安心・信頼といった人間活動の本態にかかわる領域，組織マネジメントにも関係するような，複雑な側面を有する問題へと変化している。安全文化の視点の重視は，組織を構成する人間の意識面の変化をも念頭に置いた，システム的なマネジメント方策を模索するものとなっている。

現代は知識社会と言われる。高度に発達した情報コミュニケーション機器により，情報の生産と流通が爆発的に拡大した知識社会においては，原

---

4) Bohman, J., Rehg, W. (1997) *Deliberative Democracy*, MIT Press, p.243.

第1章
原子力の政策形成

心理的な安心・信頼の問題
・リスクコミュニケーション
・科学技術リテラシー
・透明性，追跡可能性　等

技術的な安全問題
(How safe is safe enough?)
・安全規制　　・安全目標
・品質マネジメント　・安全文化
・労働安全　　・安全研究
・高経年化　　・人材育成　等

社会的側面
・情報提供，情報公開
・国・地方関係　・原子力防災
・セキュリティ　・NIMBY
・政策決定プロセス問題（合意形成）
　　　　　　　　　　　　　等

原子力政策

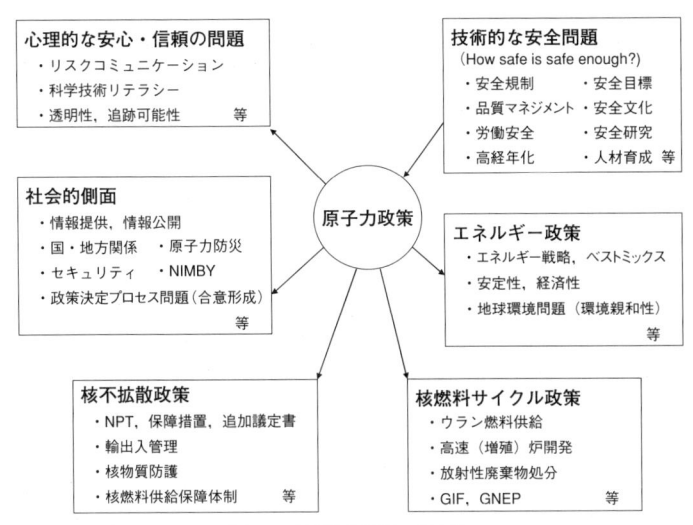

エネルギー政策
・エネルギー戦略，ベストミックス
・安定性，経済性
・地球環境問題（環境親和性）
　　　　　　　　　　　　　等

核不拡散政策
・NPT，保障措置，追加議定書
・輸出入管理
・核物質防護
・核燃料供給保障体制　　等

核燃料サイクル政策
・ウラン燃料供給
・高速（増殖）炉開発
・放射性廃棄物処分
・GIF，GNEP　　等

図 1-1 ●原子力政策の広がり

子力政策の立案過程における適切な情報公開，情報提供を前提にした，いわゆるステイクホルダー・インボルブメントという手続き的なプロセスが重要であり，そこでは，原子力活動が実施される場としての地域行政，政治，社会との関係性が問われることになる。原子力政策は，その実質的な内容の構築のみならず，手続きにおいても，社会との関係性を一層重視しなければならない状況にある。

　原子力政策は，エネルギー政策や環境政策とも密接な関係にある。現実の脅威となりつつある地球温暖化問題への対応の必要性のみならず，一時期コモディティーとも称された石油資源の戦略性が高まる中，長期的な展望をもった高速増殖炉サイクルにかかる一連の政策は，今後の原子力政策のみならず，エネルギー政策においても重要な部分をなすものであろう。

　以上のように，原子力政策にはさまざまな側面があり，それらは相互に関連している。また，基礎研究から応用研究を経て，開発，利用段階に至るまでのリードタイムが長く，さらに放射性廃棄物処分という人間生活の長さとは比較にならない長期性を考える必要がある原子力政策では，時間

軸を十分認識した対応と，現実の政策形成に関与するステイクホルダーの責任の範囲という問題が常に付きまとうことを認識する必要がある。

また，近時の原子力ルネサンス（6.2で後述）といわれる状況の担い手を考えるなら，次項でも述べるが，米国，日本，フランスというような空間軸をとらえた政策検討が不可欠となることも指摘しておく必要がある。

5 | 原子力政策のステイクホルダー

5.1 ステイクホルダーの拡大

原子力政策の広がりに呼応して，また，政策が適用される社会的な状況の変化を反映して，原子力政策について，直接，間接を問わず，何らかの形で関与する者，すなわちステイクホルダーの範囲も広範囲にわたることになる。

図1-2は，現代における原子力政策が包含する個別課題に関連性を有するステイクホルダーの範囲を俯瞰したものである。

さらに原子力技術の進展ないし，その間に起こった事故にも呼応して，ステイクホルダーの範囲は，複雑化，高度化してきた。図1-3は，原子力活動の安全確保に関する活動の変遷に即して，この事情を図解したものである。すなわち，原子力安全は一義的に工学的な安全性によって担保されているものであるが，米国スリーマイル島原子力発電所事故（1979年，TMI事故）では人間と機械との境界面における両者の関係（マン・マシン・インターフェイス）がクローズアップされ，原子力活動に関与すべき専門領域が，エンジニアリング領域から個人を対象とする領域，すなわち心理学，人間工学の分野にまで拡大された。その後，（株）ジェー・シー・オー（JCO）における臨界事故（1999年）[5]を通じて，原子力安全は技術的，あるいは従事する個人に関わる問題であることには変わりはないものの，さら

5）平成11年9月30日，株式会社ジェー・シー・オーのウラン加工施設（茨城県東海村）で発生した臨界事故。保安規定に違反した方法で高濃縮のウラン溶液を大型タンクに注入したためタンク内のウランが約20時間にわたり臨界状態となった事故。この事故では同社作業員3名が大量被ばくし，2名が死亡した。詳しくは，平成11年版および平成12年版原子力安全白書（原子力安全委員会）を参照のこと。

第 1 章
原子力の政策形成

心理的な安心・信頼の問題
・国民，県民，住民
・市民，生活者 ・議会議員，首長
・規制当局 ・事業者 ・プレス 等

技術的な安全問題
・規制関係法令 ・規制当局
・電気事業者 ・メーカー
・研究開発機関，大学
・研究開発政策当局
・原子力安全委員会 等

社会的側面
・国民，県民，住民
・市民，生活者 ・悪意の第三者
・規制当局 ・電気事業者
・原子力委員会，原子力安全委員会
・プレス，インタプリター ・NPO
・現世代，次世代 等

エネルギー政策
・電気事業者
・中東諸国，中央アジア諸国
・中国，その他アジア諸国
・経済産業省，文部科学省 等

核不拡散政策
・IAEA，米国，ロシア，英，仏，EU，インド，パキスタン，イラン，中国，北朝鮮
・NSG ・エルバラダイ，ブッシュ政権
・原子力委員会，経済産業省，文部科学省，外務省 等

核燃料サイクル政策
・研究開発機関，電気事業者，メーカー
・米国，仏，IAEA，OECD/NEA
・原子力委員会，経済産業省，文部科学省 等

→ 原子力政策

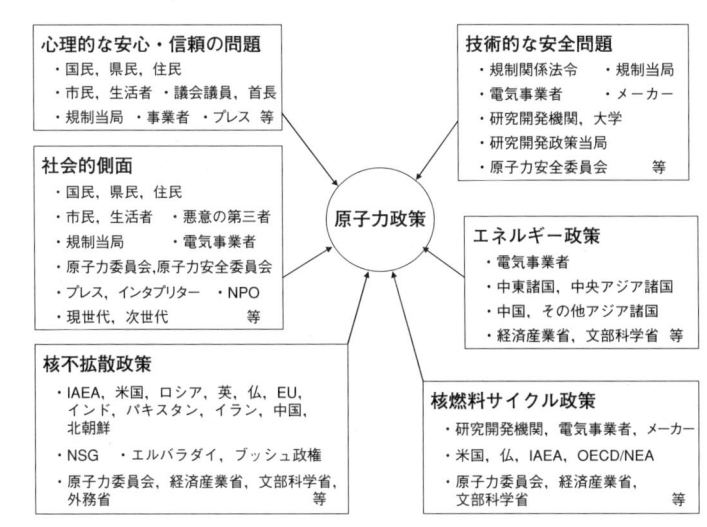

図 1-2 ●ステイクホルダーの拡大

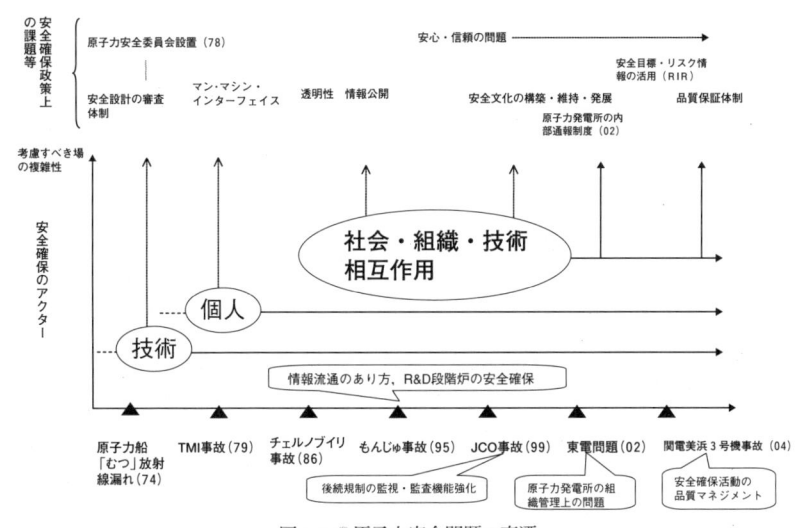

図 1-3 ●原子力安全問題の変遷

安全確保政策上の課題等：
- 原子力安全委員会設置（78）
- 安全設計の審査体制
- マン・マシン・インターフェイス
- 透明性　情報公開
- 安心・信頼の問題
- 安全文化の構築・維持・発展
- 原子力発電所の内部通報制度（02）
- 安全目標・リスク情報の活用（RIR）
- 品質保証体制

考慮すべき場の複雑性／安全確保のアクター：
技術 → 個人 → 社会・組織・技術相互作用

情報流通のあり方，R&D段階炉の安全確保

- 原子力船「むつ」放射線漏れ（74）
- TMI事故（79）
- チェルノブイリ事故（86）
- もんじゅ事故（95）
- JCO事故（99）：後続規制の監視・監査機能強化
- 東電問題（02）：原子力発電所の組織管理上の問題
- 関電美浜3号機事故（04）：安全確保活動の品質マネジメント

に社会・組織・技術の相互作用まで考慮しなければならないことが認識されるようになった。こうした原子力安全確保にかかる視点の複雑化に対応して、政策形成に関係するステイクホルダーの範囲もまた、拡大することになる。

5.2 公共の空間の出現

当然のことながら、ステイクホルダーの相互関係は、時代環境により変化する。原子力政策の総体もこのステイクホルダーの相互作用の中から成立するものであるが、ここで問題を複雑なものにしているのは、社会における多様なステイクホルダーの出現という現実と、原子力活動自体の性格、すなわち、基礎研究から実用に至る原子力開発のタイムスパンが、経済的、社会的な時代環境の変化サイクルをはるかに超えた長期的な性格を有していることである。

第二次世界大戦後、禁止されていたわが国における原子力研究開発は、1953年、アイゼンハワー米国大統領の演説「"Atoms for Peace"」を契機として、平和の目的に限り開始された。その後、特殊法人日本原子力研究所(当時。現(独)日本原子力研究開発機構)の動力試験炉(JPDR)の運開(1963年)、日本原子力発電(株)東海発電所の運開(1966年)を経て、大阪万国博覧会(1970年)に関西電力(株)美浜発電所1号機が電力を供給したころには、原子力は「夢のエネルギー」と称されていた。

その後高度経済成長期を経て、環境問題への社会的関心が高まる中、原子力発電の安全性に対する社会的な懸念、不安が高まった。この間、1979年の米国TMI事故や、旧ソ連チェルノブイリ原子力発電所事故(1986年)を経、原子力の安全問題の「質」にも変化が生じてきた。長期にわたる原子力活動に対し、そのサービスの客体である社会の意識は、確実に変化している。サービスの供給側が、その変化に十分対応できなかったひとつの事例として、原子力活動を挙げることができる。

上述のように、今日、原子力安全の問題は技術的な事項のみならず、社

会・組織と技術の相互作用としてとらえなければならなくなってきている。その象徴的な出来事は、1995年12月のもんじゅ事故であり、この事故以降、技術的な安全の問題のみならず、多様なステイクホルダーの出現を背景に、安心・信頼の観点がクローズアップされてきている。その結果、技術的な安全の問題と、心理的な安心・信頼の問題の双方が、渾然と議論されるようになって来ており、議論のための土俵の形成による問題解決を難しくしている。安全・安心・信頼に関する認識は、基本的な価値観として社会が共有するための努力をすべきものという意味において、すぐれて公共的な空間に属するものである。

このような観点で、各ステイクホルダーがさまざまな情報を総合し、合理的に考えること、すなわち公共の空間を共有する態度を保持することは、政策決定プロセス上、非常に重要である。しかしながら現実には、情報過多でありながら必要な情報についての情報過疎が指摘され、ステイクホルダー自体の情報咀嚼能力（リテラシー）の課題も明らかになっている。

他方、原子力開発の大きな目標のひとつに、エネルギー安全保障への貢献がある。エネルギー安全保障はすぐれて国家レベルで確保しなければならない基本的な政策のひとつであるが、現実に原子力発電所を運用しているのは、電力会社という、電力供給義務が課せられているものの、私企業であることが、国家レベルで確保すべき政策の遂行に課題を投げかける場合がある。いわゆる「国策民営」問題である。

たとえば、急激な円高と原油価格安定基調時代（1980年代中葉〜1990年代）は、「原油はいくらでも市場から調達でき、戦略商品ではない」との、いわゆる石油コモディティー論から、将来の原子力開発投資に対する民間企業の消極姿勢が目立った時期であった。

当時、この民間における公共空間の縮小は、ナショナル・プロジェクトとして進められてきた新型転換炉（ATR）実証炉の放棄（1995年）として表れ、もんじゅ事故（1995年）を契機とした、その後10年以上にわたる高速増殖炉開発の低迷につながった。原子力開発のような長期にわたる資金投資が必要で、社会的受容性が難しい活動に対する民間の役割は限定され

ているとの考えである。

しかし，その後の原油価格上昇（1990年代初頭に約20ドル/バーレルだった原油（WTI）価格は，2009年半ばには70ドル/バーレル前後になっている）や，地球環境問題の顕在化は，ステイクホルダーの生存に直接影響を与える現実の問題となりつつある。こうした長期にわたる課題が顕在化している今日，社会経済を動かしている主要な原理である市場自由化は，さまざまな局面における思考を短期的なものに誘導する傾向があり，長期的課題についての思考は忌避される可能性が大きい。

このような時代だからこそ，全てのステイクホルダーには，原子力活動等，長期にわたる研究開発活動のような公共空間の存在を認識し，その空間を長期にわたりどのように展開していくべきかという政策論を，官民の別なく共有することが求められると言えよう。

6 原子力政策をめぐる動向

以上，原子力政策の形成を考えるにあたり，それが持つ背景的な広がりと，それにかかわるステイクホルダーの多様性について俯瞰してきた。

この章では，今後の原子力政策を考える上で重要な，最近の動向について，簡単に触れることにする。

6.1 基礎的なデータ

21世紀の最初の5年間で，世界のGDPは13％増加した。この間，わが国の増加は6％に留まったのに対し，中国のGDPが55％の増を示したことに象徴されるように，世界の成長拠点はいわゆるBRICs諸国（ブラジル，ロシア，インド，中国）に移行した。

表1-1は，このBRICs諸国の異様なまでの高成長のさまを示している。

また，経済的な成長の原動力をなす原油について見てみると，その価格の推移は世界経済の状況を反映していくつかの段階に区分することができる。すなわち，第2次世界大戦後1970年代初頭までは，長らく1バーレル当たり10数ドル以下で安定的に推移した。その後いわゆる石油ショックの

表 1-1　BRICs 諸国の経済成長

	ブラジル	ロシア	インド	中　国
2006年	3.8%	7.4%	9.8%	11.6%
2007年	5.4%	8.1%	9.3%	11.9%
2008年（予測）	5.2%	6.8%	7.8%	9.7%
2009年（予測）	3.0%	3.5%	6.3%	8.5%

出典：IMF, *World Economic Outlook Update*（2008年11月）

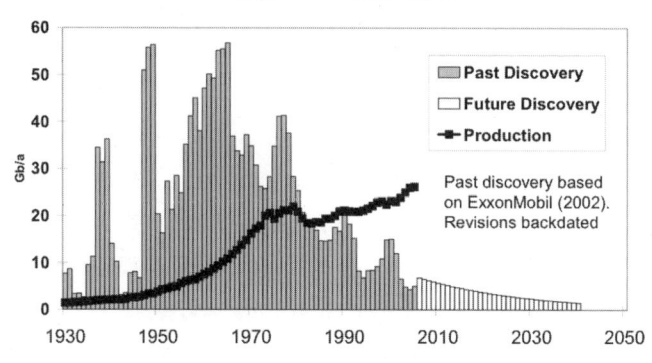

出典：http://peakoildebunked.blogspot.com/2006/02/238-more-fun-with-growing-gap.html（2006年2月）

図 1-4　●石油資源の発見と石油生産

　高騰を経，1980年代中葉から1990年代にかけては，戦後第2の安定期となり，価格はほぼ20ドル台で推移した。しかしながら，世紀が変わるころからは，アジア地域等の経済成長や中東情勢の不安定化などもあり，原油価格決定の構造が変化したと考えるのが適当であろう。投機的な要因を考慮するとしても，今日，1970年代初頭までの水準に回帰することは，現在想定しにくい[6]。また，世界の石油産出量はピークを過ぎたとの分析（図1-4）もあり，それによれば，現在の石油発見量1に対し，その生産量は4ということになる。

6）原油価格の推移については，http://www.wtrg.com/prices.htm を参照。

第Ⅰ部
原子力と現代社会

　こうした状況下で2007年に発表された気候変動に関する政府間パネル（IPCC）のレポートは衝撃的であった。「IPCC第4次評価報告書第1作業部会報告書——政策決定者向け要約」（2007年2月）によれば、「1750年以降の人間活動は、世界平均すると温暖化の効果を持ち」、「気候システムの温暖化には疑う余地がない。このことは、大気や海洋の世界平均温度の上昇、雪氷の広範囲にわたる融解、世界平均海面水位の上昇が観測されていることから今や明白である。」とされ、気候変化の原因に関しては、「20世紀半ば以降に観測された世界平均気温の上昇のほとんどは、人為起源の温室効果ガスの観測された増加によってもたらされた可能性が非常に高」いとされている。また、世界平均地上気温の上昇に関する将来予測については、最も温室効果ガスの排出量が少ないシナリオ（B1）で1.8℃（可能性が高い予測幅は1.1℃～2.9℃）、最も排出量が多いシナリオ（A1F1）で4.0℃（2.4℃～6.4℃）と評価されている。（図1-5）[7]。「温室効果ガスの排出が現在以上の割合で増加し続けた場合、……世界の気候システムに多くの変化が引き起こされるであろう。その規模は20世紀に観測されたものより大きくなる可能性が非常に高い。」（出典：上記報告書要約）

　この状況を踏まえるなら、私たちは、いわゆる「3つのE」、すなわち経済（Economy）、環境（Environment）、エネルギー（Energy）のバランスのとれた、持続可能な成長を可能とする方途を自らの手で生み出していかなければならない。

---

7) 原子力活動と地球環境問題：原子力活動の長期的展望は、地球温暖化問題等の地球環境問題に対する人類の知的対応とベクトルを同じくしている。
　気候変動に関する政府間パネル（IPCC）の報告によれば、近時地球の温暖化はほぼ確実視されており、その原因の大きな部分は、人為起源のいわゆる温室効果ガスの増加と見られている。
　このような分析を背景として、政府の「環境立国戦略」（平成19年6月1日閣議決定）においても、原子力は、「発電過程で二酸化炭素を排出しないという、クリーンなエネルギー源である原子力発電を、安全の確保や核不拡散を大前提に、核燃料サイクルを含めて着実に推進するため、原子力発電の新・増設の投資環境整備、科学的合理的規制による既設原子力発電所の適切な活用、高速増殖炉（FBR）サイクル技術や核融合技術などの技術開発・人材育成等を実施していく。」とされている。
　他方、地球環境問題は、環境保全費用の外部性と地球環境保護のためのサービスの公共的性格を、従来の市場経済システムで適切に処理が出来ないことから発生していると考えることができる。したがって、従来の市場経済システムを外部費用の内部化によって変革するプロセスとみることができる排出権取引等の京都メカニズムには、重要な意味がある。

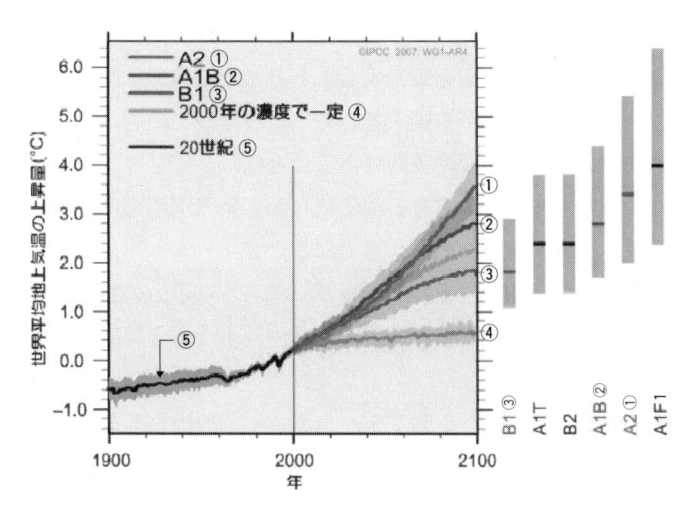

出典：IPCC 第4次評価報告書第1作業部会報告書－政策決定者向け要約（2007年2月）
(http://www.data.kishou.go.jp/climate/cpdinfo/ipcc/ar4/ipcc_ar4_wg1_spm_Jpn_rev2.pdf)
図1-5 ●深刻化する地球環境
　実線は，A2，A1B，B1シナリオにおける複数のモデルによる（1980～1999年と比較した）地球平均地上気温の昇温を20世紀の状態に引き続いて示す。陰影は，個々のモデルの年平均値の標準偏差の範囲。④の線は，2000年の濃度を一定に保った実験のもの。右側の灰色の帯は，6つのシナリオにおける最良の推定値（各帯の横線）及び可能性が高い予測幅。(各シナリオについては，上述の出典を参照のこと。)

　本書の執筆作業進行中の2008年後半以降，世界経済は米国発の金融不安の大きな影響を受けつつある。その結果，当面の間，世界経済は低迷する可能性があるが，国連人口基金（UNFPA）の2008年版世界人口白書によれば，世界人口がすでに67億人を超え，今後さらに増加することが予想されていることを考えるなら，短期的な経済変動を超えた，中長期的なエネルギー戦略の構築と，着実な実践が求められよう。

6.2　原子力ルネサンス

　2006年3月政府が取りまとめた「第3期科学技術基本計画」では，後述する世界的な原子力エネルギーに対する期待の増大という潮流と機を一にする形で，わが国としてのエネルギー分野の研究開発を，国の存立にとっ

て基盤的なものとして位置づけ、他の分野とともに、選択と集中との理念を踏まえた分野別推進戦略を策定することとした。策定に際しては、
- 世界一の省エネルギー国家として、社会全体での省エネルギーを一層促進することが喫緊の課題であること
- エネルギー需要の多くを石油に依存している運輸部門を中心に石油依存度を低減させることが必要であること
- 化石燃料を代替する基幹エネルギーである原子力の技術開発には長期間を要するため、安全を大前提に計画的かつ着実に原子力利用を推進する必要があること

という認識があり、これらを踏まえたエネルギー分野の推進戦略では、
①省エネルギーの推進
②エネルギー供給システムの高度化・信頼性向上
とともに、
③エネルギー源の多様化としての原子力エネルギーの利用推進
が盛り込まれた（図1-6）。

米国では、1979年のTMI事故以降、新規の原子力発電所立地がなかったが、2001年5月、時のブッシュ政権が「国家エネルギー政策」を発表、温室効果ガスを排出しない大規模なエネルギー供給源として、原子力発電を推進する意向を示した。これを受ける形で米国エネルギー省（DOE）は、2010年までに原子力発電所の新規建設着手を目指す「原子力2010計画」を発表した。この流れは2005年の「包括エネルギー法」策定による、原子力損害を補償するプライス・アンダーソン法の延長や新規原子力発電所建設に伴う減税策等、新規原子力発電所建設誘導策の定式化につながる。

他方、欧州ではフランスを中心にして開発が進められてき来た欧州加圧水型炉（EPR）が、フィンランド5機目の原子力発電施設として採用されることとなり、2005年より建設が開始された。

さらに、今後エネルギー需要が急速に高まると見込まれている中国でも、原子力発電所の大量建設が計画されている。

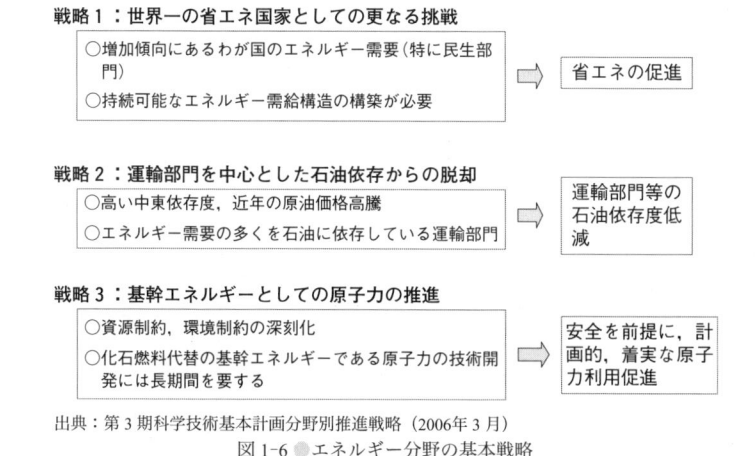

戦略1：世界一の省エネ国家としての更なる挑戦
- 増加傾向にあるわが国のエネルギー需要（特に民生部門）
- 持続可能なエネルギー需給構造の構築が必要

⇒ 省エネの促進

戦略2：運輸部門を中心とした石油依存からの脱却
- 高い中東依存度，近年の原油価格高騰
- エネルギー需要の多くを石油に依存している運輸部門

⇒ 運輸部門等の石油依存度低減

戦略3：基幹エネルギーとしての原子力の推進
- 資源制約，環境制約の深刻化
- 化石燃料代替の基幹エネルギーである原子力の技術開発には長期間を要する

⇒ 安全を前提に，計画的，着実な原子力利用促進

出典：第3期科学技術基本計画分野別推進戦略（2006年3月）
図1-6 ●エネルギー分野の基本戦略

　このような動向を踏まえた原子力開発に関する世界的な機運は「原子力ルネサンス」と通称されており，研究開発に関しても以下に述べるように，現在の原子力発電の主流である軽水炉の高度化や，高速（増殖）炉等の研究開発に関する国際協力の枠組みとして発展してきている。

　その一つは2001年から開始された「第4世代原子力システムに関する国際フォーラム」（GIF: Generation IV International Forum）であり，持続性（資源有効利用，環境負荷低減，廃棄物低減），安全性，経済性，核拡散抵抗性，核物質防護に優れた第4世代の原子力システムを2030年までに実用化することを目指している。具体的には，ナトリウム冷却高速炉（SFR），超高温ガス炉（VHTR），溶融塩炉（MSR），超臨界圧水冷却炉（SCWR），ガス冷却高速炉（GFR），鉛冷却高速炉（LFR）を検討すべきシステムとして選定，それらの技術ロードマップ作成，技術ロードマップに基づく原子炉システムに関する研究開発が，多くの国々等の参加を得て実施されている[8]。わが国は，「ナトリウム冷却高速炉」及び「超高温ガス炉」において主導的役割を果たしている。

---

[8] 日本，アルゼンチン，ブラジル，カナダ，中国，ユーラトム，フランス，韓国，ロシア，南アフリカ，スイス，イギリス，米国（平成20年5月現在）。

他方，米国では，ブッシュ大統領が一般教書演説で言及した先進的エネルギー・イニシアティブの一環として，2006年2月米国エネルギー省（DOE）ボドマン長官がグローバル・ニュークリア・エネルギー・パートナーシップ（GNEP）構想を発表した。この構想は，
- 米国と世界のエネルギー安全保障を増進すること
- クリーンなエネルギーを世界中に広め，環境改善を図ること
- 核拡散リスクを低減すること

を主要な目標とするものであるが，具体的には，表1-2に示すように，
- 原子力発電の拡大に伴う世界的な核不拡散に対する懸念の緩和： 核燃料サイクル技術保有国（米英仏日露中）が連携し，この技術を有さず原子力発電を行っている国の使用済燃料引取りを含む燃料供給サービスを保証する体制を構築することにより，これらの国の濃縮・再処理国化を防ぐ
- 米国内における高レベル放射性廃棄物（HLW）最終処分場（ユッカマウンテン）の容量の限界に関する問題の解決： 核不拡散抵抗性を強めた再処理でHLWの体積を減らし，主要発熱源を除去することにより，処分場のHLW収納率を向上させ，今世紀中の処分場をユッカマウンテン1基で済ませる

を主要な目的としている[9]。

これは原子力利用の拡大と核不拡散の両立を目指すものとして受け止められるべきものであり，現在わが国も，わが国の原子力開発計画との整合性を念頭に，GNEPに参加している。

他方，2009年4月米国オバマ政権が米国内におけるGNEP計画を継続しない旨発表するなど，原子力を巡る国際的な動向には流動的な部分もあ

9）GNEP構想： 先進燃料サイクル施設（AFCF: Advanced Fuel Cycle facility，使用済燃料からウラン，プルトニウム，超ウラン元素，核分裂生成物を分離回収し新たな燃料を製造する施設を建設する）構想，統合原子燃料取扱センター（CFCF: Consolidated Fuel Cycle Facility，マイナーアクチニドを回収しない既存技術を応用した使用済燃料再処理施設に燃料製造施設をあわせて建設する）構想，先進燃焼炉（ABR: Advanced Burner Reactor，分離したウラン，プルトニウムの一部と超ウラン元素を燃焼する先進燃焼炉）構想から成る。これらは，ユッカマウンテン処分場計画の埋設対象廃棄物低減をも念頭に置いている。

表 1-2 ● GNEP の概要

目　標	要　素	対　応
○化石燃料依存度の低減 ○温室効果ガス放出をもたらさない原子力発電による環境改善 ○世界の繁栄とクリーンな開発促進	○原子力発電の利用拡大 ○小型原子炉の開発	○新世代原子力発電プラントの開発 ○途上国ニーズに答え得る小型炉開発
○より多くのエネルギーを発生しかつ廃棄物を減らす核不拡散抵抗性のある技術を用いて核燃料のリサイクルを図る	○先進燃焼炉（ABR：Advanced Burner Reactor）の開発 ○核不拡散抵抗性の高い核燃料サイクル技術の開発 ○放射性廃棄物の最小化	○ABR 開発 ○先進燃料サイクル施設（AFCF: Advanced Fuel Cycle Facility），統合原子燃料取扱センター（CFTC: Consolidated Fuel Cycle Facility）開発 ○ユッカマウンテン最終処分場
○世界の核不拡散リスク低減	○信頼性の高い燃料供給 ○先進的保障措置手法の開発	○核不拡散リスクを最小化した，燃料供給サービス ○核不拡散抵抗性・安全性を高める保障措置の改善

注：GNEP は，3つのプロジェクト（ABR，AFCF，CFTC）を柱に構想されているが，その後の検討過程では AFCF の検討が優先されてきている。他方，2009年に成立した米国オバマ政権における原子力政策も注視する必要がある。

る。しかしながら，わが国としての原子力政策の企画立案に当たっては，こうした動向の背景に留意しつつも，エネルギー資源をめぐるわが国の地政学的な状況等を念頭に，自らの意志として長期的な展望に基づく計画を持ち，それを着実に実施していくことが求められている。

7　原子力政策形成メカニズム

これまで見てきたように，原子力政策の形成に当たっては，その技術的広がりのみならず，社会的，国際政治的な側面までを総合的に考察する必要がある。

改めてそのポイントを列挙するなら，まず，原子力利用は技術的な安全の確保を大前提になされなければならない。この場合，「どこまで安全なら安全なのか（"How safe is safe enough？"）」との基本的な問いかけを常に考える必要がある。国の原子力安全委員会が提起している安全目標に関する議論を全てのステイクホルダーが共有することは重要な意味を持つ（図1-8 参照）。また，エネルギー密度の高い原子力エネルギーの解放が，当初，核爆弾という形で人類の面前に現れたことの人類史的意味を考えるなら，わが国におけるその利用は平和の目的に厳に限られるべきであろう。原子力利用に避けて通ることができない課題として，放射性廃棄物の管理・処分の問題がある。これには技術開発上の課題のみならず，NINBY (Not In My Back Yard: ある施設について，社会全体としての必要性を理解しつつも，自分の生活の場に近接して設置することには反対するとの態度) 的態度に代表されるような，廃棄物に関する社会的な課題も含まれる。このため，国民・地域社会との共生も重要な政策課題となる。

　言うまでもなく，原子力利用の最大の政策的目標の一つは，人類の長期にわたるエネルギー安定供給と，地球温暖化に対する対応への寄与である。

　現在，わが国政府には，このような原子力エネルギーの位置づけを念頭に，大略2つの政策決定メカニズムがある。

　ひとつは，内閣総理大臣のもとにある原子力政策の決定機関である原子力委員会である。委員長および4人の委員で構成される原子力委員会は，わが国の原子力政策の基本を「原子力政策大綱」としてとりまとめている。現行のものは2005年10月に閣議決定されている。そのポイントは，

①2030年以後も，発電電力量の30〜40％程度以上の役割を期待
②核燃料サイクルを着実に推進
③高速増殖炉の2050年の商業ベース導入を目指す

というものである。

　この原子力に関する基本的な方針を踏まえ，経済産業大臣の諮問機関である総合エネルギー調査会は，エネルギーの安定的かつ合理的な供給の確

第 1 章
原子力の政策形成

【定性的目標案】
・原子力利用活動に伴って放射線の放射や放射性物質の放散により公衆の健康被害が発生する可能性は、公衆の日常生活に伴う健康リスクを有意には増加させない水準に抑制されるべき。

【定量的目標案】
・原子力施設の事故に起因する放射線被ばくによる、施設の敷地境界付近の公衆の個人の平均急性死亡リスクは、年あたり百万分の1程度を超えないように抑制されるべき。
・原子力施設の事故に起因する放射線被ばくによって生じ得るがんによる、施設からある範囲の距離にある公衆の個人の平均死亡リスクは、年あたり百万分の1程度を超えないように抑制されるべき。

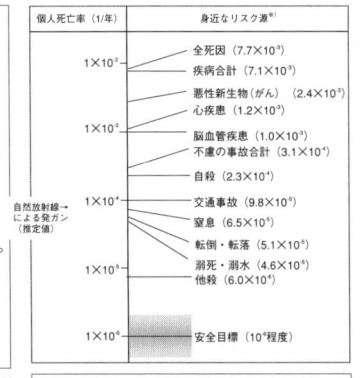

【国民との対話】
・安全目標の目的や内容等について、広く社会と対話を続けていくことが肝要

出典：原子力安全委員会「安全目標に関する調査審議状況の中間取りまとめ」（2003年12月）

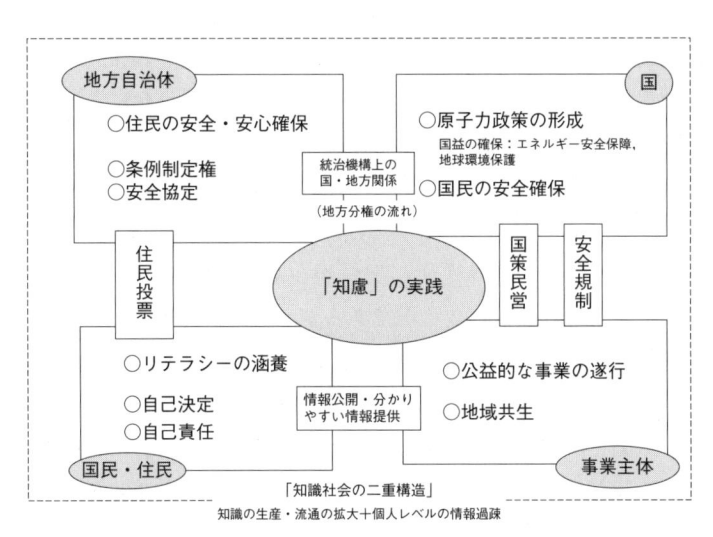

図 1-7 ●安全目標の議論

図 1-8 ●知慮（フロネーシス）の獲得と実践

保に関する総合的かつ長期的な施策に関する重要事項を調査審議する（総合エネルギー調査会設置法第2条第1項）立場から，わが国の原子力利用に

関する具体的政策を立案している。同調査会による「原子力立国計画」（2006年8月）と「エネルギー基本計画」（2007年3月，閣議決定）では，原子力利用に関する具体的な政策が規定されている。

また，原子力活動の安全確保に関しては，内閣総理大臣のもとに原子力安全委員会があり，経済産業省や文部科学省等の規制行政庁において行われる原子力の安全確保活動に関する基本政策が取りまとめられている。その活動は安全審査の基本となる指針類の制定，規制行政庁の行う安全審査のダブルチェック，規制行政庁の日々の活動の監査（規制調査）等，多岐にわたっており，詳細は原子力安全白書等を参照する必要があるが，ここでは原子力活動と社会的に求められる安全の水準に関する基本的な議論として，同委員会がまとめた安全目標案の意味について触れる。

図1-7は，原子力安全委員会が提案している原子力活動に関する安全目標案の概略を示している。すなわち，さまざまなリスクの中で，あるいはリスクを伴いつつ行われている人間活動のひとつとして原子力利用活動を捕らえた場合，社会として，どの程度の安全を技術的に確保，維持すべきか，という議論の基準となるべきものが原子力安全委員会による安全目標案である。この目標案は定性的な目標案と定量的な目標案とで構成されており，後者において公衆の個人の平均死亡リスクを，年あたり百万分の一程度を超えないように抑制されるべきとしている（詳しくは，平成15年版原子力安全白書（平成16年4月）参照）。現在は，安全といえば100％の安全が心理的に想定され易い社会状況であるが，人間活動自体および人間活動を取り巻く環境におけるリスクを冷静に評価することが，技術的に確保されるべき安全水準の議論と社会から期待される心理的な安心・信頼の問題に関する議論を深めることにつながる。原子力安全委員会における安全目標に関する議論は，このような文脈においても評価することができる。

8 ｜ まとめ——政策形成のあり方

以上，第1章では，原子力政策に関する議論をさらに深めるためにまず押さえておくべき状況や課題群について俯瞰的に論じてきた。しかし，お

よそ政策学は個別具体的な施策、制度の分析にとどまらず、将来のマクロな展望に関する理念を構想する政治学の一領域であることから、以下、いわゆる公共哲学的観点から、これまで論じてきた個別課題等をどのように捉えていくべきかを考え、第1章のまとめとしたい。

8.1 公共の空間の共有

地球環境問題は、地球環境という社会的・経済的に有用な資源が、誰でも無料で（あるいは安価に）利用出来ることから発生する。すなわち、自由に利用できる公共の資源を市場経済、公的な政策の枠組みの中で適切に管理できないために、地球環境問題は発生する。たとえば、空気を利用（呼吸）している人間は、全員が空気を利用することを知っているので、その空気が汚染した場合、他者が何らかの費用負担を行うことを期待して、自らは費用負担を減らそうと行動しがちである。このような外部性のある領域では、必要なコストを払わないいわゆるただ乗り（フリーライダー）が発生し、結果として資源の非効率な利用が行われるため、この外部性を経済的、公共政策的に社会システムの中に組み込む（内部化する）政策的な努力が必要となる。いわゆる京都メカニズムは、二酸化炭素等の温室効果ガス排出削減を市場経済システムに内部化しようとする政策的な試みである。

全てのステイクホルダーには、この意味で公共の空間を分担、共有する発想が求められる。

8.2 公共を創出する政策形成空間

しかしながら、現実には知識社会の二重構造として既に述べたとおり、高度に発達した情報通信・コミュニケーション技術を背景とし、情報の生産とその流通が爆発的に拡大した知識社会においては、個人が必要とする情報の獲得可能性が拡大する一方で、情報の受け手たる個人の情報咀嚼能力が不足している状況が発生し、知らず知らずのうちに情報に操作される可能性が生じる。高度で技術的、長期的かつ、何らかのリスクを内在する

活動について，基礎知識を取得し，合理的に判断しようとする主体的な努力は放棄され（無関心），自己にとって恐ろしく，未知なものに対する感情的な忌避感が蔓延することになる。

また，価値観が多様化している知識社会では，政策形成に関し，いわゆる「国民合意」の必要性を主張し，自己の主張に一致しない方向には合意せず，国民合意がないことを主張する態度すら生じている。

このような状況を改善する方法論について，真剣に考えるべき時代に，私たちはさしかかっている。もちろん，多様な価値観の存在を前提にする知識社会にあっては，完全に国民的な合意形成が得られた状態を想定することはできない。しかしながら，最先端の科学技術活動を社会と調和的なものとしていくためには，「合意」の問題は避けて通ることができない問題である。

8.3 知慮（フロネーシス）の獲得

このような状況を改善するためには，科学技術が社会との関係において，また社会が科学技術との関係において，どのような状況にあるかを，国民一人ひとりが自らの問題として考える環境を作ること，またこの環境下で，個別の意思の集合が「一般意思」にはならないことを念頭に置きながら，アリストテレス（前384年～前322年）の「知慮（フロネーシス）」の獲得を目指す努力を国民一人ひとりが行うべきこと，そしてそれを可能にするような社会システムを構築することが重要である。

すなわち，自然のすべての存在がそれ自身のうちに目的を含み，その実現過程にあるとするアリストテレスは，人間の知的活動を理論的活動，実践的活動，制作的活動に分け，それ以外の態様においてあることのできる人間の実践的活動に対応する知識として「実践知」，すなわち「知慮（フロネーシス）」を規定した。それは，絶対的なものではありえないが故に，実践の場，すなわち政治の場における最高の目的としての「善」についての絶え間ない個々人の異なった意見の交流の中で選択され，検証されていかなければならない性格のものである[10]。

政策形成，選択に関するこうした個人（国民，住民）のみならず，国，地方自治体，事業主体を含めたすべてのステイクホルダーの行動を，合理的で理性的なものに少しでも近づけるようなさまざまな政策手法を地道に行い，そこから得られる方向性に即した政策決定を行うこと（「知慮」の実践）が，知識社会における原子力政策の形成には求められている（図1-8）。

　以上は，ともすれば局所的な利害関係を緩和することに終始し，本質的な問題を先送りする傾向が否定できない現実に対し，有効な処方箋を考える上で新たな視点を示すものである。続く各章における原子力活動の諸課題の検討においては，本章の問題意識を共有し議論を深めることが，より効果的な将来展望を開くことにつながるであろう。

[村田貴司]

参考文献

アリストテレス，高田三郎訳（1971/1973）『ニコマコス倫理学（上・下）』岩波文庫。
Bohman, J., Rehg, W. (1997) *Deliberative Democracy* MIT Press.
原子力委員会（1996）『平成8年版　原子力白書』。
原子力安全委員会（1996）「動力炉・核燃料開発事業団高速増殖原型炉もんじゅ2次系ナトリウム漏えい事故に関する調査審議の状況について」。
原子力安全委員会（1997）「高速増殖原型炉もんじゅ2次系ナトリウム漏えい事故に関する調査報告書（第2次報告）」。
原子力安全委員会（1998）「高速増殖原型炉もんじゅ2次系ナトリウム漏えい事故に関する調査報告書（第3次報告）」平成10年4月20日。
IPCC（2007）[気候変動に関する政府間パネル　第全4次評価報告書第1作業部会の報告書　政策決定者向け要約］

10）アリストテレス，高田三郎訳（1971/1973）

第 2 章
原子力技術の社会的受容とその獲得

1 はじめに

　原子力の必要性が叫ばれて久しい。実際，発電分野においてはその利用が進み，現在では発電電力量の約 3 割が原子力発電によって賄われている（資源エネルギー庁編 2008，第 2 部第 1 章第 3 節）。原子力発電は現代社会の営みを維持する上で不可欠な電源の一つとも位置付けられ，原子力技術の利用の必要性に関する認識はある程度社会的に形成されているように思われる。しかしながら，現実に原子力技術の利用施設を設置しようとする場合には，「安全性」を主な理由としてこれに反対する意見が表明され，結果としてその利用が困難となる場合が多い。

　原子力技術に限らず技術一般への依存が進む現代では，社会と技術の関係は大きく変化してきている。こうした変化の中で，社会の中で技術が利用されるということに関し，社会は多様な価値意識に基づいて様々な意見を持つようになってきた。原子力技術の利用が困難に直面するのは，原子力という個別具体的な技術に特有の要因にも依るだろう。しかしこれに加えて，原子力技術に限らない技術一般と社会との関係の変化の発露としての社会の意思も，困難の背景として存在しているのではないか。

　技術を導入し利用する者一般に対して社会は，非常に高い安全性の確保を求める。このような安全性の求めに関した社会の変化は，社会の中での

技術の利用を規定する制度の変革をとおして,その背景にある考え方に対しても変革を促すことになる。その変革の方向,すなわち社会の意思の発露は,社会が求める安全性を達成する上での技術の利用者が果たすべき役割,換言すれば事業者の役割をこれまで以上に重く求めることではないか。重い役割が期待されればされるほど,安全性の確保を真摯に図る者としての事業者に対する信頼も同時に求められることになる。

社会からの信頼の獲得を原子力技術に敷衍して述べれば,法令の遵守はもちろんのこと,原子力技術の利用に伴う安全性の維持,確保,さらにはその向上に真摯な態度で取り組む原子力事業者の姿勢を社会に理解してもらうこと,これが求められる内容となる。重きを増すこの信頼を社会から得るための方策はどうあるべきか。この問いの答えを捜すために,安全性の確保だけでなく信頼性をも確保するとの観点から,環境マネジメントシステムという考え方に注目する。それは環境マネジメントシステムが,自らを環境に適切に行動する組織であると社会に認識してもらうための枠組みと考えることができるからだ。

以上の問題意識に基づき本章では,技術と社会との関係が近年どのように変化してきているのかという事実認識と,環境マネジメントシステムという考え方に対する理解とを軸に,原子力の利用を図る上で必要となる社会からの信頼を獲得する方策を検討する。

2 │ 技術と社会を巡る認識[1]

2.1 技術依存の桎梏

現代の社会は技術の存在なくしては成り立たない。我々の生活のあらゆる場面において,技術は幅広く利用されている。原子力技術も,当然のことながら,こうした技術の一つである。このような理解から,原子力という固有の技術分野から離れ,原子力をも含む抽象概念としての技術総体を考える。原子力技術に対する社会の受容のあり方は,この総体としての「技術」と社会との関係に大きく影響される。ではこの関係,技術総体は

---

1) 本節に記した内容の詳細は,倉田(2007)を参照のこと。

社会の中でどのように捉えられ，そして位置付けられているのだろうか。原子力技術の社会的受容を考えるために，まずはこの点を概観してみよう。

　人類はその誕生以来，生きるために様々な技術を獲得してきた。そうした中でも耕作技術の獲得は，劇的とまでいえる程に人類の生活を変えた（Pointing 1991 上巻 91-100; Cohen 1995, 34-36）。では，耕作技術導入の背景は何だったのか。それまでの採集と狩猟に頼っていては，増大する人口圧への対処が困難となったからである。こうした状況下での社会の必然的な選択の結果として，耕作技術が導入されたと考えることができる（Sahlins 1972, 49-50; Pointing 1991, 上巻71-74）。

　時代を近代に跳ばそう。蒸気機関という動力を用いた大量生産技術の導入も，社会に対して非常に大きな影響を与えた事例だ（Ashton 1952, 9-10; 荒井，内田，鳥羽編 1981, 110-144）。17世紀のヨーロッパ経済は，原材料，特に森林資源の不足によって成長が制約を受けていた。よりマクロ的には，農業生産経済に基づく農業社会では，食料にとどまらず工業原料及びエネルギーに関しても土地がその生産の源であった。従って社会は，土地から得られる動植物性の資源に依存した経済構造をとることが基本だった。こうした経済構造を超えた成長が求められ，それに応えたのが先の技術だったといえる（Boserup 1981, 112; 中村 1987, 46-51）。産業革命下の一連の技術の進歩によってはじめて，土地の生産力に依存しない鉱物資源の利用が可能になったのである。

　採集と狩猟から農業へ，そして工業へと，人類は成長の壁に突き当たるたびに新たな技術によってその壁を超えてきた。その結果が人間活動の際限なき拡大である。この地球での60億を超える数の人類の存在は，人間活動の拡大の様を明確に示す。地球上の人類の生存は，技術なくしては最早不可能になった。技術の導入は，結果として技術に大きく依存し，技術の存在なしには維持することのできない社会を創ってしまったのだ。

　個人の活動においても同様の事態を見ることができる。現在の我々の生活は，生存に不可欠な食糧の供給や生活環境の構築を超えて，個人の快適

な生活の維持という観点からも技術に多くを依存するようになっている。空調の効いた部屋，自らの足を動かすことのない目的地への移動，遙か彼方にいる友との臨場感溢れるコミュニケーションなど，生存の維持という目的を超えて，技術は我々の生活に欠くことのできない存在となっている。

　我々がより豊かで快適な生活を望む限り，この目的を叶えるために新しい技術が開発され，そして我々の生活へと導入され続けていくだろう。現実に人々はより豊かで便利な社会を望み，その望みを実現するための様々な技術が日々導入されている。人類生存のための食料の供給といった全人類的な視点から離れ，個人としての生活に焦点を絞っても，我々は技術依存の桎梏の中にいる。

2.2　社会と技術の関係の変化

　この桎梏の中で，明示的であるのか黙示的であるのかを問わず，導入された技術はそれを利用する人々やその集合体である社会に対して大きな影響を与えている。このような事態は，社会と技術の関係にも大きな変化をもたらすことになる。

　社会，個人を問わず技術への依存度は年を追うに従って格段に増大している。同時に，社会に導入される技術の高度化，複雑化も格段に進展している。結果として，導入された技術の利用者である社会や個人にとって，技術の中身はブラックボックスと化している。わからないものに頼る状態が強まっているのである。こうした状態に対し人々は，不安と恐れを抱く。これは，人間として当然の心理だろう。技術が，不安と恐れの対象になるのである。

　実際，様々な世論調査の結果からも，この見方は裏付けられる。図2-1は2007年に実施された世論調査の結果を示したものだ[2]。「科学技術の進歩が速すぎるため，自分がそれについていけなくなる」という意見に対し，回答者の過半近くが「そう思う」という選択肢を選んでいる。「どちらか

2）内閣府『科学技術と社会に関する世論調査』平成19年12月調査。

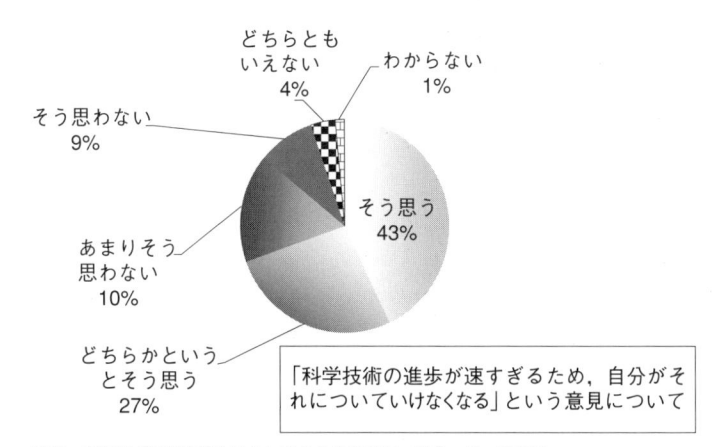

出典：内閣府『科学技術と社会に関する世論調査』平成19年12月調査
図 2-1 ● 科学技術の進歩に関する世論調査の結果

(円グラフのラベル：そう思う 43%、どちらかというとそう思う 27%、あまりそう思わない 10%、そう思わない 9%、どちらともいえない 4%、わからない 1%)
「科学技術の進歩が速すぎるため，自分がそれについていけなくなる」という意見について

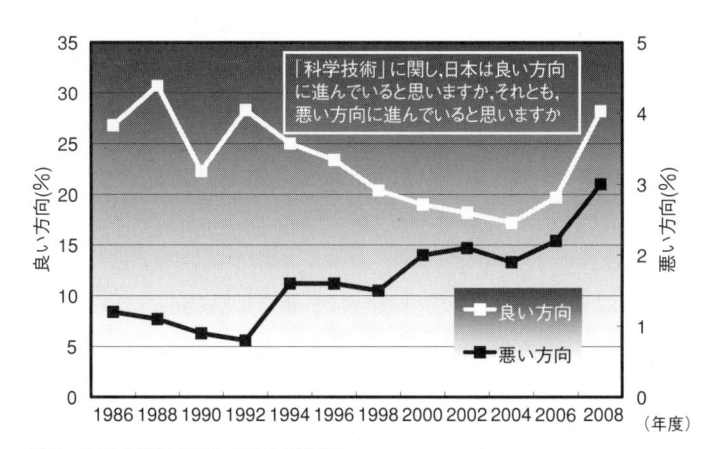

出典：内閣府『社会意識に関する世論調査』
図 2-2 ● 科学技術の進む方向性に関する世論調査の結果

というとそう思う」まで含めれば，回答者の7割が先の意見を肯定したことになる（図2-1）。

　高度経済成長時代の残滓が残る1976年に実施された世論調査[3]において，「科学技術の進歩に伴って，生活様式など世の中が変化してきました

3）内閣府『科学技術及び原子力に関する世論調査』昭和51年10月調査。

が，あなたは，変化が速すぎると思いますか，丁度良いと思いますか，それとも遅いと思いますか」との質問が設定されている。この質問に対し，「速すぎる」という選択肢を選んだ回答者は全体の4割以下であった[4]。図2-1に示した調査とは質問の内容が全く同じというわけではない。このため両者の単純な比較はできないが，科学技術に対する社会の見方がかつてに比べ大きく変化してきていることが示唆される。

　もう一つ，別の世論調査の結果を示そう[5]。図2-2がそれだ。「科学技術」を含む様々な選択肢を示した上で，「現在の日本の状況について，良い方向に向かっていると思われるのは，どのような分野についてでしょうか」と聞く。また「悪い方向」に関しても同様に問う。この二つの質問に対し，科学技術を選んだ回答者の比率の経年推移が図に示されている。良い方向に進んでいる分野として科学技術を選んだ回答者は，悪い方向としてそれを選んだ回答者に比べ圧倒的に多い。また数字の大きさそれ自体は，調査がなされた時点における社会的な事象にも影響を受けて大きく増減することから，定性的な意味を見いだすには慎重な検討を要するだろう。その一方で両者の相対的な関係を見ると近年では，「悪い方向」に向かっているとの回答者の比率が明らかに増大した状況で推移していることが見てとれる。

　人々のこのような感じ方の変化からは，新しい技術の急速な導入に対する個々人の心理の追随が困難となり，結果として技術の利用に際した社会的フリクションの増加の可能性を指摘することができる。さらに，フリクションの増加は，社会の中での技術の利用のあり方を規定する様々な制度が，新技術の急速な導入に追いつかない実態の反映とも受け取ることができるだろう。

4）回答の内訳は，「速すぎる」35.8%，「丁度良い」30.4%，「遅い」5.0%，「一概には言えない」17.9%，「わからない」11.0%となっている。
5）内閣府『社会意識に関する世論調査』。

2.3 向かう先——「マルチリスク社会」

　日本では，飢餓，貧困，疫病といった生存を脅かす基本的な課題は克服されて久しい。経済成長を遂げる中で社会は成熟化し，価値観の多様化が進展している。かつての日本では，それが是か非かは別にして，国民の大多数が同意し得る達成すべき絶対的な目標が存在した。豊かになることだ。技術はこれに資するものとして捉えられ，その限りにおいて絶対善と見なされていた。現在の日本においては，社会が総体として共有できる課題の設定は困難といえる。達成された豊かさの中で，技術が絶対善であるという理解は最早不可能だろう。

　人々の考え方や重きを置く価値が多様化する中で，健康や安全，環境に対する価値は相対的に高まりを見せている。人々は従来にも増して高い安全性を求め，またそれを確保するためにより不確実な事象に対しても何らかの対処を求める。逆に，安全でない事象に対しては強い忌避感を抱く。こうした対象として言及される事例の最右翼に，原子力発電に代表される原子力技術の利用がある。遺伝子組換え技術を用いた食品の生産や環境ホルモン問題に代表される化学物質の利用に関しても，議論の俎上に載せられる。さらに，近年の情報伝達技術の発達とその社会への導入は，人々の考え方の多様化に大きく貢献し，その結果として安全に重きを置く価値意識の醸成に強く拍車をかける。

　安全を求める価値観は，当然のことながら，社会における技術の利用に対しても向かう。社会と同様の価値意識に基づいた技術の利用を，技術の社会への導入者に対して求めることになる。一方で，人が生存する上での突出したリスクは，日本の社会では急速に減少しているという現実がある。結果として日本では，従来は特段認識されることのなかった微小な多数のリスクに対しても，何らかの対応をとることが求められはじめている。微小な多数のリスクを合わせた総体としてのリスク，すなわち「マルチリスク」の低減が求められる社会になっているのである。

　微小なリスクの集合体であるマルチリスクへの対応は，これまでとられてきた相応に大きな個別のリスクへの対応とは，その手法において大きく

異なる（岸本 2006）。従来から，例えば人に対して何らかの悪影響を与えることが明確な事象に対しては，その事象だけに着目して悪影響を防ぐ対策が講じられてきた。規制的な措置がこうした対策の大宗を占める。対策を講じることにより本来の目的とは異なる影響の発生も懸念されるが，発生が懸念される影響に係るリスクに比べて目的事象のリスクが相当に大きいのであれば，こうした懸念にそれほどの斟酌を払う必要はない。個々のリスク事象に対し，個々の対応策を縦割り的に講じることで，問題の解決が図られてきたといえる。

一方で，マルチリスクとして捉えられるリスク事象では，目的事象の有するリスクがそもそも小さい。このため，対策による波及的な影響を目的事象のリスクとの比較において無視することができない。それほどまでに小さなリスクに対しても，何らかの対応が求められる現状にあると理解することができるだろう。こうした微小なリスクへの対応では，マルチリスクを構成する個々のリスク事象を独立，縦割り的に捉えるのではなく，「マルチ」たるリスク全般を包括的に捉え，様々に絡み合う個別事象相互間の関係を踏まえた上で，総体としてのリスクの減少を図っていくアプローチが求められる。

個々の事象への着目だけでは，社会が求める高い次元で安全性を確保することが困難となってきている。それがマルチリスクの低減が求められる社会，すなわち「マルチリスク社会」の特質といえるだろう。安全性に対するこうした社会の変化は，社会での技術の利用を規定する制度の変革をとおして，その背景にある考え方に対しても変革を促すことになる。個別事象相互間の関係を踏まえて総体としてのリスクを減少させていく上では，個々のリスク事象に詳しい知識を有する者，すなわちリスク事象の元となる活動を行う事業者による取り組みが非常に重要となる。従って，安全性を確保するために事業者に対してより大きな役割を期待する。これが変革の大きな方向だろう。

3 求められる「安全性」と「信頼性」[6]

3.1 安全性確保の考え方

　技術と社会を巡る前節で示した認識を前提に，技術総体から原子力という個別の技術に対象を移し，以降では原子力技術の社会での利用のあり方を考える。原子力技術を社会に導入し利用する上で求められる安全性は，どのような考え方により達成されるのだろうか。

　原子力技術の利用に際しては，放射性物質の異常な放出による周辺公衆への影響を防止することが安全確保の基本とされている（原子力委員会 1998，第Ⅰ部第2章4．（1））。この基本に従って安全対策が確実に講じられることを確保するために，国において必要な規制が実施されている。具体的には「核原料物質，核燃料物質及び原子炉の規制に関する法律」及び「電気事業法」に基づき安全規制が行われている。

　一方で，「我が国では原子力の利用に係る安全確保の第一の責任は，設置者責任の原則により，まず原子力施設設置者において果たされなければならない（原子力安全委員会 1999，第2編第1章第1節）」とされる。また，安全性のより一層の向上のため，原子力安全委員会は原子力施設設置者の自主的な活動による予防保全対策等を奨励している（原子力安全委員会 1999，第2編第1章第1節）。すなわち日本においては，原子力事業者が必要な安全性の確保の責任を負うべきとの考え方の下に，法律によって安全規制が講じられると同時に，原子力事業者による自主的な安全確保の取り組みが求められている。

　換言すれば，法律による規制だけをもって安全性を確保するのではなく，むしろ原子力事業者に対し「法令の遵守はもちろんのこと単にこれにとどまらず，自らの取り組みによる安全性の維持，向上」を求めることによって必要な安全性を確保している，と理解することができる。実際に原子力安全委員会では，原子力の安全確保の第一義的な責任は事業者にあり，国の役割は事業者の安全確保を支援・補完し，国民の安全を守るこ

6）本節に記した内容の詳細は，倉田，神田（2001）を参照のこと。

と，としている（原子力安全委員会 2000，第 1 編終章第 1 節）。

技術の利用者自身に対して安全性確保のための取り組みを求めるという考え方それ自体は，原子力技術の利用に関する安全性の確保に限ったことではない。おおよそ社会における技術の利用において共通に求められる思想といえる。

3.2 「信頼性」確保の必要性

このような考え方に基づき，安全性に関し強制力をともなう法律が整備され，また，社会での技術の利用者が法律を遵守するとともに自主的な安全確保策を講じ，結果として相応の「安全性」が達成されたとしよう。このような状態にあった時に社会は，安全性という視点からは技術の利用を直ちに受け入れるだろうか。否，必ずしもこれをもって社会が技術の利用を受け入れるとはいえないのではないか。これが現下の日本社会の状況だろう。

そもそもどの程度の「安全性」を確保する必要があるのか。新しい技術になればなるほど，このレベルの決定は事実上困難になっている。「どの程度安全であれば安全といえるのか（How safe is safe enough?）」。これは技術の利用に際して繰り返し示される問いであるものの，未だ答えが見いだされるには至っていない。原子力技術の分野でも，「これに答えることは容易ではなく，原子力の安全を巡る古くて新しい課題であり，総合的な視野に立って安全目標の策定に向けた検討を進めていく（原子力安全委員会 1999，第 1 編第 2 章第 1 節 1 （1））」とされているのが実態である。もちろんこの問いは，原子力技術の利用に特化したものではない。全ての技術の利用に普遍的に付きまとう。

達成すべき安全性が明示されていない中で，安全性が達成されているか否かということを客観的に評価することはそもそも難しい。というか，論理的には不可能だろう。また，仮に事実として「安全性」が達成されているとしても，この状態を社会が「安全」であると認識するとは限らない。求められるのは，安全性の達成と同時に社会が技術の利用を安全と認識す

ることなのである。これは別の言葉でいえば、広く社会一般が技術の利用に対しこれを「安心」と感じることだろう[7]。

それでは、社会はどのようにして技術の利用を「安全」と認識するのであろうか。これに対する回答を得ることもやはり難しい。事実として安全であることは当然の前提となる。例えば、放射能漏れなどの事故の後に行われた原子力技術の安全性に対する認識を問う調査では、安全であるという回答が急激に低下する。このことからも、事実としての安全が必須であることは明らかだ。仮に事故が人の生命、健康に何ら影響を与えない軽微なものであったとしても、事故の発生は社会に対して安全性への疑問を抱かせるには十分なのだ。

これまでも、この回答を求めて多くの研究が主として社会科学的なアプローチによって行われてきている。未だ明確な回答は得られていないが、「信頼性」が一つの大きな要因ではないかと考えられている（田中1998）。原子力技術においても、原子力事業者に対する信頼が高ければ原子力技術の利用を安全と考える傾向がみられ、各種のアンケート調査においてはこの両者の間に高い相関がみられる（下岡1993；角田1999）。

3.3 「安全マネジメントシステム」

「信頼」はどのようにしたら得られるのだろうか。これまでの議論を踏まえれば、「法令の遵守はもちろんのこと、単にこれにとどまらず、技術の利用における安全性の維持、向上を図るための真摯な努力」を行う者であると社会から認識されることが、信頼を得るための必要条件といえるのではないだろうか。このような真摯な努力を行う者であることは、こうした行為を当然のこととして実施するためのマネジメントシステムを技術の利用者自身がその組織内に持つことで担保される。このマネジメントシステムは、組織の行為に関する安全性を確保するためのマネジメントシステ

---

[7] 原子力委員会（1998）第Ⅰ部第1章3.（1）によれば、「もんじゅ」事故を契機に高まった国民の原子力開発利用への不安感や不信感の背景・要因の第一として、専門家が主張する技術的「安全」と国民の意識としての「安心」との乖離に起因する、原子力の安全一般に向けられた不安感が挙げられている。

ムと位置付けられることから，以下これを「安全マネジメントシステム」と呼ぶことにする。

　安全マネジメントシステムによる組織マネジメントの結果が法令の遵守であり，また安全性確保に向けた自主的取り組みの実施となる。このような組織マネジメント実施の結果として安全性が現に確保され，またこのようなマネジメントシステムを持ち，これを適切に実施する者として社会に認識されることで社会からの信頼性が確保される。この結果として，こうした者による社会での技術の利用が許されるのではないだろうか。このような形での技術の社会における導入の進展を概念的に図 2-3 に示す。

　図において，安全マネジメントシステムの実施は法令の遵守という概念を含んでいる。安全規制法規という厳格な枠組みを法令遵守により経ることで，安全性の達成に貢献する。同時に，法令によらない，技術の利用者自身による安全性確保のための自主的取り組みが，安全規制法規という枠組みを経ずして直接的に安全性の達成に貢献する。

　さらに図 2-3 では，こうした安全マネジメントシステムの存在とこれに基づく行動が社会的に認識されることにより，技術の利用者に対し社会的に信頼できる者としての位置付けが与えられる。この信頼の存在が安全性の存在と相俟って，社会への技術の導入の進展に貢献することを示している。すなわち，安全性の確保だけでなく社会からの信頼性を確保することが技術の社会への導入者に対して求められる。信頼性は，安全マネジメントシステムを持ちこれを適切に実施する者として社会に認識されることにより確保されることになる。

　なお，安全性の確保と社会からの信頼性の確保とは，技術の社会への導入に際しての必要条件に過ぎない。対象となる技術そのものの必要性が社会から認められないのであれば，その技術の社会への導入はやはり障害にぶつかることになる[8]。

---

8) 下岡 (1993) によれば，原子力技術の利用に反対する理由としてその必要性に対する疑問が，安全性に対する疑問と並んで大きな位置を占めている。このことからも，信頼性の確保は社会的受容性の確保を図る上での十分条件とはならないことが示される。

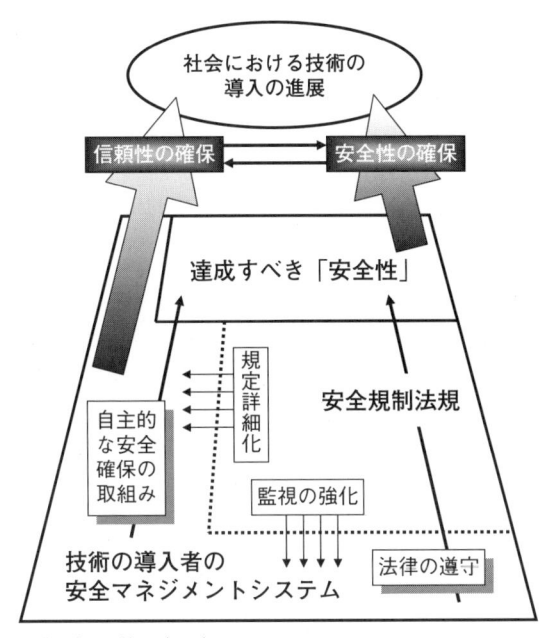

出典：倉田・神田（2001）
図 2-3 ● 社会における技術の導入の進展

3.4 従来型規制措置の困難性

　以上の理解を前提に，安全性と社会からの信頼性の双方を確保することによって，必要と考えられる技術を社会に導入し利用するための方策を考えてみよう。この方策としてまず想定されるのは，制度的に最も厳格と考えられる法律に基づく規制的な措置の導入だろう。

　この場合，規制の対象となる事業者が法令を遵守するとの前提を置くか否かにより，制度のあり方は大きく変わる。事業者が法令を遵守しないとの前提で法規制を考えるのであれば，事業者の行動全てに関しこれが法令に合致しているか否かを監視する制度を構築する必要が生じる。これは図2-3 において，安全規制法規と技術の利用者の安全マネジメントシステムとを隔てる水平に引かれた点線を限りなく押し下げることを意味する。しかし，事業者の行動全てを監視下におくことは現実に困難であり，また規

制に要するコストや規制の実効性の面からも望ましいことではない。法律以前の問題として，原子力事業者が法律の規定を遵守することは，求められる安全性を達成する上で当然の前提ともいえる。

さらに，安全性の維持，向上を図るための姿勢や態度を持つということは，法令に規定していない部分に関しても自主的に安全性の維持，向上に必要な措置を講ずることを意味する。仮にこのような余地を一切なくし，安全性の確保に必要なことは全て法令で規定するとしよう。これは図2-3の安全規制法規と原子力事業者の安全マネジメントシステムとを隔てる縦に引かれた点線を限りなく左に寄せていくことを意味する。この結果，規定は際限なく詳細化していくとともに，原子力事業者の行動は厳しく制約されることになる。

しかしながらどのように規制を詳細化しようとも，およそ全ての行動を制約することは不可能であり，また望ましいことでもない。一律的な行為規制は規制対象部分に関し組織のマネジメントの余地を排することで成立するのであり，このような措置の導入はマネジメントの否定につながることを認識する必要がある。

法律を有効に機能させ，もって求められる安全性を達成する上では，規制対象となる技術の利用者自身の安全性に対する真摯な姿勢と，これを実際の行動に結びつける適切なマネジメントが不可欠となる。一方で，適切と考えられる具体的なマネジメントの実施自体を法律によって強制することは困難なのである。技術の利用者自らの意志による安全マネジメントシステムなくしては，法規制はいたずらに監視強化，規定の詳細化に移行するとともに，安全性確保の実効も損なわれるだろう。

4 | 目指すべき方向は

4.1 「環境マネジメントシステム」という枠組み

前節で論じたように，法律による一律的な規制という従来型の方式によってマネジメントのあり方を規制することは適当でない。そうであるならば，こうした手法によらない制度としてどのようなものを考えたらよい

のだろうか。安全に対してと同様に，近年の社会は環境に対しても高い価値を置き，強い関心を払う。人を念頭に置いた安全性の問題に対し，環境問題は自然を念頭に置いての安全問題と考えることもできる。こうした理解からは，それぞれの問題への対応に関して両者間で相当の類似性が見られるはずだ。そこで，環境分野に目を移すことでこの問いの答えを捜してみよう。

現在，環境マネジメントシステムと呼ばれる枠組みが存在し，広く世界に普及している。環境マネジメントシステムとは，1960年代以降の社会の中での環境意識の高揚と1980年代後半以降の地球環境問題の顕在化とが相俟って，アメリカやヨーロッパの社会を中心に醸成されてきた，地球環境問題の解決に向けての考え方，概念といえる（倉田 2006，183-184）。

地球環境問題を，この地球上での人間活動の規模が地球環境の容量に比べて十分に大きくなったことに起因する問題と考える。とするならば，人間活動の特定の一側面に関した個別的な事象への対策を講じるだけではなく，人間活動の全てにわたって環境負荷を減じていくという行動を採ることが，地球環境問題解決のためには必要となる。

この実現のためには，人間活動の全ての側面にわたって行動に際し満たすべき具体的基準を定め，これに従うことを求める。まずはこのような規制的な対応が思い浮かぶ。しかしながら，こうした対応は事実上不可能だろう。また，仮に可能であったとしても望ましくはない。では，どうしたらいいのか。定められた基準に従うのではなく，環境負荷を極力減じるという観点からの行動を，我々の行動全てに関し自らの意志においてとるということではないか。

従来の公害問題では，特定の行為を法的強制力に基づいて規制することで解決を図ってきた。国による法律の策定も，地方自治体による条例の制定もそうだ。これに対し地球環境問題を上述のように理解するのであれば，特定の行為を規制するだけではなく，地球環境に対する負荷を低減するという規範に沿って我々の行動全般を誘導する枠組みが必要となる。環境マネジメントシステムとは，まさにこの枠組みとして捉えることが可能

だ。

　以上の理解を踏まえることで，環境マネジメントシステムを「環境に関する組織の行動規範を採択し，この規範に沿った具体的な環境行動目標を設定し，設定した目標の達成を目指して行動することを約束し，約束した行動を確かに実施していることを組織の外部に対して証明する枠組み」と理解することができる（倉田 2006, 166）。この枠組みを概念的に図2-4に示す。マルチリスク社会の出現によって安全性問題への対応に新しいアプローチが求められるのと同様に，地球環境問題の顕在化は環境問題の解決に向けて新しいアプローチを出現させたわけだ。

　環境マネジメントシステムという枠組みは，いわば概念であり，基本的な考え方を示したものである。この考え方を現実の社会に導入し適用していく上では，考え方を具体化した制度を構築する必要がある。実際1990年代に入って以降，環境マネジメントシステムの考え方を具体化した制度の導入は環境行政の現場において数多く見ることができる（倉田，石田 2007）。こうした制度の中でも世界的に最も普及したものの一つとして，環境マネジメントシステムの国際規格である ISO14001 が存在している。

4.2 「安全文化」醸成の必要性

　技術の安全性に再度議論を戻そう。「安全文化（Safety Culture）」という言葉が存在する。技術分野での安全性確保に際し，その必要性が広く言及される概念である。また，原子力技術の利用に関する安全性を巡る近年の議論において，常にその醸成が求められる概念でもある。特に，1986年に国際原子力機関（IAEA）の報告書（IAEA 1986）で言及されて以降，注目を集めている。IAEAでは安全文化を，「原子力の安全問題に，その重要性にふさわしい注意が必ず最優先で払われるようにするために，組織と個人が備えるべき一連の気風や気質[9]」と定義している（IAEA 1991）。

---

[9]　"Safety culture is that assembly of characteristics and attitudes in organizations and individuals which establishes that, as an overriding priority, nuclear plant safety issues receive the attention warranted by their significance"

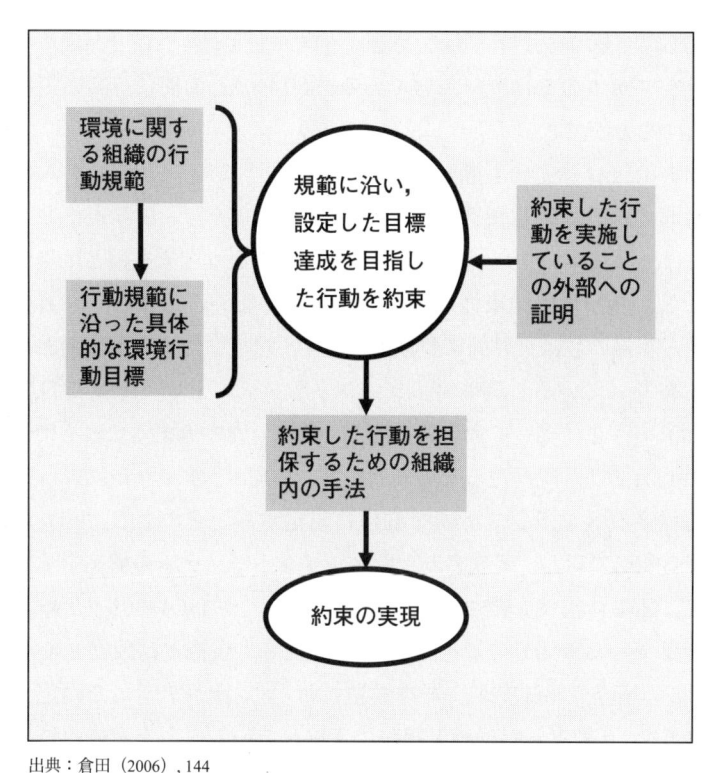

出典：倉田（2006），144
図 2-4 ●環境マネジメントシステムの枠組み

　安全文化に関する IAEA の定義を噛み砕けば，「安全に関する全ての問題に関し，適切な認識と行動によって対処することを可能ならしめる，組織及びそこに属する個人が持つべき行動規範」と考えることができる。こうした規範を組織において実現することが安全文化の醸成と考えられ，IAEA ではこのための「具体的事項」を示している（IAEA 1988）。この概要を図 2-5 に示す。
　IAEA が示す安全文化の定義を前提とすれば，安全文化を組織内で実現するための取り組み自体が安全マネジメントシステムとしての位置付けを有すると解釈できる。従って図 2-5 は，安全マネジメントシステムの一つの形態を具体的に示したものとして理解することが可能となる。このよう

に考える時，図2-5で示される安全マネジメントシステムと，環境マネジメントシステムのやはり一形態であるISO14001との間に，高い類似性を見いだすことができる。

ISO14001とは，先にも触れたとおり環境マネジメントシステムの国際規格として国際標準化機構（ISO）が策定したものだ。国際規格は，もちろん法律ではない。また，国家間の条約とは異なり国家主権とは無関係であることから，法的拘束力は本来的に持ち得ない。しかし，ISO14001を実施する組織の数は世界的に多数にのぼり，環境に関する枠組みとして国際的に普及している。環境マネジメントシステムという考え方自体が，ISO14001の存在によって世界的に大きく普及したと考えることもできる。

ISO14001では，規格たるその制度内で，PDCA[10]サイクルによって構成されるマネジメントシステムを厳格に規定する。その上で，ISO14001を実施する組織に対し，規定されたマネジメントシステムの構築を求める。加えて，組織の構築したマネジメントシステムがISO14001の求めるそれに適合しているか否かを審査登録する制度も，規格とは独立して存在する[11]。この審査登録制度が，先の環境マネジメントシステムを規定する枠組みのうち，「約束した行動を確かに実施していることを組織の外部に対して証明する」部分に相当する。組織の外部とは，直接的には審査登録を実施する適合性評価機関であり，さらにその先には社会が存在する。

このISO14001で規定される内容の大枠を，IAEAによる安全文化醸成のための具体的事項にあてはめた上で，図2-5に重ねて示す。安全文化醸成のためには，組織として安全に関するポリシーを定め，その中で組織としての安全に関する目的を定めることが求められる。さらに，こうした組織としてのコミットメントを実施する上での組織内の具体的なマネジメントの方法が，組織レベル，組織内管理者レベル，組織内個人レベルで規定さ

---

10) Plan, Do, Check, Actの4の行為を指す。
11) ISO14001への適合性の審査登録制度は規格の策定者であるISOとは独立に運営されており，また審査登録制度への参加がISO14001を実施する上での義務となっているわけではない。しかし，現実にはISO14001の実施者の多くは審査登録制度にも参加しており，規格としてのISO14001と審査登録とは事実上一体の制度として運営されている。

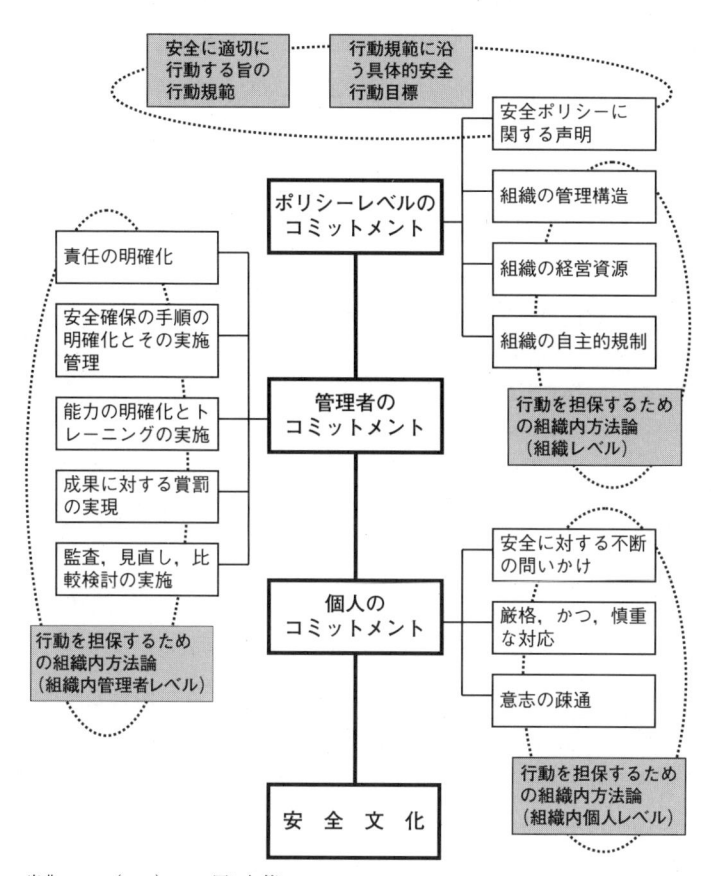

第 2 章
原子力技術の社会的受容とその獲得

```
            ┌─安全に適切に─┐ ┌─行動規範に沿─┐
            │ 行動する旨の │ │ う具体的安全 │
            │  行動規範   │ │  行動目標   │
            └───────────┘ └───────────┘
                               ┌──────────────┐
                               │安全ポリシーに│
                               │関する声明    │
                               └──────────────┘
                ┌──────────┐   ┌──────────────┐
                │ポリシーレベルの│ │組織の管理構造│
                │コミットメント │ └──────────────┘
                └──────────┘   ┌──────────────┐
                               │組織の経営資源│
  ┌──────────┐                 └──────────────┘
  │責任の明確化│                 ┌──────────────┐
  └──────────┘                 │組織の自主的規制│
  ┌──────────────┐             └──────────────┘
  │安全確保の手順の│
  │明確化とその実施│  ┌──────────┐  ┌──────────────┐
  │管理          │  │管理者の  │  │行動を担保するため│
  └──────────────┘  │コミットメント│  │の組織内方法論  │
  ┌──────────────┐  └──────────┘  │（組織レベル）  │
  │能力の明確化とト│                 └──────────────┘
  │レーニングの実施│
  └──────────────┘
  ┌──────────────┐             ┌──────────────┐
  │成果に対する賞罰│             │安全に対する不断│
  │の実現        │             │の問いかけ     │
  └──────────────┘             └──────────────┘
  ┌──────────────┐  ┌──────────┐  ┌──────────────┐
  │監査，見直し，比│  │個人の    │  │厳格，かつ，慎重│
  │較検討の実施   │  │コミットメント│  │な対応        │
  └──────────────┘  └──────────┘  └──────────────┘
  ┌──────────────┐             ┌──────────────┐
  │行動を担保するため│           │意志の疎通    │
  │の組織内方法論  │             └──────────────┘
  │（組織内管理者レベル）│
  └──────────────┘
                   ┌──────────┐  ┌──────────────┐
                   │ 安全文化 │  │行動を担保するため│
                   └──────────┘  │の組織内方法論  │
                                │（組織内個人レベル）│
                                └──────────────┘
```

出典：IAEA (1991) p. 6 の図に加筆

図 2-5 ● 安全文化の概要

れている。ポリシーに盛り込むべき内容，またマネジメントの具体的方法に関する規定振りなどは，ISO14001とは当然異なっている。しかし，枠組みの構成やその考え方に関しては，ISO14001の各構成要素を図 2-5 上にあてはめ得たことからも，両者間の類似性の高さが理解される。

4.3 環境マネジメントシステムとの相違

ただし，両枠組みの間には唯一最大の相違点が存在する。環境マネジメ

ントシステムの枠組みの重要な構成要素である「約束した行動を確実に実施していることの外部への証明の方法論」に相当する部分が，安全文化醸成のための具体的事項には存在していないのである。ISO14001ではこの部分が外部への情報公開であり，具体的には特定外部にあたる第三者認証機関による適合性の審査登録となる。IAEAが示す具体的事項の中にも監査（Audit）という語が登場するが[12]，これは組織内の手続きとして規定されており，外部への証明という意味は持たない。

　この「外部への証明」という要素がIAEAの示す具体的事項に規定されていないのは，IAEAがそこで示そうと意図した内容からは当然だろう。IAEAでは安全文化を醸成するための具体的な方法論の提示を意図して，「具体的事項」を規定している。従って，IAEAの規定に基づいてマネジメントを実施することにより，マネジメント実施の成果である安全文化は醸成されることになる。

　しかしながら，これは組織内の「文化」なのである。この文化を醸成することそれ自体と，「具体的事項」で規定されるマネジメントシステムを実施しているという事実を外部に証明することとは，独立した関係にある。この点は，先にも述べたようにISO14001とは独立してその適合性に関する審査登録を行う枠組みが存在していることからも[13]，両者間のこのような関係が理解できる。

　一方で，これまでの議論からは，社会での技術の利用者がこうしたマネジメントシステムを実施するだけではなく，これを採用し，さらにその適切な実施に向けて真摯な努力を行っていることを社会に認識してもらうこ

---

12) 3.2.5. Audit, review and comparison, IAEA (1991)
13) 各国に存在する個々の第三者認証機関 (Certification Body) が行う ISO14001の適合性に関する審査登録の国内における同等性は，適切に適合性を評価する機関であるとして個々の認証機関を認定する組織の存在により担保されている。このような組織を認定機関（Accreditation Body）と呼ぶ。ISO14001のようなシステム規格に対する日本での認定機関は，日本適合性認定協会（Japan Accreditation Board for Conformity Assessment: JAB）である。各国に存在するこれら認定機関は，現在，国際的な適合性評価の同等性を確保する枠組みを形成している。このような枠組みとしてアジア太平洋地域では，太平洋認定協力（Pacific Accreditation Cooperation: PAC）が存在する。さらに全世界的には，国際認定フォーラム（International Accreditation Forum: IAF）が存在する。

との必要性が理解される。安全文化の醸成を図るために安全マネジメントシステムを組織内で実現するだけにとどまらず，現にこうした取り組みを行っていることを組織外部に伝える手だてを考え，これを実行していく必要があるのである。

「安全文化」を実現するための具体的事項として IAEA が著した内容をベースに，上述した「現にこうした取り組みを行っていることを組織外部に対して伝える手だて」を付加した枠組みとして安全マネジメントシステムを考えてみよう。これはとりもなおさず，環境マネジメントシステムにおいてその目的を「環境」から「安全性」の確保におき換えた枠組みとなるのではないか。すなわち，「組織が，自らが行う活動全般にわたり安全性を確保する上で適切に行動する旨の行動規範を採択し，この規範に沿う具体的な安全行動目標を設定し，設定した目標の達成を目指して行動することを約束し，約束した行動を確かに実施していることを組織の外部に対して証明する枠組み」を，安全マネジメントシステムの基本概念として理解することができる。

4.4 信頼性の確保に向けて

社会の様々な場面では，情報公開の必要性がいわれて久しい。原子力に関しても，情報公開は不十分であると多くの人々が感じていることが各種調査の結果から示されている。こうした情報公開に関する調査票の設問をみると（社会経済生産性本部 1997），原子力発電所の運転状況，原子力施設周辺の放射線量，事故や故障等のトラブルといった内容の情報が，公開の対象として一般に想定されていることがわかる。

前項で示した安全マネジメントシステムにおいても，「約束した行動を確かに実施していることを組織の外部に対して証明する」ための手法として情報公開は重要な位置を占める。ただし，上述した一般に想定されている「原子力の情報公開」と，安全マネジメントシステムにおける「情報公開」とでは，その目的も，また対象となる情報の内容も大きく異なる。

安全マネジメントシステムを原子力技術に適用すれば，原子力事業者が

どのような安全マネジメントシステムを持ち，それを現に実施しているか否かを組織の外部に対して証明するための具体的手法として「情報公開」を捉えることになる。事業者の持つ「安全マネジメントシステム」の内容それ自体と，実際になされているマネジメントがその「安全マネジメントシステム」に適合しているか否か，ということが情報公開の対象なのだ。これに対し，一般に捉えられている「原子力の情報公開」とは，マネジメントシステムの実施によってもたらされる結果なのである。

　安全性確保の観点からは，マネジメントシステム実施の結果を公開することの重要性は言を待たない。しかし同時に，どのような考え方に基づきどのような行動をとり結果としてどのような事態に至り，そしてどのような情報を公開したのかという実際になされているマネジメントの過程を示すことが，信頼性を確保するという観点からは非常に重要となるのである。

　個々の具体的，技術的な事項の公開が必ずしも求められるわけではない。このような点はむしろ，一律的な規制を念頭に置いた安全法規上の問題となる。「一見些細な事象であってもこれが安全性に影響を与える可能性があるのであれば，その解決に万全を期すとともにこうした一連の過程を公開する」ことは，社会からは自然な対応と認識される。このような対応を確実にとることが，社会における技術の利用者に求められているのである。これはまさに，組織内のマネジメントシステムによって対応すべきことであり，社会はこうしたマネジメントシステムを組織が持つことを欲していると考えるべきだろう。

　事実として安全性が確保されることとともに，社会における技術の利用者が持つマネジメントシステムが，安全を達成する上で必要十分なものであると社会から見なされることが重要なのである。従って，技術の利用者は自らがどのような内容の安全マネジメントシステムを持ち，実際にこれをどのように実施しているかを社会に公開する。これによりマネジメントシステムの内容が社会から評価され，そうしたことの結果として社会が技術の利用者を「技術の利用における安全性の維持，向上を図るための真摯

な努力を行う者」と認識することが必要なのである。

　技術の利用者の考える「安全を確保するために必要なこと」が社会の考えるそれと異なれば，社会からの信頼を得るとの観点からは全く無意味となる。社会では，厳に安全を最優先すべきとの価値観が確立している。社会の持つこの価値観に照らして，現に技術の利用者が採用しているマネジメントシステムが問われるのである。前項で示した安全マネジメントシステムの基本概念を前提に，社会からの評価と批判の中でこれを成長，進化させていく努力が強く求められることになる。

5 おわりに

　そもそも高い安全性が求められる現代社会にあって，原子力技術の利用に関しては特に高い安全性が求められる。原子力を社会で利用するための技術は，それ自体が巨大な技術システムであり，様々な要素技術の集合体でもある。この安全性の確保に際しては，システムを構成する個々の技術に固有の安全性の追求だけではなく，システム総体としての安全性の確保が必要となる。

　先に触れたマルチリスクの概念において原子力の利用は，社会の中でマルチリスクを構成するリスク事象の一つと見なされている。同時に，原子力という技術の利用に限っても，その技術システムを構成する個々の技術をリスク事象としたマルチリスクの世界が構成されていると考えることができる。二重の意味でマルチリスク社会への対応が求められているといってもいいだろう。

　マルチリスクの低減に際しては，「マルチ」たるリスク全般を包括的に捉え，様々に絡み合う個別事象相互間の関係を踏まえた上で，総体としてのリスクを減少させていくアプローチが求められる。このアプローチにおいては，個々のリスク事象に詳しい知識を有する者，すなわちリスク事象の元となる活動を行う事業者の役割が非常に重要となる。この重要な任を担える者でなければ，社会の中でリスク事象の元となるような活動を行うことは許されない。

では，どのような者がこの任を担えるのか。それは，自らを信頼に足る者として社会に示し，かつ，それが社会によって認められた者ということになるだろう。原子力事業者に当てはめれば，「法令の遵守はもちろんのこと単にこれにとどまらず，原子力技術の利用における安全性の維持，向上を図るための真摯な努力を行う者」としての信頼を社会から勝ち得た者ということになる。

　このような認識の下，安全性の確保に加え社会からの信頼性をも確保するための有効な手法として，環境マネジメントシステムという考え方を検討の俎上に載せた。環境マネジメントシステムは，組織活動に伴う環境負荷を極力低減させるべく組織行動を誘導するマネジメントシステムと捉えることができる。このマネジメントシステムを適切に実施していることを外部に証明することで自らが環境に関し信頼できる者であることを社会に示す。こうした理解からは，「環境」と「安全」というように目的こそ異なるものの原子力事業者が社会からの信頼を得る上で，この枠組みの考え方は相応の効果を持つのではないか。

　環境マネジメントシステムの考え方を原子力事業者の信頼性確保に適用する上では，現実的には不確定な面が多い。しかし，地球環境問題の顕在化の中で環境マネジメントシステムという考え方は急速に普及し，これを具体化した制度も社会に受け入れられている現状がある。原子力事業者が社会からの信頼を得る必要性がますます高まる中にあっては，安全性の確保に加えて信頼性の確保という観点からも，本章で示した安全マネジメントシステムという枠組みによる手当を真剣に検討すべきと考える。

[倉田健児]

参考文献

荒井政治，内田星美，鳥羽欽一郎編（1981）『産業革命の展開　産業革命の世界①』有斐閣。
Ashton, T. S.（1952）*The Industrial Revolution 1760-1830*, London: Oxford University Press；中川敬一郎訳（1973）『産業革命』岩波書店。
Boserup, E.（1981）*Population and Technological Change*, Chicago: University of Chicago Press.
Cohen, J. E.（1995）*How Many People Can the Earth Support?* London: W. W. Norton.
原子力安全委員会（1999）『平成10年版　原子力安全白書』大蔵省印刷局。

原子力安全委員会(2000)『平成11年版　原子力安全白書』大蔵省印刷局。
原子力委員会(1998)『平成10年版　原子力白書』大蔵省印刷局。
IAEA (1986) "Summary Report on the Post-Accident Review Meeting on the Chernobyl Accident", *Safety Series No.75-INSAG-1*.
IAEA (1988) "Basic Safety Principles for Nuclear Power Plants", *Safety Series No.75-INSAG-3*.
IAEA (1991) "Safety Culture", *Safety Series No.75-INSAG-4*.
岸本充生(2006)『環境・健康・安全リスクへの対応を考える』北海道大学における講演資料(2006年12月20日)。
倉田健児(2006)『環境経営のルーツを求めて──「環境マネジメントシステム」という考え方の意義と将来』産業環境管理協会／丸善。
倉田健児(2007)『公共政策としての技術政策──技術と社会を巡る認識を背景に』HOPS Discussion Paper Series No. 7, May 2007.
倉田健児,石田睦(2007)「環境マネジメントシステム的手法と地方自治体──導入の背景と今後の施策の方向性」『年報公共政策学』No. 1, pp.34-57.
倉田健児,神田啓治(2001)「原子力技術の利用に対する社会的受容性の確保──ISO14001類似の制度的枠組みを適用することの必要性」『日本原子力学会誌』第43巻第5号, pp.105-116.
中村進(1987)『工業社会の史的展開──エネルギー源の転換と産業革命』晃洋書房。
Pointing, C. (1991) *A Green History of the World*, London: Sinclair-Stevenson；石弘之, 京都大学環境史研究会訳(1994)『緑の世界史(上・下)』朝日新聞社。
Sahlins, M. (1972) *Stone Age Economics*, Chicago: Aldine；山内昶訳(1984)『石器時代の経済学』法政大学出版局。
社会経済生産性本部(1997)『原子力発電に関する合意形成のあり方を探る　原子力発電に関する有識者アンケート調査　中間報告』。
資源エネルギー庁編(2008)『エネルギー白書　2008』。
下岡浩(1993)「原子力発電に対する公衆の態度決定構造」『日本原子力学会誌』第35巻第2号, pp.115-123.
田中豊(1998)「高レベル放射性廃棄物地層処分場立地の社会的受容を決定する心理的要因」『日本リスク研究学会誌』第10巻第1号, pp.45-52.
角田勝也(1999)「原子力発電に関するリスク認知の規定因に関する考察」『日本リスク研究学会誌』第11巻第1号, pp.54-60.

第3章

原子力とエネルギー安全保障

1 はじめに

1960年代以降,主たるエネルギー源が石炭から石油に転換する「エネルギー革命」が進展する中で,石油資源に恵まれない日本のエネルギー供給構造は,エネルギー資源の大部分を輸入に依存せざるを得ない脆弱なものとなった。このため,エネルギー政策においては,エネルギー供給構造の脆弱性を克服するため,エネルギーの安定供給ないし「エネルギー安全保障(energy security)」が主要な(石油危機以降はしばしば最優先の)政策目標として掲げられてきた。

エネルギー安全保障に関しては,日本の主たるエネルギー源である石油の安定供給確保が重視されてきたが,原子力エネルギーも,将来に向けて,エネルギー安全保障に大きく寄与するものとして強く期待されてきている。言いかえれば,原子力に関連する限りにおいては,原子力を日本に導入する必要性を主張する根拠として,エネルギー安全保障が論じられてきた面もあるといえる。

しかしながら,エネルギー安全保障の概念は歴史的に変遷してきており,その定義は必ずしも明確ではなかった。特に,政策のタイムスパンによる区別の曖昧性,すなわち輸入エネルギーの不意の供給削減・中断という短期的な脅威に対応してエネルギーの安定供給を図る「短期的(あるい

は狭義の）エネルギー安全保障」と，エネルギー資源の枯渇といった中長期的な脅威に対応してエネルギーの安定供給を図る「中長期的（あるいは広義の）エネルギー安全保障」との区別が曖昧なまま論じられてきたため，混乱してきた面がある[1]。

こうしたエネルギー安全保障の概念自体の曖昧性も1つの要因となって，原子力がいかにエネルギー安全保障に寄与しうるかの論理は必ずしも明快なものとはなっていない。すなわち，上述の短期的エネルギー安全保障と中長期的エネルギー安全保障の区別が曖昧なまま，エネルギー安全保障が論じられるため，原子力のいかなる特性を捉えてエネルギー安全保障への寄与を評価するかも十分整理されてきていないわけである。

本章では，まず原子力のエネルギー安全保障への寄与が日本の政策文書においてどのように評価されてきたかを概観したうえで，エネルギー安全保障に関係する原子力の特性を評価し，原子力のエネルギー安全保障上の意義を確認する。そのうえで，エネルギー安全保障に対する原子力の寄与をさらに向上させ，日本のエネルギー安全保障を強化するために，どのような施策が検討されるべきかを提言する。

2 | 原子力開発利用長期計画における原子力の評価

日本のエネルギー政策文書においては，原子力のエネルギー安全保障への寄与が高く評価されてきている。原子力に関わる政策文書としては，原子力委員会が決定した累次の原子力開発利用長期計画と通商産業省総合エネルギー調査会（2001年1月以降は経済産業省総合資源エネルギー調査会）が提言した各種の答申・報告書の2系統の政策文書がある。本節では，まず原子力について専門的に検討してきた原子力委員会の原子力開発長期利用計画において，原子力のエネルギー安全保障上の評価がいかになされてきたかを，時系列を追って分析することとする。

---

[1] エネルギー安全保障概念の混乱の背景には，安全保障概念そのものの多義性が影響している。エネルギー安全保障概念と安全保障概念一般との関係については，入江（2002）pp.17-20および日本原子力学会（2006）pp.159-162を参照。

第3章 原子力とエネルギー安全保障

表3-1 ●原子力開発利用長期計画における原子力のエネルギー安全保障上の意義

長期計画	長期計画における記述
第1回 (1956)	・原子力の研究、開発および利用は、わが国のエネルギー需給の問題を解決する…… ・原子燃料は、極力国内資源に依存し、その開発を促進することとする……
第2回 (1961)	・原子力については、核分裂反応により少量の核燃料で多量のエネルギーを発生するという特色があるばかりでなく、さらに将来核融合が実現すれば、利用しうるエネルギー資源はほとんど無限に拡大されるという可能性があり……
第3回 (1987)	・原子力発電は、経済性向上の見とおしがあること、外貨負担および供給の安定性の面から石油に比して有利であること、燃料の輸送及び備蓄が容易であることなどの理由から、低廉な準国内エネルギー源と考えられ……
第4回 (1972)	・原子力は比較的少量の燃料により、豊富なエネルギーの供給が可能であることから、資源の輸送、備蓄が可能であることなど、わが国の将来におけるエネルギー供給の安定化をはかるうえに大きく貢献しうるものである。
第5回 (1978)	・原子力発電は、その燃料であるウランの安定供給が期待できること、燃料の輸送、備蓄が容易であること、使用済燃料の再処理を通じて燃料の再利用が可能であることなどにより、国産エネルギーに準じた供給の安定性を有しており……
第6回 (1982)	・核燃料サイクル関連事業の確立及びプルトニウムの利用等により、国産エネルギーに準じた高い供給安定性を期待できることから、我が国のエネルギーセキュリティを確保する上で原子力発電のより一層の拡大が望まれている。
第7回 (1987)	・原子力発電は、少量の燃料から莫大なエネルギーを取り出すことが可能であること、発電原価が低廉であり、かつ、安定していること及び燃料の備蓄性が高く、供給途絶等に対して強靱であることを大きな特長としている。
第8回 (1994)	・原子力は、技術集約型エネルギーとしての特長などに着目すると準国産エネルギーと考えることができますから、我が国のエネルギー供給構造の脆弱性の克服に貢献する基軸エネルギーとして位置付けて、これを推進していくこととします。
第9回 (2000)	・原子力発電は、他のエネルギー源に比べて燃料のエネルギー密度が高く備蓄が容易であるという技術的特徴を有し、加えてウラン資源は石油資源に比べて政情の安定した国々に分散していることから、供給安定性に優れている。
第10回 〈大綱〉 (2005)	・原子力発電は、ウラン資源が政情の安定した国々に分散して賦存すること、……さらに、原子力発電は核燃料のリサイクル利用により供給安定性を一層改善できること、高速増殖炉サイクルが実用化すれば資源の利用効率を飛躍的に向上できること等から、長期にわ

表 3-1 (続き)

たってエネルギー安定供給と地球温暖化対策に貢献する有力な手段と期待できる。 ・使用済み核燃料を再処理し核燃料をリサイクル利用する活動は，供給安定性に優れている等の原子力発電の特性を一層向上させ，原子力が長期にわたってエネルギー供給を行うことを可能とする……。 ・再処理する場合には，ウランやプルトニウムを回収して軽水炉で利用することにより，1～2割のウラン資源節約効果が得られ，さらに高速増殖炉サイクルが実用化すれば，ウラン資源の利用効率が格段に高まり，現在把握されている利用可能なウラン資源だけでも数百年間にわたって原子力エネルギーを利用し続けることが可能となる。 ・高速増殖炉サイクル技術は，長期的なエネルギー安定供給や……に貢献できる可能性を有する…… ・各国が原子力発電を導入・拡大することは，化石燃料資源を巡る国際競争の緩和や地球温暖化対策につながる……。

　原子力委員会は原子力基本法（昭和30年法律第186号）に基づき設置され，原子力の研究，開発及び利用に関する事項（ただし，安全の確保のための規制の実施に関する事項を除く）について，企画し，審議し，および決定することを任務とする（同法第5条）。この任務の一環として，原子力委員会は，1956年に初の「原子力開発利用長期基本計画」を決定して以来2005年に至るまで，おおむね5年ごとに10回にわたって同種の長期計画を決定してきた[2]。

　各回の長期計画においては，原子力がエネルギーの安定供給上ないしエネルギー安全保障上どのような意義を有するか，その意義は原子力のいかなる特性に基づくものか，について評価が下されてきており，その時点時点における原子力委員会の認識が表明されている。しかしながら，その表明する内容は過去約50年の間に変化してきており，原子力のエネルギー安全保障上の評価内容が必ずしも一貫したものではないことを示している。

　原子力開発利用長期計画における原子力のエネルギー安全保障上の意義

2）第1回の名称は「原子力開発利用長期基本計画」であったが，第2回から第4回までと第6回及び第7回は「原子力開発利用基本計画」，第5回は「原子力研究開発利用長期計画」，第8回及び第9回は「原子力の研究，開発及び利用に関する長期計画」と，名称は区々となっている。以下では，最も多用されてきた「原子力開発利用長期計画」の名称で統一し，「長期計画」と略称する。

づけについてはその歴史的変遷を整理すれば，表3-1のとおりとなる。継続して高い評価が与えられてきているが，その論拠は変遷してきていることが読みとれる。

全体的な傾向をまとめると以下のとおりとなろう。国内ウラン資源への依存の期待が高かった第1回計画（1956年）を除くと，第3回（1967年）から第5回（1978年）にかけては，短期的エネルギー安全保障上はウラン資源の供給安定性，燃料輸送及び燃料備蓄の容易性が評価され，中長期的エネルギー安全保障上は増殖可能性が評価される傾向にあった。その後，第6回（1982年）から第8回（1994年）にかけては，短期的エネルギー安全保障上はプルトニウム等の回収利用がむしろ重視され，中長期的エネルギー安全保障上は増殖可能性のみならず，プルトニウムの回収利用や核融合も評価されるようになった。第9回ではさらに変化が見られ，原子力のエネルギー安全保障上の意義について明確化が図られ，短期的エネルギー安全保障上はウラン資源の供給安定性と燃料備蓄の容易性にも関心が回帰する一方，中長期的エネルギー安全保障では従来の傾向が続いていた。直近の第10回（「原子力政策大綱」）では，短期的エネルギー安全保障上はウラン資源の供給安定性に焦点が絞られ，中長期的エネルギー安全保障上では核融合について触れられなくなっている。

3 ｜ 総合エネルギー調査会答申類における原子力の評価

前節で分析した原子力委員会の原子力開発長期利用計画に続き，本節ではエネルギー政策全般を検討する通商産業省の総合エネルギー調査会の答申類において，原子力のエネルギー安全保障上の評価がいかになされてきたかを，時系列を追って分析することとする。

総合エネルギー調査会は総合エネルギー調査会設置法（昭和40年法律第136号）に基づき設置され，エネルギーの安定的かつ合理的な供給の確保に関する総合的かつ長期的な施策に関する重要事項を調査審議するための通商産業大臣の諮問機関である（同法第2条）。1961年に設置されたエネルギー懇談会を源流とし，翌1962年に設置された産業構造調査会総合エネ

ギー部会を直接の前身とする。2001年の省庁再編に伴い，他の資源エネルギー政策関連の審議会と統合され，経済産業大臣の諮問機関である総合資源エネルギー調査会に改組された。

　総合エネルギー調査会は，その下部機関として部会，小委員会を持ち，エネルギー政策に関わる多くの答申，報告書をとりまとめてきている。そのうち，原子力政策上の諸課題については原子力部会が答申をまとめてきているが，原子力のエネルギー安全保障上の意義については，むしろエネルギー政策の全体像を検討する総合部会及びエネルギー需給を検討する需給部会の両部会の答申が重要であり，またこの両部会に代わるものとして設置され，エネルギー政策や需給全般について審議した小委員会等の報告書類も同等に重要である。

　これらの答申，報告書類においては，原子力がエネルギーの安定供給ないしはエネルギー安全保障にいかに寄与するかの評価がなされてきており，その時点時点における総合エネルギー調査会としての認識が示されている。しかしながら，その認識は原子力委員会の長期計画と同様に過去約40年の間に変化してきている。

　総合エネルギー調査会の答申類における原子力のエネルギー安全保障上の意義づけについては，その歴史的変遷を整理すれば表3-2のとおりとなる。一貫してエネルギー安全保障上高い評価が与えられてきているが，これも原子力開発利用長期計画の場合と同様に，その理由づけには変化があることを認めることができる。

　おおよその傾向を述べれば，以下のとおりとなろう。まず，1980年代前半までは，燃料備蓄の容易性（装荷済燃料の事実上の備蓄効果を含む）と，プルトニウム等の回収利用を含意すると考えられる核燃料サイクルの確立あるいは自主的，自立的な核燃料サイクルが短期的エネルギー安全保障上評価された特性であり，後者は中長期的エネルギー安全保障上も評価されていた傾向がある。

　1980年代後半には答申類が少なく，原子力の特性をエネルギー安全保障の観点から詳細に分析した例は見えない。

第3章 原子力とエネルギー安全保障

表 3-2 総合エネルギー調査会答申類等における原子力のエネルギー安全保障上の意義

答申類における記述
1．調査会答申（1967） 「原子力は，新たな競合エネルギーとして我が国エネルギー供給の低廉安定化に資するとともに，長期的にはその大宗を占めるに至る可能性を有している。特に，増殖型の原子力発電が実現するならば，エネルギー資源問題は大巾に解決されると考えられる」 「当面最大の新エネルギーである原子力については，その準国産エネルギーとしての有利性にかんがみ，早急に開発を進めるべきである」 「原子力発電は，エネルギーの低廉安定供給および国民経済的観点からきわめて優れたエネルギー源であり，その開発を積極的に推進すべきである」
2．調査会中間答申「昭和50年代エネルギー安定化政策」（1975） 「原子力発電は，石油に代替するエネルギーとして最も有望視されているものであり……」
3．基本問題懇談会報告（1978） 「原子力は，我が国の利用しうる石油代替エネルギーの中で，中長期にみて大きな供給可能性を持つものとして位置づけられるものである。」
4．石油代替エネルギー導入指針（1980） 「石油代替エネルギーの中で最も有望なものである。」 （需給部会報告（1980）には特段の記述無し）
5．基本政策分科会・需給部会報告「長期エネルギー需給見通しとエネルギー政策の総点検」（1983） 「石油代替エネルギーの間においては，準国産エネルギーともいえる原子力発電の供給シェアが着実に拡大し，昭和70年度には4,800万kW～5,000万kW程度の設備能力を見込み……」
6．需給部会報告（1987） 「原子力発電は，供給安定性のある準国産エネルギーとして位置付けられ，今後，自主的核燃料サイクルの確立とあわせて，安全の確保に万全を期しつつ，一層経済性，大量供給性等多くの優れた特性を発揮していくものと期待される。」
7．調査会中間報告（1990） 「原子力は，……その供給安定性が高いことに加え，価格安定性に富む等経済性においても優位な中核的な石油代替エネルギーである。」
8．基本政策小委員会中間報告（1993） 「原子力発電については，最も重要なベース電源として，安全の確保を大前提として，今後とも着実な開発を進めることが必要である。」
9．需給部会中間報告（1994） 「原子力の経済性，供給安定性，優れた環境特性を踏まえ，最も重要なベース電源として位置付け，安全確保を大前提として，今後とも着実な開発を進めることが必要である。」

表 3-2 （続き）

10. 基本政策小委員会中間報告（1996）
「原子力は，現行『長期エネルギー需給見通し』においても，2000年度及び2010年度に向けて，エネルギー・セキュリティの確保及び地球温暖化問題への対応の双方の観点から，最も有力なエネルギーの一つとして位置付けられている。」

11. 需給部会中間報告（1998）
「原子力は，燃料の供給及び価格の安定性に優れており，発電過程においてCO_2を全く排出しない電力供給源である。このため，我が国の経済成長，エネルギー・セキュリティを確保しつつ，環境負荷低減を図るために必要不可欠なエネルギー供給ソースとして位置付け，安全確保に万全を期しつつ，中核的な電源として着実に開発を推進することが重要である。」

12. 総合部会エネルギーセキュリティワーキンググループ報告書（2001）
「原子力はエネルギー・セキュリティ上極めて優れたエネルギー源であると評価できる」

13. 総合部会・需給部会報告「今後のエネルギー政策について」（2001）
「我が国においては，石油危機以来の石油代替エネルギーの導入努力の中で，燃料供給及び価格の安定性を備えた原子力発電の利用を積極的に推進してきたところである」
「我が国のエネルギー供給において大きな割合を占めている原子力については，安定供給や環境保全の観点から，引き続き積極的な導入促進が必要なエネルギー供給源であると考えられる……」

14. エネルギー基本計画（基本計画部会報告書「エネルギー基本計画（案）について」の閣議決定）（2003）
「原子力発電は，①燃料のエネルギー密度が高く備蓄が容易であること，②燃料を一度装填すると一年程度は交換する必要がないこと，③ウラン資源は政情の安定した国々に分散していること，④使用済燃料を再処理することで資源燃料として再利用できることから，国際情勢の変化による影響を受けることが少なく供給安定性に優れており，資源依存度が低い準国産エネルギーとして位置付けられるエネルギーである」
「原子力発電については以上の点を踏まえ，安全確保を大前提として，今後とも基幹電源と位置付け引き続き推進する」

15. 産業構造審議会・総合資源エネルギー調査会エネルギー環境合同会議「中間とりまとめ」（2004）
「原子力発電は，資源の乏しい我が国にとって電力需要のベースロードに対応した電源として重要な地位を占めるものであり，地球環境問題への対応という観点からも，今後とも積極的に推進していくべき重要なエネルギー源である」

16. 需給部会報告「2030年のエネルギー需給展望」（2005）
「原子力はエネルギー資源が乏しい我が国にとって重要なエネルギー源であり，省エネルギーの進展の中で着実に推進を図ることは，エネルギー自給率の向上，CO_2排出の抑制の面で大きな効果を持つなど，我が国にとって，エネルギーの安定供給の確保と環境への適合の両立に欠かすことの出来ないエネルギーである。更に，原子力は，ベースロードの需要に対応した重要な供給源であるのみならず，化石燃料取引におけるバーゲニング・パワーとしての役割，関連技術による国際貢献上の意義等を有している」

第3章
原子力とエネルギー安全保障

> 「核燃料サイクルは,原子力発電所から出る使用済燃料を再処理し,有用資源を回収して再び燃料として利用するものであり,供給安定性等に優れているという原子力発電の特性を一層改善するものである」

17.「新・国家エネルギー戦略」(2006)(総合部会で審議)
> 「原子力発電は,供給安定性に優れ,また,運転中に CO_2 を排出しないクリーンなエネルギー源である。
> この原子力発電を,安全の確保を大前提に核燃料サイクルを含め着実に推進していくことは,エネルギー安全保障の確立と地球環境問題との一体的な解決の要であり,我が国エネルギー政策の機軸をなす課題である」
> 「世界最先端のエネルギー需給構造を実現するという観点から,原子力発電を将来にわたる基幹電源として位置付け,2030年以後においても,発電電力量に占める比率を30~40%程度以上とすることを目指す。
> また,現在の軽水炉を前提とした核燃料サイクルの着実な推進,高速増殖炉の早期実用化などの諸課題に計画的かつ総合的に取り組むとともに,核融合エネルギー技術の研究開発を推進する」

18.「エネルギー基本計画」の変更(2007)(総合部会答申の閣議決定)
> 「原子力は,我が国の一次エネルギー供給の約1割を占めるが,供給安定性に優れ,準国産エネルギーとして位置付けられるエネルギーである。また,発電過程で二酸化炭素を排出することがなく地球温暖化対策に資するという特性を持っている。
> 原子力発電については,安全確保を大前提に,今後とも基幹電源として位置付け推進する。その際,使用済燃料を再処理し,回収されるプルトニウム,ウラン等を有効利用する核燃料サイクルは,供給安定性に優れる原子力発電の特性を一層向上させるものであり,国の基本的方針として,核燃料サイクルを推進する」

1990年代前半にかけては,短期的エネルギー安全保障上の特性はウラン資源の供給安定性にほぼ絞られ,中長期的エネルギー安全保障は論じられていない。

1990年代後半以降は,短期的エネルギー安全保障に関しては,ウランの供給安定性に加え,燃料備蓄の容易性(事実上の備蓄効果も含む)と核燃料サイクルの確立ないし自立性向上(プルトニウム等の回収利用を含意すると解釈される)が評価対象の特性として再登場している。中長期的エネルギー安全保障については最近漸く,高速増殖炉による核燃料増殖の可能性が明示的に評価されるようになったといえる。

総合エネルギー調査会の答申類を中心とする通商産業省のエネルギー政策文書において,エネルギー安全保障概念がどのように形成され,変容してきたかについては,1960年代から1970年代初めにかけてのエネルギー安

全保障概念の萌芽期，1970年代前半から1980年代前半にかけての確立期，政策目標としてエネルギー安全保障確保がコスト低減要請と並置された1980年代中盤の第一の変容期，政策目標として地球環境保全と並置された1990年代の第二の変容期，と4つの時期に区分され，21世紀に入ってエネルギー安全保障を再度最重要視する再確立期へと，さらに変容していることが明らかとなっている。

　この時期区分と，原子力のエネルギー安全保障上の評価の変遷を対比すると，完全には照応しないが，エネルギー安全保障概念の萌芽期から確立期にかけては，燃料輸送・備蓄の容易性や核燃料サイクルといった原子力の物理特性への関心が高く，資源枯渇への懸念から中長期的エネルギー安全保障上の評価も見られたといえる。しかし，第一の変容期に入ってエネルギー安全保障への関心が低下すると，原子力のエネルギー安全保障上の評価の議論も簡略化されている。第二の変容期に入ってからは，その前半期は地球環境問題という科学的であると同時に政治的な課題への対応が求められる中で，原子力についてもウラン資源が先進国に広く賦存し供給が安定しているという，むしろ政治的特性が注目されている。第二の変容期の後半には，核燃料サイクルによる燃料資源の回収・再利用及び増殖可能性による中長期的エネルギー安全保障に再び関心が向かった。再確立期に入ってからも，地球環境問題への関心と資源制約への懸念を背景に，燃料供給の安定性と核燃料サイクルによる燃料資源の回収・再利用及び増殖可能性が引き続き重視されてきている。このように，エネルギー安全保障概念自体の変遷が原子力のエネルギー安全保障上の評価にも影響しているといってもあながち過言ではないといえよう。

4 ｜ 原子力のエネルギー安全保障上の評価と意義

4.1　両政策文書群における評価の比較

　原子力開発利用長期計画と総合エネルギー調査会答申類という二つの政策文書群における原子力のエネルギー安全保障上の評価を，原子力の特性ごとに整理して対比してみると，表3-3のとおりとなる。

第3章 原子力とエネルギー安全保障

表3-3 ●両政策文書群におけるエネルギー安全保障に係る原子力の特性

政策文書	概念時期区分	短期的エネルギー安全保障				中長期的エネルギー安全保障							
		国内資源依存	資源供給安定	燃料輸送容易	燃料備蓄容易	Pu等回収利用	増殖可能性	発電原価安定	技術集約型エネルギー	その他	Pu等回収利用	増殖可能性	核融合
I.(1956)	萌芽期	○											
II.(1961)	萌芽期		(○)										○
1.(1967)	萌芽期		●	●	●		●					●	
III.(1967)	萌芽期			○	○							○	
IV.(1972)	萌芽期		○		●							●	
2.(1975)	確立期				●	●	●				●	●	
V.(1978)	確立期		○		○	○	○	●			●	○	
3.(1978)	確立期				●	●					●	●	
4.(1980)	確立期		●			●					●	●	○
VI.(1982)	確立期							○				○	
5.(1983)	変容期1					●							
VII.(1987)	変容期1					○			○		○	○	○
6.(1987)	変容期1					(●)			●				
7.(1990)	変容期2	●			●						●		
8.(1993)	変容期2	●				●							
9.(1994)	変容期2	●			●	●							
VIII.(1994)	変容期2					○					●		○
10.(1996)	変容期2				●	●				●	●	●	
11.(1998)	変容期2				●	●				●			
IX.(2000)	再確立期					○							○
12.(2001)	再確立期	●			●	●	●				●	●	
13.(2001)	再確立期												
14.(2003)	再確立期	●			●	●				●	●		
15.(2004)	再確立期												
16.(2005)	再確立期				●	●				●	●		
X.(2005)	再確立期		○									○	
17.(2006)	再確立期					●				●	●	●	(●)
18.(2007)	再確立期					●					●	●	

注：政策文書欄の「I.」〜「X.」は各回の原子力開発利用長期計画、「1.」〜「18.」は総合エネルギー調査会答申等（表3-2の番号に対応）を示す。

:（○）（●）はエネルギー安全保障上の特性が分析であるかが明確でないもの。

石油危機以前のエネルギー安全保障概念萌芽期では，両政策文書群とも，短期的エネルギー安全保障上は燃料輸送・備蓄の容易性，中長期的エネルギー安全保障上は増殖可能性を評価している点で共通の傾向がある。ただし，短期的エネルギー安全保障上の他の特性として原子力開発利用長期計画はウラン資源の供給安定性を評価しているのに対して，総合エネルギー調査会答申類は核燃料サイクルの確立を評価している点で相異が見られる。

石油危機の時期であるエネルギー安全保障概念確立期にも，同様の傾向が続くが，短期的エネルギー安全保障上の特性として原子力開発利用長期計画が核燃料サイクルも評価するようになる一方，総合エネルギー調査会答申類はウラン資源の供給安定性も評価するようになり，両者の相異が収斂してきている。また，中長期的エネルギー安全保障上の特性として，両者とも，増殖可能性に限定せず核燃料サイクルによる燃料再利用全体を評価するようになってきている点も共通している。

エネルギー安全保障概念の第一の変容期である1980年代中盤は，そもそも比較すべき政策文書の数が少ないが，総合エネルギー調査会答申類では詳細な特性評価が見られないのに対し，原子力開発利用長期計画では核燃料サイクル確立によるプルトニウム等の回収利用への関心が継続するなど，詳細な特性評価が引きつづき行われた。

エネルギー安全保障概念の第二の変容期である1990年代に入ってからは，総合エネルギー調査会答申類がウラン資源の供給安定性を重視するようになったのに対し，原子力開発利用長期計画ではウラン資源の供給安定性よりも，プルトニウムの回収利用に重点が置かれた。

21世紀に入って以降の再確立期では，総合エネルギー調査会答申類がプルトニウムの回収利用やさらには増殖可能性にも眼を向ける一方で，原子力開発利用長期計画ではウラン資源の供給安定性を重視するようになり，両者の評価の相違が収斂しつつあるといえる。

全体を通じて，両政策文書群ともに取り上げている特性に大きな違いはなく，時期の違いはあれ，重視している特性も共通している。ただし，概

して原子力開発利用長期計画のほうがより詳細に特性評価を行っている傾向が見られる。特に、プルトニウム等の回収利用については原子力開発利用長期計画が明確に説明している例が多いのに対し、総合エネルギー調査会答申類では単に核燃料サイクルの確立ないし自立性・自主性向上をうたうばかりで、エネルギー安全保障との関連を明確に説明しない傾向がある。

　他方、総合エネルギー調査会答申類では原子力の経済性への関心が強く、発電原価の安定性は主として経済性の議論として整理され、エネルギー安全保障における価格的安定性としてはほとんど議論していないのも、原子力開発利用長期計画と異なっている。

　さらに、総合エネルギー調査会答申類は、資源枯渇に対応する中長期的エネルギー安全保障への原子力の寄与にさほど注目しておらず、核燃料の増殖可能性を短期的エネルギー安全保障に結びつけている場合が多い。核融合については、エネルギー安全保障との関係ではほとんど触れていない。

　原子力開発利用長期計画は、まさに原子力に限定して策定されたものであり、原子力の側からエネルギー安全保障を検討したものであるので比較的説明が詳細であるのに対し、総合エネルギー調査会答申類はエネルギー政策全般を検討したものであり、エネルギー安全保障自体を検討する中で、他のエネルギー源とともに原子力を取り上げているため、説明が簡略化されていると考えられる。

　また、原子力開発利用長期計画が研究開発の指針として、原子力の将来の可能性を強調してきたのに対し、当面のエネルギー政策の方向を示す総合エネルギー調査会答申類は将来の技術的可能性よりは、現在における経済性に関心が傾いてきたと考えられる。

　このように、政策文書としての目的の相違から、両政策文書群での分析結果に相違が生じてきたと考えられるが、上述の通り、最近に至って相違が収斂してきているのも事実である[3]。

4.2 原子力のエネルギー安全保障上の特性

表3-3に掲げられた諸特性のうち、政策文書作成当時からの科学的知見の充実や国際情勢の変化を勘案しつつ、以下の諸特性について再評価することとする。すなわち、輸入エネルギーの供給削減・中断に対応する短期的エネルギー安全保障の観点からは、①核燃料資源輸出国の政情安定、②核燃料備蓄の容易性（事実上の備蓄効果を含む）、③発電原価の安定性、④使用済核燃料からのプルトニウム等の回収・利用、の4点が検討対象となる。また、資源の枯渇に対応する中長期的エネルギー安全保障の観点からは、①使用済核燃料からのプルトニウム等の回収・利用、②増殖炉によるプルトニウム等の増殖の可能性、③核融合の可能性、の3点が検討対象となる。

(1) 短期的エネルギー安全保障上に係わる特性

短期的エネルギー安全保障上に係わる特性として第一に、核燃料資源輸出国の政情安定については、原子力の燃料資源であるウラン鉱石は、その全てではないにせよ、カナダ、オーストラリアなどの民主主義が発達した先進国にも多く賦存している。このため、政情不安定な中東地域に大きく依存する石油に比べ、燃料資源の輸入が不意に途絶する可能性は小さい[4]。

また、今後日本がウラン資源の開発を行うに当たっても、政情が安定した先進国であれば開発が容易であり、かつ開発後の利権の保護も容易であろう。

核燃料については、採鉱、製錬、転換、濃縮、再転換、成形加工の各工程があり、ウラン鉱石の採鉱のみならず、他の工程も供給の隘路になる可能性はあるが、最も懸念されてきた濃縮工程についても、2001年のエネルギーセキュリティワーキンググループ報告書にあるとおり、供給能力は過剰傾向と評価されており、リスクは小さいと考えられる。いずれにせよ、

---

3) なお、エネルギー安全保障上の分析結果の相違が収斂する以前から、両政策文書群ともに、発電過程で二酸化炭素（CO_2）を排出しないことなど、原子力の地球環境保全上の意義を強調していた点では共通点がある。
4) ただし、二国間原子力協力協定により、核燃料資源の輸入国である日本に対しては、一定の枠組みが与えられている点にも留意する必要がある。

採鉱そのものと異なり、国内での生産能力を増強しうるものであり、現に国産化も進められてきているので、エネルギー安全保障上の問題は少ないであろう。

第二に、核燃料備蓄の容易性については、ウラン燃料はエネルギー密度がきわめて高いため、安全確保には注意が必要ではあるが、備蓄を容易に行いうる。

また、意図的な備蓄を行わないとしても、原子炉にウラン燃料を一旦装荷すると長期間にわたって燃焼し、また燃料加工工場での在庫もあるので、事実上の備蓄効果が期待できる。

なお、備蓄の容易性とかつて並び称された輸送の容易性については、物理的には容易であり続けているものの、混合酸化物（MOX）燃料や高レベル放射性廃棄物については輸送に対する沿岸国の懸念が強まり、輸送ルートの設定が困難になってきていることもあり、現在においては特筆すべき長所とはいえないと考えられる。

第三に、発電原価の安定性については、原子力発電においては、発電原価に占める燃料費の比率が低いため、燃料費の変動が発電原価に与える影響が小さく、発電原価が安定している。エネルギー需給が逼迫している事態において、原子力発電原価の安定性はエネルギー価格全体の安定性に寄与し、価格面におけるエネルギー安全保障を向上させると考えられる。

第四に、日本国内ではいまだ実現しておらず、可能性の議論にとどまってはいるが、使用済核燃料からのプルトニウム等の回収・利用は、国内で燃料資源を採掘することと同様の意義を有し、燃料資源全体の輸入依存を減少させる。再処理技術そのものや、回収したプルトニウム等のMOX燃料としての利用技術は既に確立されたものであり、国内で再処理やMOX燃料利用が本格的に行われるようになれば、短期的エネルギー安全保障にも寄与しうるものである。

(2) 中長期的エネルギー安全保障上に係わる特性

中長期的エネルギー安全保障上に係わる特性として第一に、使用済核燃料からのプルトニウム等の回収・利用については、原子炉において使用し

たウラン燃料から，再処理によりプルトニウム等の成分を分離回収することができ，ウラン資源の枯渇を将来に遠ざけることができる。

第二に，増殖炉によるプルトニウム等の増殖の可能性については，高速増殖炉により，使用したプルトニウムの量以上のプルトニウムを生成する技術が確立すれば，ウラン資源の枯渇はさらに遠い将来に遠ざけることができる。

高速増殖炉技術については，かつては世界各国ともに強い期待を寄せていたものの，技術的難点の浮上やウラン資源の当面の安定供給確保により，一部の国を除いては積極的に推進されていない。しかしながら，技術的確立の目処は立っているものであり，中長期的エネルギー安全保障上の有力な手段として推進が期待される。

第三に，核融合の可能性については，燃料資源が無尽蔵に近い核融合は，人類にとってエネルギー問題を究極的に解決する手段として期待され続けてきた。しかしながら現在は，技術が確立されたとはいまだ言いがたい段階にあり，既存の燃料資源が使える間に研究開発を進める必要があるであろう。

4.3 原子力のエネルギー安全保障上の意義

原子力の特性を再評価した結果，原子力の今日におけるエネルギー安全保障上の意義は，以下のとおり要約される。

原子力は，①燃料資源国の政情が安定しており，燃料資源の供給も安定していること，②燃料備蓄が容易であり意図的な備蓄を行わない場合にも燃料加工過程・燃料装荷による事実上の備蓄効果が期待できること，③発電原価が安定していること，④使用済燃料の再処理による燃料の回収・再利用が可能であること，の理由から，輸入エネルギーとしての不意の供給削減・中断が生じにくく，短期的なエネルギー安全保障に寄与しうる。

また原子力は，①使用済燃料の再処理による回収・再利用により燃料資源の有効利用が可能であること，②増殖炉開発により燃料を増殖させる可能性があること，③核融合により大量に存在する物質を燃料資源に変える

可能性があること，の理由から，資源枯渇を遠い将来に引きのばすことが期待でき，中長期的エネルギー安全保障にも寄与しうる。

5 原子力の意義の向上

5.1 原子力の開発規模の拡大

原子力のエネルギー安全保障上の意義を考えれば，基本的には，エネルギー構成における原子力の比率を高めていくことがエネルギー安全保障を向上させる上で有効であると考えられる。

日本においては，政府が望ましいエネルギー構成を示す目標として，総合資源エネルギー調査会において長期エネルギー需給見通しが策定されてきている。しかしながら，エネルギー政策においては，技術の研究開発のみならず，資源の探鉱開発や利用においても相当の期間を要することが多い。特に原子力の場合は，原子力発電所の立地に長期間を要することから，エネルギー利用のリードタイム（準備期間）が数十年に及ぶ場合もある。総合資源エネルギー調査会需給部会が策定する「長期エネルギー需給見通し」は，「長期」と称しつつもこれまでは，せいぜい十年強の期間を対象とした中期的な見通しであり，数十年を対象とする長期的需給の見通しは，2005年に，25年後の2030年まで見通す試みが漸く行われたに留まる。原子力開発導入のリードタイムの長さ，特に技術開発に要する期間を考えると，25年先の見通しをさらに超えた長期的な展望も待たれるところである。

より長期的な需給見通しにおいては，現行の中期的な見通しよりも将来の不確実性が高まり，また，エネルギー需給見通しで達成を望む政策課題としては，エネルギー安全保障に限られず，エネルギー価格の低廉安定や地球環境問題への対応などもありうる。従って，確定的に述べることは困難ではあるが，上述の理由により，より長期的な見通しにおいては，現行の中期的見通しにおけるよりも，一次エネルギー総供給に占めるべき原子力の比率が高まる可能性は高いと考えられる。

5.2 原子力の特性の伸張

エネルギー安全保障上は，エネルギー構成における原子力の比率を高めていくとともに，エネルギー安全保障に寄与する原子力の特性そのものを伸張させることも重要である。前者が原子力によるエネルギー安全保障への「量的」な寄与拡大であるとすれば，後者は「質的」な寄与拡大であるといえる。そのための施策としては，以下の各点を提言することができる。

(1) 短期的エネルギー安全保障向上のための施策

短期的エネルギー安全保障向上のための施策として第一に考えるべきことは，核燃料資源の供給安定性のさらなる向上である。具体的には，核燃料資源の輸出国の政情安定に安住することなく，輸出国との政策対話を継続し，安定的な輸入を確保することが挙げられる。

また，核燃料資源開発への公的関与の在り方についても考える必要がある。1995年12月の高速増殖原型炉「もんじゅ」ナトリウム漏れ事故の後の動力炉・核燃料事業団改革の過程において，同事業団の資源探鉱事業は民間に移管することとされたが，一般に資源探鉱はリスクの高い事業であり，民間企業に委ねた場合には十分な投資が行われない可能性がある。事業廃止後の民間企業における開発の進展状況を調査して，今一度，核燃料資源開発への公的関与の在り方を再検討し，核燃料資源開発に対する助成支援を強化する必要はないのか，再考する価値はあると考えられる。

また，ウラン資源開発以外の核燃料加工の各工程についても，国内での能力を維持し，輸入取引における交渉力を高めるとともに，いずれは能力を増強して海外への依存を低めていくことが，エネルギー安全保障上は望まれる。

第二に，核燃料備蓄の容易性という特性の活用である。核燃料の公的備蓄支援制度の創設は検討に値すると考えられる。

また，核燃料装荷によって約1年分，燃料加工工場での在庫等を考えれば2年分強に及ぶといわれる事実上の備蓄効果についても，同等の備蓄を他のエネルギー源に求めた場合の負担を考え，原子力の経済性計算に当

たって正当な評価を与えるべきであろう。

　第三に，発電原価の安定については，基本的には原子力の発電原価のうちプラントの建設費の比重が高いことの反射的効果ではあるものの，燃料費そのものの安定も寄与しうるものであり，そのような観点からは，一定量の備蓄を行うことが市況の変動に対する対抗力を増すものとなると考えられる。

　第四に，使用済燃料の再処理による燃料資源の回収・再利用の可能性を現実のものとする必要があるであろう。いわゆるプルサーマルは技術的にはすでに確立されており，あとは社会的合意形成を待つだけの問題である。エネルギー資源に恵まれない国ほど，このような燃料資源の回収・再利用を実用化する必要性が高いと考えられる。

(2)　中長期的エネルギー安全保障向上のための施策

　中長期的なエネルギー安全保障への原子力の寄与を高めるためには，使用済核燃料の再処理・再使用の促進，高速増殖炉の開発継続，核融合の研究開発継続により，原子力において利用しうる資源の有効利用を現実に可能なものとする必要がある。核燃料資源が支障なく入手しうる期間のうちに，まず技術的に確立されている使用済核燃料の再処理・再使用の促進を図り，ついで技術的には目処のついている高速増殖炉の開発を推進し，その上で核融合の開発も継続するという順序で，上記の3分野に優先順位を付して，取りくむ必要があろう。

6　おわりに

　本章においては，原子力委員会の原子力開発利用長期計画及び通商産業省の総合エネルギー調査会答申類を分析して，原子力のエネルギー安全保障上の評価の変遷を明らかにし，現在でも有効な特性評価と原子力のエネルギー安全保障上の意義の確認を試みた。その上にたって，原子力によるエネルギー安全保障への寄与を向上させるための施策を提言した。

　本章の冒頭に述べたように，原子力の導入の必要性を主張する論拠として，エネルギー安全保障への寄与が論じられてきた。しかし近年では，日

本における原子力は海外からのウラン資源輸入に依存しており，エネルギー安全保障上も有利ではないのではないか，といった疑問の声を聴く。また，ウラン資源も石油資源と同様に早晩枯渇してしまうので，原子力は将来のエネルギー安全保障には寄与できないといった意見も聴かれる。「むしろ天然ガスのほうがウラン資源よりも賦存量がはるかに多く，エネルギー安全保障において有利である」あるいは「太陽光や風力などの新エネルギーこそ，純粋に国産のエネルギーであり，エネルギー安全保障に最も貢献する」といった議論が提起されている。

今後，天然ガスや新エネルギーとの競合を論ずる上では，原子力のエネルギー安全保障上の意義をさらに精緻に検討し，急場しのぎの理由づけと疑われないようにしなければならないであろう。

そのためには，今後の原子力政策研究においては，理工学的知見を踏まえて，エネルギー安全保障への寄与を向上させるための具体的方策について，定量的，実証的研究を進めることが期待されるとともに，他のエネルギー源についての定量的，実証的研究との比較検討を行うことが望まれる[5]。

[入江一友]

参考文献

入江一友（2002）「エネルギー安全保障概念の構築に関する研究」『エネルギー政策研究』第1巻第1号，pp.1-57.
入江一友（2005）「エネルギー安全保障概念の近年の動向とその再確立の必要性について」『エネルギー政策研究』第4巻第1号，pp.26-40.
経済産業省（2006）『新・国家エネルギー戦略』．
経済産業省（2007）『エネルギー基本計画』．
内閣府原子力委員会（2005）『原子力政策大綱』．
日本原子力学会（2006）『エネルギーの外部性と原子力』．
山田英司（2007）「先進諸国との比較におけるわが国のエネルギーセキュリティレベルの評価研究」『日本原子力学会和文論文誌』第6巻第4号，pp.383-392.

5）エネルギー安全保障に関する定量的研究の最近の事例としては山田（2007）を参照。

第4章
原子力と地球温暖化

　近年，化石燃料の大量消費に伴う二酸化炭素（以下，CO_2）の排出により，地球温暖化が進行している。また，急速に発展する開発途上国（以下，途上国）のエネルギー需要を満たすため化石燃料，特に使い勝手の良い石油の消費が増加したため，価格が高騰している。原子力発電は，ウランなどの原子核が核分裂するときに発生する大きな熱エネルギーで蒸気をつくって発電するシステムである。発電時にCO_2を排出しないため，地球温暖化を抑えながら急増する電力需要に応えることのできるエネルギー源として，世界全体で原子力への期待が高まっている。

　本章では，地球温暖化とエネルギー消費との関わり，特に途上国での人口増加と経済成長によるエネルギー消費の急増が地球温暖化を加速していること，そして温室効果ガスを出さないエネルギーである原子力が地球温暖化防止手段としてどのように評価されるかについて述べる。

1　地球温暖化とエネルギー

1.1　人口増加と経済成長で急増する開発途上国のエネルギー消費

(1)　現在までのエネルギー消費

　世界の人口は2009年3月末で約67.7億人であるが，その増加傾向は近年になって顕著である。産業革命時代の1800年に約10億人だった世界人口は，1900年ごろに20億人，2000年には60億人に達した。すなわち20世紀の

100年間で40億人増えた。そして，2050年には約90億人に達すると予想されている。最近20年間（1985～2005年）の世界人口の増加は16億人であるが，そのうち95％近い15億人がアジアを中心とする途上国で増えている。

また，エネルギー・経済統計要覧の2004年の統計（日本エネルギー経済研究所 計量分析ユニット編 2007）によれば，世界人口の1/4を占める先進国（OECD＋欧州非OECD）が，世界のエネルギーの2/3を使っている。つまり，先進国は途上国に比べて，一人あたりエネルギーを6倍使っていることになる。いっぽう，途上国では，先進国のような物質的な豊かさや生活の快適さを求めて経済成長を目指しており，一人あたりのエネルギー消費も急速に増加している。その結果，途上国での人口増加と経済成長の相乗効果で，世界のエネルギー需要は急激に増加している。特に中国とインドのエネルギー需要の増加はめざましい。

現在は途上国でのエネルギー需要の大部分を化石燃料，特に比較的安価で資源量が豊富な石炭によってまかなわざるを得ないため，排出されるCO_2による地球温暖化やNO_x，SO_xによる大気汚染などが大きな問題となっている。

(2) 今後のエネルギー問題

今後，先進国では人口の増加は抑制され，省エネルギーの進展により一人あたりのエネルギー消費もあまり増加しないと考えられるため，先進国での総エネルギー消費量はそれほど増加しないと予想される。いっぽう，途上国での人口増加と一人あたりのエネルギー消費の増加傾向は今後も変わらないと予想され，世界人口が90億人に達する2050年ごろには，図4-1に示すように全世界のエネルギー消費は現在の2倍程度になるであろう。途上国で急増するこのエネルギー需要をどうやってまかなうかが大きな問題である。

World Energy Outlook 2008（International Energy Agency（2007），以下，*WEO*）の標準シナリオによれば，2006～2030年の間の世界全体の一次エネルギー需要は45％増加する見通しである。そして，その増加分の87％は非OECD諸国によるものであり，2030年の一次エネルギー消費量の80％を化石燃料

第4章
原子力と地球温暖化

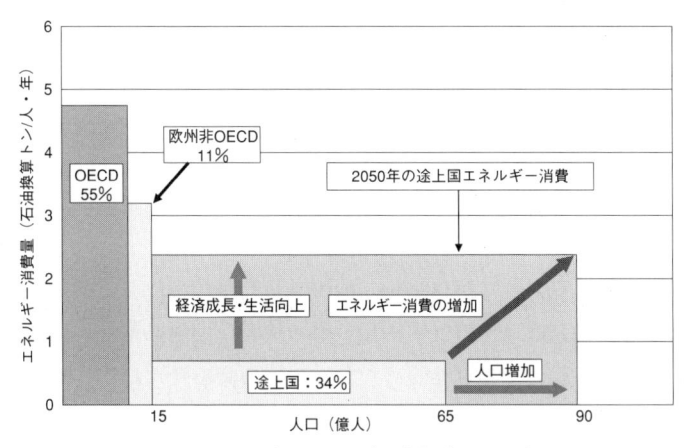

図4-1 ●2050年のエネルギー消費（イメージ）

が占めると予想している。このため，エネルギーの使用にともなうCO_2排出量は非OECD諸国で85％，OECD諸国で3％増加し，2006年の排出量280億トンが2030年には410億トンに増加すると予想している。この増加量の2/3は中国（49％）とインド（17％）によるものであり，97％は非OECD諸国の増加分である。また，電力は使いやすいエネルギーとして一次エネルギー需要以上の割合で増加すると予想しており，2006〜2030年の間の世界の発電電力量は80％増加し，非OECD国では先進国の約3.5倍の平均年率で電力需要が増加すると予想している。

　急速に伸びる途上国の電力需要は主として化石燃料（特に石炭）によりまかなわれるが，再生可能エネルギーや原子力も地球温暖化を緩和しつつ経済成長するための重要な選択肢である。たとえば中国では，石炭の大量消費が環境や輸送インフラに与える負荷が深刻化しており，エネルギーセキュリティの観点からも急速に再生可能エネルギーと原子力を導入する計画を立てている。インドでも同様に野心的な原子力導入の計画が進んでいる。しかし，世界全体でみると全電力需要の伸びが大きいため，相対的に原子力が占める割合は今後とも大きくならず，WEO標準シナリオでは2006年に世界の発電量の15％を占める原子力の割合は、2030年には10％に

低下すると予測している。

1.2 地球温暖化問題の顕在化

(1) 地球温暖化の原因

この化石燃料エネルギー消費の急増が招く深刻な問題が地球温暖化である。

現在, CO_2 は空気中に約380ppm (0.038%) しか含まれない微量ガスである。しかし, CO_2 は地球の気候にきわめて重要な役割を果たしている。地球に降り注ぐ太陽光は地球を暖めたり, 生物の命を育んだりして有効に使われるが, その一部は地球からの放射熱(赤外線)として再び宇宙に逃げてゆく。空気中の CO_2 はこの赤外線を吸収して地球の気温を高くする効果がある。

1800年代後半までほぼ280ppm であった大気中の CO_2 濃度は, 産業革命後の化石燃料の大量消費により上昇し始め, 1900年ごろには300ppm, 2000年時点では370ppm, 2005年には379ppm に達した。注意しなければならないのは, CO_2 以外にもメタン(CH_4)や一酸化二窒素(N_2O), フロン等も地球温暖化を引き起こすことである。京都議定書では6種類のガスが温室効果ガスに指定されている。

図4-2に主要な3種類の温室効果ガスの大気中濃度の変化を示す(IPCC 2007c)。CO_2 以外の温室効果ガスも近年になって増えつづけており, 2000年の CO_2 濃度は370ppm であるが, 全温室効果ガスの等価 CO_2 濃度[1]は430ppm となる。この影響により, 世界の平均気温は過去100年間に0.74℃上昇した(IPCC 2007a)。

(2) 地球温暖化防止のための世界的取組み

IPCC と UNFCCC

人間の活動による地球温暖化の科学的な解明と, 社会的・経済的な影響

---

[1] 6種類の温室効果ガス(CO_2, メタン, 一酸化二窒素, ハイドロフルオロカーボン, パーフルオロカーボン, 六フッ化硫黄(SF_6))の総量が引き起こす地球温暖化を, CO_2 だけで引き起こされた場合に換算した CO_2 濃度。

第 4 章
原子力と地球温暖化

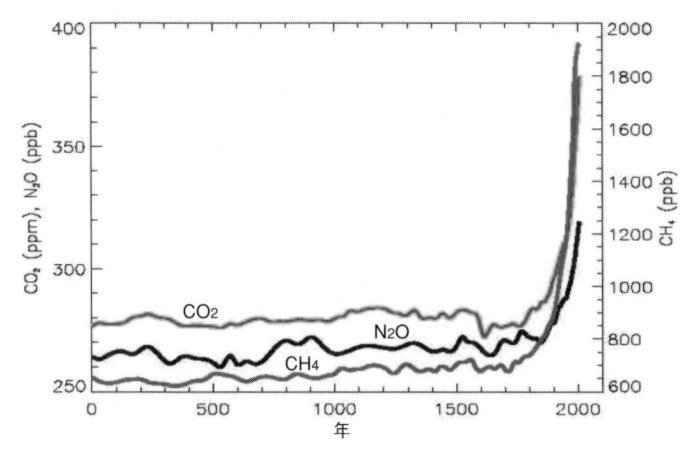

図 4-2 ● 過去2000年間の温室効果ガス濃度変化

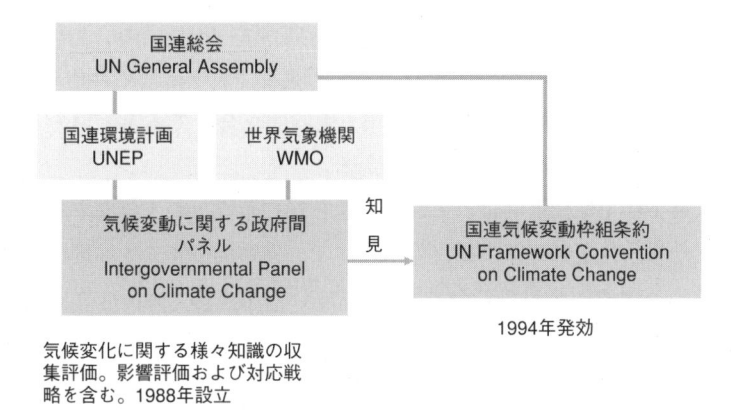

図 4-3 ● IPCC と UNFCCC

評価をあわせて行い，それを各国政府に助言することを目的に，1988年に世界気象機関（WMO）と国連環境計画（UNEP）によって「気候変動に関する政府間パネル」（IPCC）が組織された。1990年の IPCC の第 1 次評価報告書において地球温暖化がもたらす危機を報告したことが契機となり，1992年にブラジルで開かれた「環境と開発に関する国際会議」で，155ヵ国が「国連気候変動枠組み条約」（UNFCCC）に署名した。そして，1994

年に条約が発効するとともに、その運営組織がスタートした（図4-3）。

UNFCCCの目標は、人間の活動が地球の気候に悪影響を及ぼさないレベルでCO_2などの温室効果ガス濃度を安定化させることである。悪影響を及ぼさないというのは、地球上の生態系が気候変化に無理なく適応でき、食糧生産が脅かされず、しかも持続可能な形で経済発展を可能にすることとしている。

COP会議と京都議定書

UNFCCCの締結後、その目標達成に向けた具体的な内容を検討するための条約締約国の会合（COP: Conference of the Parties）が毎年開催されている。1997年12月に京都で行われた第3回締約国会合（COP-3）で、地球温暖化の緩和に向けた「京都議定書」が合意された。この京都議定書は、附属書Ⅰ国と呼ばれる先進国（OECD諸国、非OECD欧州諸国）が法的拘束力のある排出削減目標値に合意し、温室効果ガス排出量について数値約束を各国ごとに設定し、国際的に協調して約束を達成するための仕組み（京都メカニズム）を導入したという意味で画期的な合意であるといえる。その主な内容は、以下のようなものである。

① 第1約束期間と呼ばれる2008年から2012年までの5年間平均で、温室効果ガスを1990年の排出量に比べて、先進国平均で5％削減するための各国の削減目標に合意したこと（日本は6％、米国は7％、EUは8％削減）

② 京都メカニズムと呼ばれる、排出権取引（ET）、共同実施（JI）およびクリーン開発メカニズム（CDM）が原則的に認められ、先進国が国内のみで目標を達成できなくても、排出権を買ったり、外国への投資により排出削減したCO_2の量を自国の削減分としてカウントできることになったこと

③ 植林などによる温室効果ガス吸収（シンク）が認められたこと

COP 4以降の会議では、UNFCCCや京都議定書で定めた規定や制度の実行のための、詳細なルールの設定に向けた具体的な運用方法についての議論がされ、2001年のCOP-7で「マラケシュ合意」として議定書の批准

第 4 章
原子力と地球温暖化

写真 4-1 ● 京都議定書を採択した COP-3（京都国際会議場）の様子
提供：(財) 電力中央研究所

に必要なルールが定まった。そして，ロシアの批准により発効に向けた条件が整い，2005年2月に京都議定書は発効した。

しかし，京都議定書とそれを運営する COP 会議には以下のような課題もある。

① 米国とオーストラリアが2001年に京都議定書から離脱したため，議定書批准国の温室効果ガス排出量は世界の30％にすぎないこと（その後，オーストラリアは2007年12月に批准）
② 削減義務を負っているのは先進国だけで，中国やインドなど経済成長が著しく大量の温室効果ガスを排出する途上国が対象となっていないこと
③ 削減目標の基準年を1990年にしたため，その後経済破綻した東欧諸国が含まれる EU が比較的容易に目標達成できるのに対して，日，米，加などの国は目標達成に大きな経済的犠牲を払うという不平等があること
④ 京都メカニズムで使用できる技術として，原子力などの現実的な大

規模技術を否定したこと
⑤ 議定書採択時の一体感が徐々に失われ，途上国と先進国あるいは先進国間の対立により第1約束期間以降の議論が進まないこと

また，京都議定書の削減目標を達成しても，進行中の地球温暖化をわずかに遅らせるだけの効果しかないことに留意すべきである。UNFCCCの目標を達成し地球温暖化を防止するためには，議定書の第1約束期間以降（「ポスト京都議定書」とよばれる）に，全世界的にさらに大幅な温室効果ガス排出削減を達成するための世界的な枠組みを策定する必要がある。

クリーン開発と気候に関するアジア太平洋パートナーシップ（APP）

米国では，ブッシュ共和党大統領になって地球温暖化政策の転換をし，2001年に京都議定書から離脱した。その理由として，米国におけるCO_2削減の困難さによる排出権価格の高騰と米国経済への悪影響，途上国の不参加への不満，欧州主導のCOP会議に対する反発があったといわれている。

その後，米国が提唱し，中，豪，印，韓，日（唯一の京都議定書批准国）の計6ヵ国が参加した「クリーン開発と気候に関するアジア太平洋パートナーシップ」（以下，APP）が2005年7月にスタートした。APP参加6ヵ国で当時の世界のCO_2排出量の約半分を占めており，京都議定書の枠外で現実的な技術により温室効果ガス削減をめざすということで意味がある。京都議定書が数値目標達成の不遵守に法的拘束力を持つのに対して，APPは法的拘束力を持たない国際協力枠組みであり，京都議定書を補完するものとして位置付けている。

2006年にまとめられたAPPの作業計画では，「クリーンな化石エネルギー・分散電源」，「再生可能エネルギー」，「発電・送電」，「鉄鋼」，「アルミ」，「セメント」，「石炭鉱業」，「建物・電気機器」の計8つの産業分野でタスクフォースを設定し，それぞれの分野での温室効果ガス削減を計画・実施することが合意された。この8分野で参加6ヵ国のエネルギー消費，CO_2排出量の約60％を占めている。京都議定書が温室効果ガスの削減量を国別に定める「国別総量削減」に対して，これは産業分野ごとに削減を進

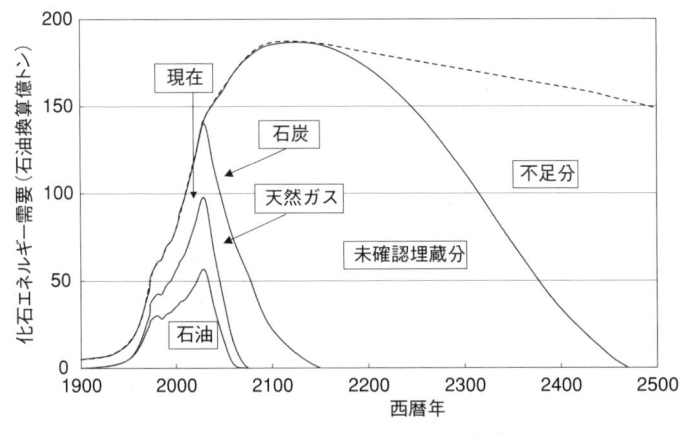

図 4-4 ●世界の化石燃料消費（模式図）

めることから「セクトラル（産業別）アプローチ」と呼ばれている。

主要国首脳会議（サミット）

　2007年の主要国首脳会議（ハイリゲンダム・サミット）では，「2050年までに温室効果ガスの排出量を半減することを真剣に検討する」という大きな方針が合意された。さらに，日本がホスト国になって2008年に開催された洞爺湖サミットでは，「環境・気候変動について，2050年までに世界全体の温室効果ガス排出量の少なくとも50％の削減を達成するという目標を，UNFCCCのすべての締約国と共有し，採択を求める」ことが合意された。サミットでは，温室効果ガス削減計画に中国，インドなど，途上国の主要排出国の参加が不可欠だとしており，その点では一歩前進したといえる。

　(3) エネルギー消費増大と地球温暖化が意味するもの

一瞬の化石燃料時代

　ここ数年の間，いわゆる石油ピーク論が再燃している。これは今後，全世界，特に中国やインドなどの途上国での石油消費が急速に増大することから，石油の生産量が今後20～30年でピークを迎え，その後，生産量が徐々に落ちてゆき，ついには石油を使い果たしてしまうというシナリオで

ある。

このことは、枯渇時期は違うが、石油だけでなく全ての化石燃料についても同じことがいえる。すなわち、人類がこのままのペースで化石燃料を消費していくとこの数百年で全ての化石燃料を使い果たすことになるであろう。これを模式的に表したものが図4-4である。地球が数億年かけて植物や微生物の営みにより固定してきた大気中のCO_2を、数百年という短時間で再び大気中に放出することになり、まさに一瞬の化石燃料時代ということができる。このエネルギー消費の急増が引き起こす深刻な問題の一つが地球温暖化であるといえる。

IPCC第4次評価報告書の警告

IPCCは、地球温暖化に関する科学的、社会的、経済的な影響を評価するのに必要な情報を世界各国の政策立案者に提供するため、1990年の第1次報告書以来、定期的に報告書を出しており、2001年の第3次報告書に続く第4次報告書が2007年に出された（IPCC 2007a; 2007b; 2007c; 2007d）。

第4次報告書には最新の気候変化やその影響の観測結果が数多く報告されている。たとえば、20世紀後半の北半球の平均気温は過去1300年間のうちもっとも高温であり、最近100年間で地球の平均気温が0.74℃上昇したこと、しかも最近50年間の上昇率は過去100年間の2倍であること、世界中の氷河やグリーンランドの氷床、北極地方の永久凍土が急速に溶けていること、氷河や氷床の融解と温度上昇による海水の膨張によって20世紀中に海面が17cm上昇したこと、世界各地で温暖化が原因と見られる降水量の変化や旱魃の増加が観測されること、アジア、アフリカ、地中海地域などで砂漠化が急速に進んでいることなどである。

IPCCはこれらの観測結果から、20世紀中ごろ以来の全地球的な気温上昇は人間が排出した温室効果ガスの影響であるとほぼ断定した。ほぼ断定というのは「可能性が非常に高い（very likely）」という表現で、90％以上の信頼度があることを意味する。第3次報告書では「可能性が高い（likely）」という表現であったが、この間に、観測結果の蓄積やコンピュータによる予測技術の発達で信頼度が非常に高くなったということを示してい

第4章 原子力と地球温暖化

表4-1 ●気温上昇と海面上昇の予測

ケース（SRES シナリオ）	気温変化 (1980-1999を基準とした2090-2099における差（℃）)		海面水位上昇 (1980-1999を基準とした2090-2099における差（m）)
	最良の見積り	可能性が高い予測幅	モデルによる予測幅
2000年の濃度で一定	0.6	0.3-0.9	資料なし
B1シナリオ	1.8	1.1-2.9	0.18-0.38
A1T シナリオ	2.4	1.4-3.8	0.20-0.45
B2シナリオ	2.4	1.4-3.8	0.20-0.43
A1B シナリオ	2.8	1.7-4.4	0.21-0.48
A2シナリオ	3.4	2.0-5.4	0.23-0.51
A1F シナリオ	4.0	2.4-6.4	0.26-0.59

る。

また，将来の世界を6種類のシナリオ（SRES シナリオ）で記述し，それぞれのシナリオに対して将来の気候変動シミュレーションを行った。その結果，表4-1に示すように20世紀末に比べて21世紀末の平均気温上昇は1.8～4.0℃（最確値），海面上昇は0.18～0.59mになると予測している。また，2030年までは，シナリオの種類によらず10年当たり0.2℃の昇温が予測されている。

過去の自然の気候変動と現在の地球温暖化

地球の歴史を振り返ってみると，過去にも CO_2 濃度が増加し温暖化が進んだ時期があった。たとえば約6000年前の縄文時代の日本では，今の気温より2℃ほど温暖であり，海面も約5～6mぐらい高かった。青森県の三内丸山遺跡で豊かな縄文時代の生活が実現したのもこの温暖な縄文期の気候のおかげであった。しかし，過去の地球の歴史では CO_2 濃度変化も気温変化も数千年～数万年かけた非常にゆっくりしたものであった。

1900年以降，気温が異常に上昇することが観測され，今後も続くことが予測されている。これは産業革命以降に人間の活動によって排出された温室効果ガスによるものである。この様子を模式的に示したものが図4-5で

ある。西暦1900年の気温を基準（ゼロ）として，2万5000年前から西暦2100年までの地球の平均気温の変化の様子を示す。地球の自然の営みによって変化する気温と，人間の営みによって生じる地球温暖化は速度として大きく違うことが分かる。この急激な気温変化が地球生命体に大きな影響を与えるということは想像に難くない。

長期的な温室効果ガスの削減目標

現在大気中に排出されているCO_2の半分近くが森林や海に吸収されており，残りの約半分が大気中に残留してCO_2濃度を増加させている。したがって，これ以上濃度を増加させないためには，今のCO_2放出量を約半分にする必要があることが分かる。これは，京都議定書の第1約束期間の削減目標である「1990年の排出レベルの5％減」の達成に苦労している状況にあることを考えると，大変厳しい削減目標である。

IPCCの報告書は削減目標を議論するのはその役割ではないが，地球温暖化の影響について次のように予測している。すなわち，1990年に比べて21世紀末の気温上昇が2℃以上であればマイナスの効果の可能性が高いこと，1.5～2.5℃を超えると生態系に重大な変化が生じること，等価CO_2濃度を535～590ppmで安定化すれば気温上昇を2.8～3.2℃に抑えることが可能なこと，しかし等価CO_2濃度を550ppm以下に安定化するには経済的な損失が大きいこと，などである。

IPCCの第4次報告書に先立って発表された*Stern Review*（HM Treasury 2006）によれば，気候変動による悪影響を避けるためには，温室効果ガスの等価CO_2濃度を450～550ppmに安定化すべきである。そのためには2050年までに温室効果ガスを現在の25％削減する必要があるとしている。この報告は，21世紀末で気温上昇を産業革命前に比べて2℃に抑えるべきであるという近年のEUの主張に通じるものであるが，IPCC第4次評価報告書によれば，2℃に抑えるためには21世紀後半に温室効果ガスの排出をゼロからマイナスにしなくてはならず，実現は困難であろう。

実現性，削減費用などを考えれば，「21世紀末で等価CO_2濃度を550ppm程度で安定化することを目指し，気温上昇を産業革命前に比べて3℃程度

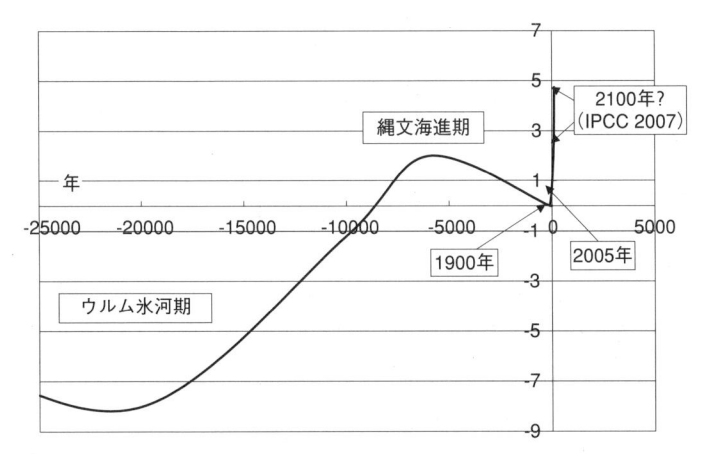

図 4-5 ●直近の氷河期からの気温変化（模式図）

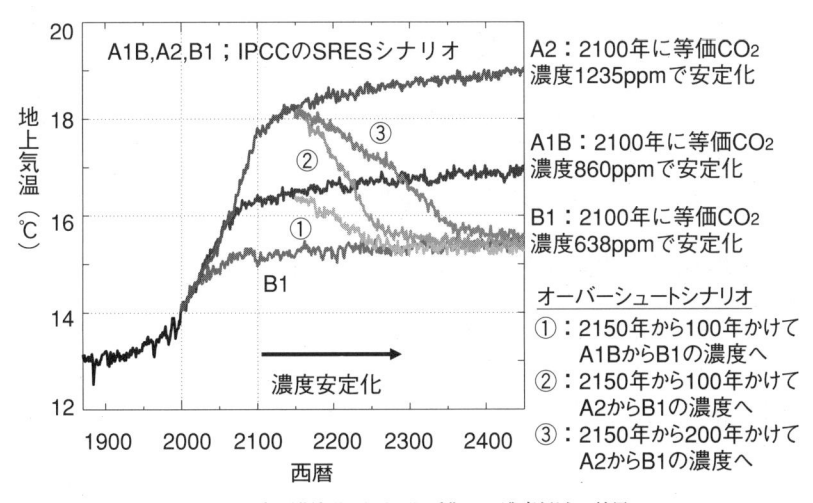

図 4-6 ●超長期気温予測と温暖化ガス濃度低減の効果

に抑える」というあたりが現実的な目標になると考えられる。すなわち，21世紀末には温暖化の重大な影響を避けることができない可能性が大きい。

気候復元の可能性の検討

丸山ら（IPCC 2007a; 丸山 2006）は，IPCC の要請にもとづき，2100年で CO_2 濃度を安定化した後の地球の気温変化や界面上昇がどうなるかを，IPCC の SRES シナリオについて2450年までの長期にわたってシミュレーションを行った。また，2100年の安定化後，2150年以降に CO_2 濃度をより低いレベルで安定化したらどうなるかについてもシミュレーションを行った。その気温上昇予測の結果を図 4-6 に示す。これから指摘できそうなことは，

① 2100年に温室効果ガス濃度を安定化しても，気温上昇はその後数世紀にわたって続く
② 安定化する濃度が低いほどその後の気温上昇は小さい
③ 一旦 CO_2 濃度が高くなっても，その後に濃度を下げることができたら，気温は CO_2 濃度に相当するレベルまで徐々に下がっていく

などである。

つまり，2100年に UNFCCC の目標である「地球の気候に悪影響を及ぼさないレベルで大気中の温室効果ガス濃度を安定化させること」に失敗しても，できるだけ低い濃度で安定化しておけば，その後削減努力を継続することによって，気候を復元できる可能性があることを示唆している。

2 地球温暖化防止手段としての原子力の評価

2.1 原子力エネルギーの特徴

今後，世界中でまず努力しなくてはならないのが省エネルギーの徹底である。IPCC の報告書にも現在の技術で顕著な温室効果ガス削減ポテンシャルを持つものとして，多種多様な省エネ技術・効率向上技術があげられている。しかし，途上国で急激に増大する電力需要を満たすためには，省エネルギーだけでは不十分であり，資源的に豊富であり，かつ環境にやさしいエネルギー源が必要である。このようなエネルギー源として原子力が注目され，先進諸国にとどまらず中国，インドなどでも，原子力発電への指向が急速に進んでいる。

ウラン資源の確保，安全性に対する社会の受容，核不拡散の防止をどう

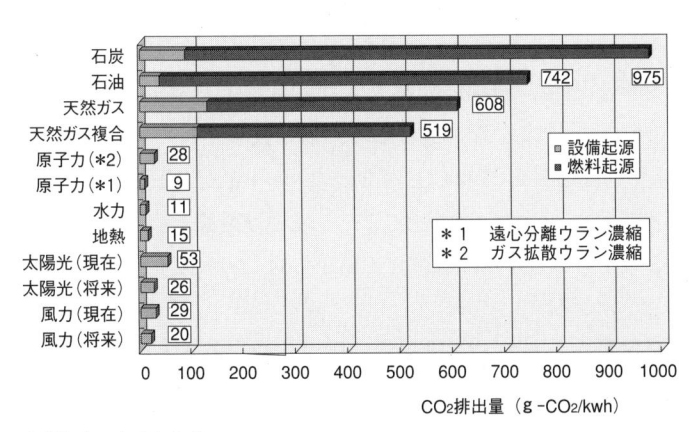

第 4 章
原子力と地球温暖化

図 4-7 の各種電源の CO_2 排出量（設備起源・燃料起源、g-CO_2/kwh）：
- 石炭　975
- 石油　742
- 天然ガス　608
- 天然ガス複合　519
- 原子力（*2）　28
- 原子力（*1）　9
- 水力　11
- 地熱　15
- 太陽光（現在）　53
- 太陽光（将来）　26
- 風力（現在）　29
- 風力（将来）　20

*1 遠心分離ウラン濃縮
*2 ガス拡散ウラン濃縮

本藤他（2000）より作成

図 4-7 ● 各種電源の CO_2 排出量

図 4-8 各国の発電に伴う CO_2 排出量（日本＝100）：
- 米国　150
- ドイツ　126
- 英国　121
- カナダ　53
- フランス　13
- 日本　100

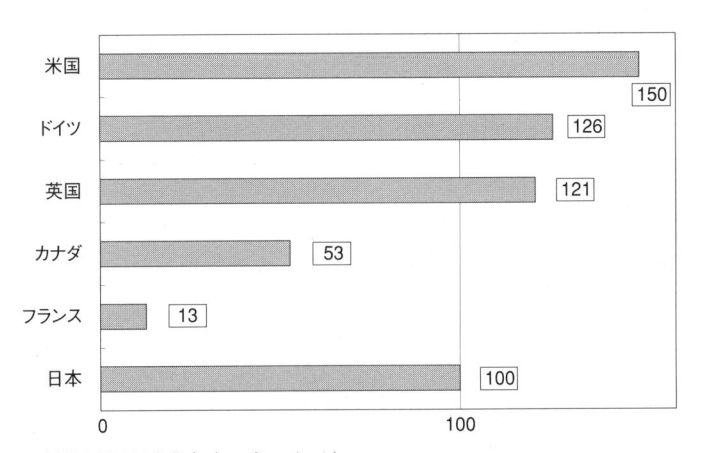

日本経団連資料より作成（2004年のデータ）

図 4-8 ● 各国の発電に伴う CO_2 排出量

するかなどの課題も残るが，原子力発電は燃料起源の CO_2 を排出しない安定電源として寄せられる期待は大きい．このような視点で見た場合，原子力はエネルギーとして，以下のような特徴を備えている．

(1) CO_2 排出量

図 4-7 はライフサイクル分析により，各種電源の単位発電量（kWh）あ

97

たりのCO_2排出量を示したものである（本藤，内山，森泉 2000）。燃料起源のCO_2が多い石炭，石油，天然ガスは，発電電力量 1 kWh あたり500〜1,000g のCO_2を排出するのに対して，核分裂エネルギーを利用する原子力（軽水炉）は燃料起源のCO_2がないため，kWh 当たりのCO_2の排出量が，ガス拡散ウラン濃縮の場合で28g，遠心分離濃縮の場合には 9 g と極めて少ない。原子力が地球温暖化の防止に対して大変有効なエネルギーであることが分かる。

単位発電量あたりのCO_2排出量の国別比較をみると，図 4-8 に示すように，日本の排出量を100とした場合，フランスは13と日本に比べて 1 / 8 ぐらいである（経団連 2006）。これはフランスの電力の約80％が原子力によって発電されているためである。ちなみに日本では約30％が原子力発電である。その他，水力発電の比率が高いカナダも日本の約半分となっている。一方，ドイツは風力発電と太陽光発電の導入量は世界一であるが，それだけでは電力をまかないきれず，石炭を大量に使っているためCO_2排出量は日本より20〜30％多いことが分かる。イギリスは天然ガスや石炭を多く使っている。

(2) 資源量

原子力発電の燃料であるウランは，現在の確認埋蔵量（130$/kgU 以下）で473万トン，可採年数は約85年となっており（OECD 2006），軽水炉でウラン235だけを利用し，使用済燃料をそのまま処分するワンススルー・サイクルでは，資源量としては石油や天然ガスとそれほど変わらない。しかし，ウラン資源は探鉱活動を行えば，今後大幅に資源量が増加する余地がある。また，使用済燃料から回収されるプルトニウムを軽水炉でリサイクル利用（プルサーマル）すると，ウラン使用量を数10％程度節約できることになる。さらに，FBR でウラン238を効率的にプルトニウムに変えて有効にリサイクル利用すると，ウラン資源は60〜100倍有効に利用できるため数千年分の資源が確保され，資源的な制約を考えなくても良くなる。

(3) エネルギー収支比

電源として重要な特性の一つは，発電をするために投入するエネルギー

第4章
原子力と地球温暖化

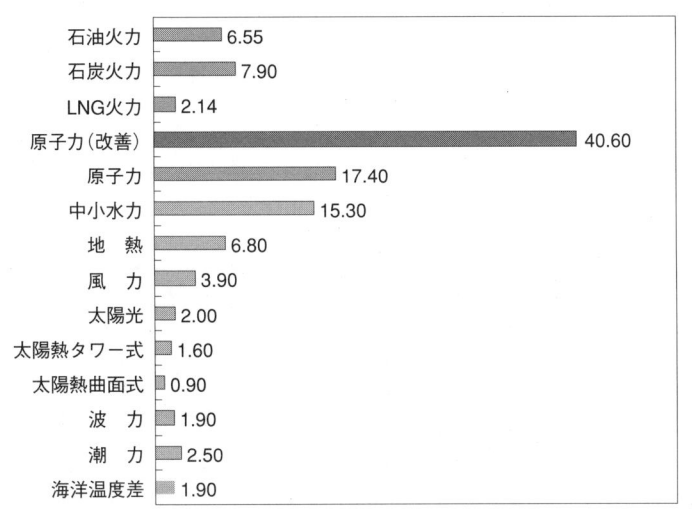

```
石油火力        6.55
石炭火力        7.90
LNG火力        2.14
原子力（改善）   40.60
原子力         17.40
中小水力       15.30
地　熱         6.80
風　力         3.90
太陽光         2.00
太陽熱タワー式  1.60
太陽熱曲面式   0.90
波　力         1.90
潮　力         2.50
海洋温度差     1.90
```

注）Energy Profit Ratio ＝出力エネルギー／入力エネルギー
　　原子力の改善：遠心濃縮，稼働率90％，定格出力上昇120％

図 4-9 ● 各種電源のエネルギー収支比（EPR）

と発電により回収されるエネルギーの比，すなわち正味のエネルギー収支である。各種電源のライフサイクル分析による EPR（Energy Profit Ratio）を図 4-9 に示す（天野 2006）。他の電源に比べて原子力発電はエネルギー収支が最も大きい。現状の軽水炉においても発電のために投入されたエネルギーの20倍近くを生産することができる。また，遠心分離方式のウラン濃縮，プラントの稼働率向上，出力上昇などの改善により40倍以上に増えることが分かる。さらに濃縮ウランを必要としない FBR になれば，100倍以上に飛躍的に増えると計算されている。

(4) 備蓄性

原子力の燃料からは同重量の石油に比べて100万倍以上のエネルギーが取り出せるため，100万 kW の発電所を1年間運転するために必要な燃料はわずか30トン程度で済む。これに比べて火力発電所では，天然ガスで110万トン，石油で140万トン，石炭では220万トンの燃料が必要である。特に石炭は固体であるため，消費量の多い途上国では，鉄道などの輸送イ

ンフラに与える負荷の大きさが問題となっている。

1970年代の二度にわたる石油危機の教訓から，現在わが国では国家備蓄として5100万キロリットル，民間備蓄として70日分の石油を備蓄している。エネルギー消費が急増している中国でも2006年から備蓄を開始した。石油備蓄には大掛かりな設備と多額の費用が必要である。これと比較して原子燃料では，同じ電力量に対する備蓄量が石油の1/50000で済むことは注目されるべきである。このため，国内の原子燃料製造工程におけるランニングストック分だけで数年分の燃料備蓄に相当する量になる。

2.2 途上国の温室効果ガス削減技術として原子力はどう評価されたか
(1) COP会議における原子力の議論

今後増大する途上国の温室効果ガスを削減することが地球温暖化防止の鍵となることが予想されており，京都議定書において認められた京都メカニズムの一つであるクリーン開発メカニズム（CDM）の活用が世界的に進められている。すなわち，先進国が自国内のみで削減目標を達成できなくても，途上国に出資や技術供与して排出削減したものを自国の削減分としてカウントできる仕組みである。原子力は燃料起源のCO_2を排出しない電源であるため，CDMによって先進国が出資して途上国に原子力を導入し，削減された途上国の温室効果ガスを先進国の削減量としてカウントすることが期待されるが，現在，京都議定書においては原子力をCDMの温室効果ガス削減手段として認めていない。

COP会議の議論を歴史的にみると，原子力が議論され始めたのはCOP-5からであった。1999年にドイツのボンで開かれたCOP-5では，1986年4月に当時のソビエト連邦ウクライナで発生したチェルノブイリ事故や，会議直前の1999年9月に発生した東海村燃料転換加工工場の臨界事故（JCO事故）の影響で，CDMにおける原子力の適格性（eligibility）に疑問を呈する共同声明が発表された。

2000年11月にオランダのハーグで開かれたCOP-6では，日，米，加などの先進諸国と中国は原子力CDMを認めるよう主張したが，参加者の大

第4章
原子力と地球温暖化

写真4-2 ● 1ヵ所の発電所としては世界最大である東京電力柏崎刈羽原子力発電所の全景（沸騰水型軽水炉（BWR）7基：計821.2万 kW）
出典：東京電力 HP（http://www.tepco.co.jp/nu/kk-np/intro/outline/images/b kk l.jpg）

勢が環境派である EU や東欧諸国などは，高レベル放射性廃棄物処分問題が未解決であることや核不拡散の不安があるとして，原子力を CDM の手段として認めることに反対した。会議の終了直前まで議論されたプロンク議長の裁定案は，「付属書 I 国（先進国）は，CDM において原子力を用いないことを宣言する」という原子力の「持続可能性」への強い疑問を呈するものであったが，各国の意見が収斂せず国際的合意に至ることができなかった。さらに，翌年の7月にボンで開かれた COP-6 再会合でも主要なテーマとして議論されたが，そこでも合意に至ることはできなかった。

2001年にモロッコのマラケシュで開催された COP-7 では，京都メカニズムの運用に関する議論が行われ，運用に関する実質的な制限は少ない形で合意されたが，原子力の取扱いだけは COP-6 再会合の議長裁定案が尊重される形で，「JI および CDM については，第1約束期間（2008～2012年）の数値目標達成のために原子力を用いることを差し控える」ことが合意さ

れ,京都議定書は2005年2月に批准された。

このように,現在,京都議定書では温室効果ガス削減の手段として原子力を用いることを認めていない。しかし,原子力は温室効果ガスを実際にかつ長期的に削減するための現実的に頼れる有力な選択肢の一つであることが世界的な認識となってきており,ポスト京都議定書(2013年以降)の議論においては,原子力を温室効果ガス削減の現実的な手段として認めようとする動きが活発になると考えられる。

(2) COP会議以外の場での原子力の評価

クリーン開発と気候に関するアジア太平洋パートナーシップ(APP)

COP会議がCDMの手段として原子力を認めず,再生可能エネルギーや小規模のプロジェクト主体でCO_2削減を目指すのに対し,APPでは効果的・現実的な削減技術として,省エネや再生可能エネルギーだけでなく,クリーンコール技術,CO_2回収・貯留(CCS),将来的には次世代原子力などを視野に入れ,これを国際協力で推進しようとしている。

日本の「京都議定書目標達成計画」

日本では,原子力を現実的で有力な削減手段として位置付けており,京都議定書発効後に閣議決定されたわが国での京都議定書の目標達成計画では,温暖化防止策として極めて重要な位置を占めるものとして,今後も安全確保を大前提に,原子力発電の一層の活用を図るとともに,官民相協力して着実に推進するとしている。

先進国首脳会議(サミット)

「2050年までに温室効果ガスの排出量を半減することを真剣に検討する」というハイリゲンダム・サミット(2007年)の合意を受けて開催された洞爺湖サミット(2008年)では,その首脳宣言の中で「我々は,気候変動とエネルギーセキュリティ上の懸念に取り組むための手段として,原子力計画への関心を示す国が増大していることを目の当たりにしている。これらの国々は,原子力を,化石燃料への依存を減らし,したがって温室効果ガスの排出量を減少させる不可欠の手段とみなしている」と,原子力に対する積極的な期待を打ち出した。

第4章
原子力と地球温暖化

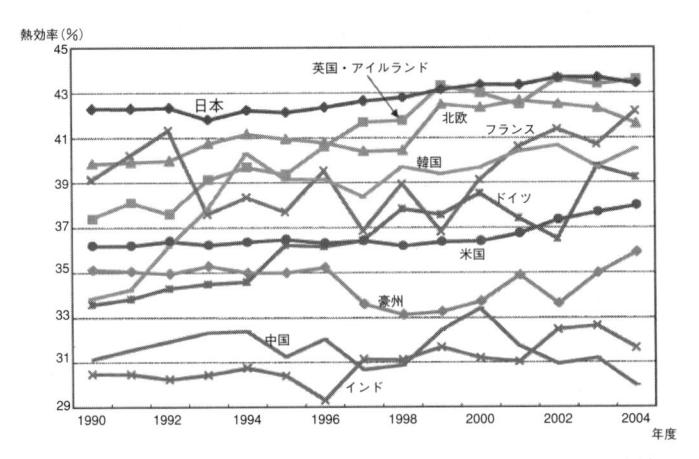

熱効率(%)

* 熱効率は石炭，石油，ガスの熱効率を加重平均した発電端熱効率（低位発熱量基準）
* 外国では低位発熱量基準が一般的であり，日本のデータ（高位発熱量基準）を低位発熱量基準に換算。
  なお，低位発熱量基準は高位発熱量基準よりも5〜10%程度高い値となる。
* 自家発設備等は対象外

出典：*INTERNATIONAL COMPARISON OF FOSSIL POWER EFFICIENCY*（2007年）（ECOFYS社）より電気事業連合会が作成

図4-10 火力発電所熱効率の各国比較

国際エネルギー機関（IEA）

IEAでは毎年世界の将来的なエネルギー見通し *World Energy Outlook* (*WEO*) を公表しており，IPCCの評価報告書において引用されるなど世界的に権威のある報告書となっている。*WEO*の2007，2008年版では，地球温暖化の危険性を強く警告しており，温室効果ガス削減の有効な手段として，効率改善（省エネ），原子力，再生可能エネルギー，CCSを挙げている。

3 CDMに原子力が適用できた場合の試算例

3.1 原子力CDMの有用性

途上国の現在の主力電源は石炭火力であり，その設備容量は今後とも大幅に増大することが予想されていることから，温室効果ガスの排出も急速に増加することになる。このため，温室効果ガス削減とエネルギーセキュ

リティを達成するために原子力の導入に期待する途上国は多い。原子力は先端的な技術を集約した大規模な発電システムであること、核燃料物質・放射性物質を多量に取り扱うことなどから、その導入に当たっては技術的・社会的に高度なインフラが必要であることに加え、多額の建設資金が必要である。したがって、商業ベースで途上国に原子力を導入するには障害が多いため、CDM認証要件の一つである追加性の証明が容易であり、CDMに馴染む発電方式であるともいえる。

いっぽう先進国においては、今後とも大幅な温室効果ガス排出削減が求められており、安価な排出権入手が望まれる。また、原子力プラントの継続的な建設による原子力技術の継承・発展、産業維持、人材育成が課題となっており、途上国への原子力プラント輸出が期待されている。

したがって原子力CDMにより、先進国が資金を出して途上国で原子力発電所を建設・運転し、削減される温室効果ガス排出量を排出権として得ることができれば、先進国は安価な排出権を得ることができ、途上国は先進国の資金により原子力発電所を導入できることになり、双方とも利益を得ることができる可能性がある。

3.2 試算の前提条件

原子力CDMの有効性を示すため、途上国の石炭火力を原子力で置き換える事業に日本が出資した場合、置き換えによって削減される温室効果ガスの排出権がどれだけの価値を有するかについて概略の試算を行った。原子力としては軽水炉を対象とし、簡単のために温室効果ガスとしてはCO_2のみを考える。

ライフサイクルにわたって日本の発電プラントから単位発電量あたりに排出される平均CO_2量は、図4-7に示すように原子力で28.2g/kWh、石炭火力（熱効率39.5％の微粉炭焚き）で975.3g/kWh（うち燃料起源：887.0g/kWh）と計算されている。しかし、途上国の石炭火力は熱効率が低いため、単位発電量あたりの温室効果ガス排出量がさらに大きい。図4-10に世界の火力発電所の熱効率の比較を示すが、2004年における中国の火力発

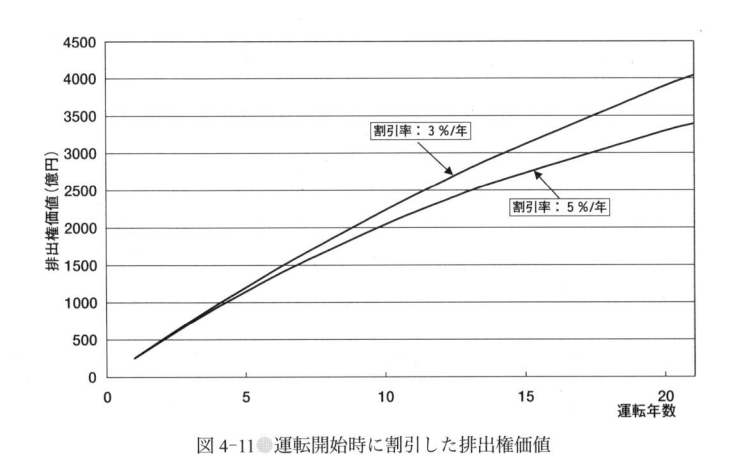

図4-11 ● 運転開始時に割引した排出権価値

電所の平均発電効率は30％であり，日本の43.5％に比べて相当低い。この値を本試算における途上国の典型的な発電効率と仮定し，燃料起源のCO_2が日本の微粉炭火力の熱効率に反比例して排出されると仮定すれば，途上国の石炭火力からの燃料起原のCO_2排出量は1,168g/kWh，燃料起源以外の間接的な排出量を加えた全排出量は計1,256g/kWhとなる。

したがって，これを原子力で置換すると，大量のCO_2排出量が削減できることになる。実際に置換する場合には，平均より熱効率の低い老朽火力からであることを考えれば，実際のCO_2削減量は更に増えることになる。

3.3 入手できる温室効果ガス排出権の価値

軽水炉および石炭火力のプラント稼働率を80％と仮定すると，1年間（8760時間）に途上国の石炭火力の電気出力1 kWあたりから排出される平均のCO_2量は8.80トンとなる。同様に，軽水炉の電気出力1 kWあたりから1年間に排出されるCO_2量は0.20トンとなる。したがって，100万kW相当の石炭火力を同出力の軽水炉で置き換えると，860万トンのCO_2が毎年削減されることになる。CDMの排出権価格はプロジェクトによって異なるため，ここでは欧州の排出権取引市場における排出権（本郷 2008）を

参考にして，仮に3,000円/トンとして試算してみる。削減されるCO_2排出量に見合う排出権を獲得するとすれば，3,000円/トン×860万トン，すなわち毎年258億円分の排出権が得られることになる。

　プラントの建設資金は運転開始時に支払われると考えて，運転開始後に得られる全排出権価値から将来価値分を割引いて，プラント運転開始時点の価値に直した金額（現在価値）として求めた。割引率の値については種々の議論があるが，ここでは総合資源エネルギー調査会電気事業分科会コスト等検討小委員会において，わが国のバックエンドコストを試算した時に代表的な値として用いられた3％/年を参照値として使用し，参考のために5％/年のケースも示した。

　排出権価値とプラント運転期間の関係を図4-11に示す。たとえば，一般に大規模なCDMとして認証される期間である21年間（7年間を2回更新するケース）運転した場合に得られる排出権の運転開始時の現在価値は，割引率が3％/年であれば約4000億円，5％/年であれば約3400億円となり，軽水炉の建設費の大部分が排出権で回収できることになる。CDMにおいては，通常の利益が得られるビジネスとなる状態ではないが，温室効果ガス削減量に金銭価値を持たせることにより，初めて若干の採算が見込まれることを「追加性の証明」といい，信頼できる透明性のある保守的なベースラインの設定が必要である。したがって，上記が全て排出権として期待できるわけではないが，原子力CDMの有用性を示すのに十分な値であろう。

3.4　原子力CDM実現に向けた課題と展望

　原子力は温室効果ガスを削減するため現実的に頼れる有力な選択肢であることから，CDMから原子力を排除する不合理さが国際的にも議論になってきており，ポスト京都議定書における原子力の取扱いが注目されている。今後特に重要と考えられるのは，原子力CDMが途上国にとっても先進国にとっても有用であることを明確にし，ポスト京都議定書の枠組の中で原子力を温室効果ガス削減手段としてきちんと位置づけることであろ

う。特にアジアの途上国では温室効果ガス削減とエネルギーセキュリティの向上が重要である。このため，欧州諸国の理解を得ることも重要であるが，CDMの当事者である途上国に原子力の持つ意義を説明し，COP会議での原子力の認証に向けて共に活動するように説得してゆくことがより重要であろう。

原子力CDM実現のための検討例（藤冨2008）によれば，実現するための重要な要件は，①ベースラインの決定，②プロジェクトの追加性の証明，③温室効果ガス削減量の計算方法であり，この点については原子力未導入国では制度設計が容易であろうとしている。一方，原子力既導入国にとってはCDMとして認められる条件はより厳しくなり，特に②の追加性をどのように証明するかが問題であるとしている。

また，原子力CDMが実現した場合のプロジェクト推進に関する問題点の検討例（安部2008）では，原子力既導入国においては追加性の証明の観点からCDMとしての成立が困難であるとしている。また，原子力未導入国にとっても，

① 放射性廃棄物処分が，ホスト国（途上国）の持続可能な発展という視点から悪影響を及ぼす可能性があること
② 事故の防止と安全確保のための制度作りと人材教育に多額の資金が必要となり，その資金負担をどうするか

などの問題があることを指摘している。そのために，ポスト京都議定書において原子力のCDMとしての適格性を認めさせる活動と並行して，これら課題の解決に向けた研究を進めることを提言している。

原子力CDM実現に向けた注目すべき動きの一つを紹介して，本章を終えたい。2007年12月のCOP-13直後に日本で開催された第8回アジア原子力協力フォーラム（FNCA：日，中，韓，印，豪など9ヵ国が加盟）の大臣級会合の共同コミュニケのなかで，「2013年以降のポスト京都の枠組において，原子力発電は温室効果ガスを排出しないものであることからクリーン開発メカニズム（CDM）の対象として考慮されるべきであり，また，民生原子力発電施設が気候変動特別基金の利用の対象とされるべきであると認

識することの重要性を世界的な認識とすべく働きかけを行う」ことが採択された。

今後，この共同コミュニケに基づいて，各国がCOP会議において温室効果ガス削減手段としての原子力の有効性を主張し，ポスト京都議定書における現実的な技術による地球温暖化防止の流れを形づくっていくことを期待したい。

[池本一郎]

参考文献

安部裕一（2008）「原子力発電のCDMプロジェクトづくりのプロセスおよびその問題点——エネルギー需要急増の中国でのケースを想定して」『原子力eye』Vol.54 No.5, pp.21-24.
天野治（2006）「石油の代替エネルギーをEPRから考える」『日本原子力学会誌』vol.48 No.10, pp.759-765.
藤冨正晴（2008）「CDMとして原子力発電が取り上げられるには——マラケシュアコードを踏まえて」『原子力eye』Vol.54 No.5, pp.13-16.
HM Treasury（2006）*Stern Review on the Economics of Climate Change*.
本郷尚（2008）「金融の最先端　急拡大するCO_2排出量取引」『日経ビジネス』2008年8月4-11日号，pp.106-109.
International Energy Agency（2007）*World Energy Outlook 2007, China and India Insights*.
IPCC（2007a）『気候変動に関する政府間パネル（IPCC）第4次評価報告書第1作業部会報告書（自然科学的根拠）』2007年2月．
IPCC（2007b）『気候変動に関する政府間パネル（IPCC）第4次評価報告書第2作業部会報告書（影響・適応・脆弱性）』2007年4月．
IPCC（2007c）『気候変動に関する政府間パネル（IPCC）第4次評価報告書第3作業部会報告書（気候変動の緩和策）』2007年5月．
IPCC（2007d）『気候変動に関する政府間パネル（IPCC）第4次評価報告書統合報告書』2007年11月．
丸山康樹（2006）「温室効果ガスの安定化のシナリオと課題」『電気評論』2006年11月号，pp.19-23.
本藤祐樹，内山洋司，森泉由恵（2000）「ライフサイクルCO_2排出量による発電技術の評価——最新データによる再推計と前提条件の違いによる影響」電力中央研究所研究報告：Y99009。
日本エネルギー経済研究所　計量分析ユニット編（2007）『EDMC/エネルギー・経済統計要覧（2007年度版）』。
日本経済団体連合会（2006）「温暖化対策　環境自主行動計画2006年度フォローアップ結果概要版〈2005年度実績〉別紙3」経団連ホームページ。
　　http://www.keidanren.or.jp/japanese/policy/2006/089/index.html
OECD（2006）*Uranium 2005: Resources, Production and Demand*.

第Ⅱ部
原子力産業政策

第5章

原子力開発における信頼形成
ベイズ確率論を用いた考察

1 緒言

　電源開発において，原子力発電所は一定割合必要と考えられるが，原子力発電所の安全性についての疑問などがあり，原子力発電所立地には地元住民の理解が必要である。しかしながら，1995年12月に発生した高速増殖炉（FBR）原型炉「もんじゅ」のナトリウム漏出事故においては，動力炉・核燃料開発事業団の事故対応が大きな問題となり，「もんじゅ」の安全性のみならず日本の原子力開発政策にも国民の不信の目が向けられ，原子力開発全般にも影響を与えかねない事態となった。今後，原子力開発を円滑に進めるためには，国民との信頼関係を確立し，このような事態を二度と引き起こさないよう「もんじゅ」の事故から教訓を得ることが必要である。

　国民の信頼を失うような事態に陥った原因には，関係者が国民との安全性などについてのコミュニケーションを誤ったこともあると考えられるとともに，根本的には日本の原子力界では国民とのコミュニケーションという観点からの研究が進んでいないことがある。国民の理解を得るために情報公開等が必要であることは提言されている。とりわけ近年では，規範論からみた市民と行政との討議の必要性（北島 2005）や，専門家から公開提供される情報を材料として，一般市民が合意形成を行う試行的な制度も紹

介されている(小林 2002)。だが,理論的,定量的にその必要性を分析したものはない。このような状況を改善するため,本章では,原子力開発において安全性などの信頼が形成されていく過程を,ベイズ定理を用いて説明する理論的枠組みを構築し,定量的分析を試みた。また,適切な信頼形成のために何が必要なのかを明らかにする。

ベイズ定理は,確率論や統計学で広く知られている定理で,イギリスの確率論研究家 Thomas Bayes(1710-1761)の名にちなんでいる。様々なデータを,ベイズ定理を用いて意思決定に役立てることを「ベイズ的意思決定」といい,計量経済学,画像処理,医学における診断など広い分野で応用されている(松原 1992)。

本章により得られた結果が関係者において実践され,さらに本章が契機となり原子力開発における社会科学面からの研究が進展することは,今後の原子力開発の円滑化に寄与するものである。また,本章における議論は,安全性が問題とされる他の技術においても適用可能なものである。

2 ベイズ定理とは何か

まず,本論に入る前に,本章での考察に中心的役割を果たす「ベイズ定理」について例を用いながら簡単に説明をしておく。

図 5-1 のとおり,壺 A には黒玉が 1 個,白玉が 3 個,壺 B には黒玉が 4 個,白玉が 1 個入っている。目を閉じてどちらかの壺に手を入れ,玉を取り出す。その玉が黒玉である確率 $P(黒玉)$ は

$$P(黒玉) = P(壺 A)\cdot P(黒玉 \mid 壺 A) + P(壺 B)\cdot P(黒玉 \mid 壺 B)$$
$$= 1/2 \cdot 1/4 + 1/2 \cdot 4/5 = 21/40$$

ここで,$P(壺 A)$は壺 A を選ぶ確率,$P(赤玉 \mid 壺 A)$は壺 A から赤玉を取る条件付確率である。これを図で表すと図 5-2 のようになる。

次に,取り出した玉が黒かった場合,その玉を壺 B から取り出した確率 $P(壺 B \mid 黒玉)$はいくらか。直感的には,壺 B には黒玉が多く,壺 A

第 5 章
原子力開発における信頼形成

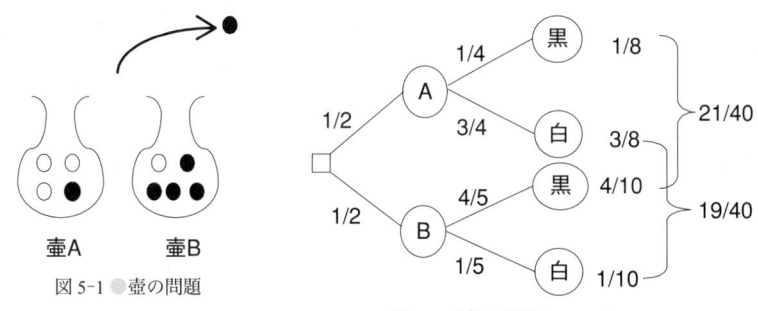

図 5-1 ●壺の問題

図 5-2 ●壺の問題の Probability Tree

には少ないことから，この確率は高いであろうことが予測できる。正確には，

$$P(壺B \mid 黒玉) = \frac{P(黒玉 \cap 壺B)}{P(黒玉 \cap 壺A) + P(黒玉 \cap 壺B)}$$

$$= \frac{P(壺B) \cdot P(黒玉 \mid 壺B)}{P(壺A) \cdot P(黒玉 \mid 壺A) + P(壺B) \cdot P(黒玉 \mid 壺B)}$$

$$= \frac{1/2 \cdot 4/5}{1/2 \cdot 1/4 + 1/2 \cdot 4/5} = 0.762$$

となる。直感はある程度正しいことがわかる。

これがベイズ定理であり，観測された事象から，事前に知っている確率を用いて，原因と推測される事象の確率を求めることができる。ここで，$P(壺A)$，$P(壺B)$を事前確率，$P(壺B \mid 黒玉)$を事後確率という。

一般的なベイズ定理は，原因と推測される事象を C_i，観測された事象を E_k とすれば，以下の通りである。

$$P(C_i \mid E_k) = \frac{P(C_i \cap E_k)}{P(E_k)} = \frac{P(C_i) \cdot P(E_k \mid C_i)}{\sum_{j=1}^{\infty} P(C_j) \cdot P(E_k \mid C_j)}$$

3 | 原子力発電所の信頼度

　原子力技術者は，原子力発電所の安全性を実験，安全指針及び確率論的安全評価を用いて評価するが，国民は，原子力発電所の安全性について技術的に理解するわけではない。原子力発電所の運転状況という観測された事象から，その原子力発電所が安全かどうかという原因を推測することとなる。

　仮に，国民は，表 5-1 のとおり安全な原子力発電所が 1 年間に事故を起こす確率を 1/1000，危険な原子力発電所が 1 年間に事故を起こす確率を 1/2 と見積もったとする。(例えば，国民は，身近な機械，自動車事故などと比較して，普通に運転をしていれば事故を起こす確率は 1/1000 だが無謀運転をすれば 1/2 と大まかに考える。)

　原子力発電所が運転を開始する前，住民がその原子力発電所を安全か危険かは判断がつかず，その確率は50-50，すなわち

$$P_1(C_1) = P_1(C_2) = 1/2$$

と考えたと仮定する。

　運転開始後 1 年間に事故を起こした場合，その原子力発電所が危険な原子力発電所である確率 $P_1(C_2 \mid E_2)$ は，ベイズ定理を用いて，

$$P_1(C_2 \mid E_2) = \frac{P_1(C_2) \cdot P(E_2 \mid C_2)}{P_1(C_1) \cdot P(E_2 \mid C_1) + P_1(C_2) \cdot P(E_2 \mid C_2)}$$

$$= \frac{1/2 \cdot 1/2}{1/2 \cdot 1/1000 + 1/2 \cdot 1/2} = \frac{500}{501} = 0.998$$

である。原子力発電所の安全性について評価が定まらない段階で，一度事故を起こすと，その原子力発電所は危険なものである確率が非常に高いと評価されることになる。

表 5-1 ●安全及び危険な原子力発電所の 1 年間の運転状況の確率

	無事故（E_1）	事故（E_2）
安全な原発（C_1）	999/1000	1/1000
危険な原発（C_2）	1/2	1/2

一方，運転開始後 1 年間無事故運転をした場合，その原子力発電所が安全な原子力発電所である確率 $P_1(C_1 \mid E_1)$ は，同様に，

$$P_1(C_1 \mid E_1) = \frac{P_1(C_1) \cdot P(E_1 \mid C_1)}{P_1(C_2) \cdot P(E_1 \mid C_2) + P_1(C_1) \cdot P(E_1 \mid C_1)}$$

$$= \frac{1/2 \cdot 999/1000}{1/2 \cdot 1/2 + 1/2 \cdot 999/1000} = \frac{999}{1499} = 0.666$$

である。1 年間無事故運転をしても，その原子力発電所が安全なものである確率は，極端に高い評価を受けることはない。

ここで，1 年間の運転状況から国民が評価した原子力発電所が安全な原子力発電所である確率を，「信頼度」と定義する。原子力発電所が安全なものである確率が高いという評価とは「信頼を得た」状態であり，原子力発電所が安全なものである確率が低い（危険なものである確率が高い）という評価とは「信頼を失った」状態といえる。

上記の結果を，これを用いて言い換えれば，原子力発電所の安全性について評価が定まらない段階で，一度事故を起こすと，ほぼ完全に国民の信頼を失うが，1 年間無事故運転をしても信頼を得るにはいたらないということである。

4 ｜ 事例 A：操業期間における信頼形成と変化プロセス

原子力発電所は 1 年間だけ運転されるのではなく，長期間運転される。原子力発電所の運転に伴って，国民の信頼がどのように変化するかを考えてみる。

4.1 無事故運転の場合

運転開始から1年間無事故運転をした後,さらに1年間無事故運転した原子力発電所が安全なものである確率 $P_2(C_1 \mid E_1)$ は,ベイズ定理を用いて評価できる。(ここでPの添字は年を表すが,年は便宜的に用いているだけで特に意味はなく,ある期間を表す単位と考えるべきである。)この際,2年目の事前確率は,1年目の無事故運転という経験により変化している。すなわち,2年目の事前確率は,1年目の事後確率である。

$$P_2(C_1) = P_1(C_1 \mid E_1) = 0.666$$
$$P_2(C_2) = P_1(C_2 \mid E_1) = 1 - P_1(C_1 \mid E_1) = 0.333$$

これらを用いて,

$$P_2(C_1 \mid E_1) = \frac{P_2(C_1) \cdot P(E_1 \mid C_1)}{P_2(C_2) \cdot P(E_1 \mid C_2) + P_2(C_1) \cdot P(E_1 \mid C_1)}$$
$$= \frac{0.666 \cdot 999/1000}{0.333 \cdot 1/2 + 0.666 \cdot 999/1000} = 0.799$$

となる。以後同様に,

$$P_n(C_1) = P_{n-1}(C_1 \mid E_1)$$
$$P_n(C_2) = P_{n-1}(C_2 \mid E_1) = 1 - P_{n-1}(C_1 \mid E_1)$$

を用いて,n年間無事故運転した原子力発電所が安全なものである確率 $P_n(C_1 \mid E_1)$ を計算することができ,これをグラフにしたものが図5-3である。このように原子力発電所の運転情報により評価される原子力発電所が安全なものである確率(信頼度)の時系列変化を「信頼形成過程」と定義する。

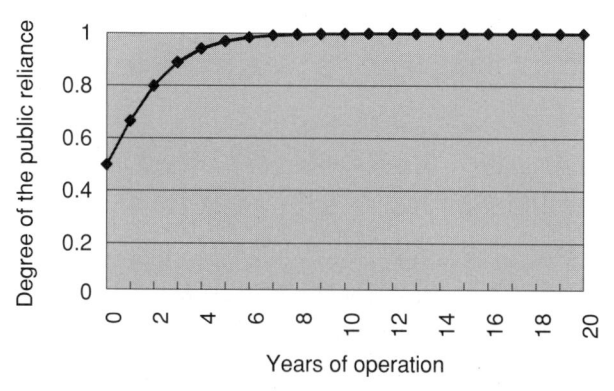

図 5-3 ●無事故運転の場合の信頼形成過程

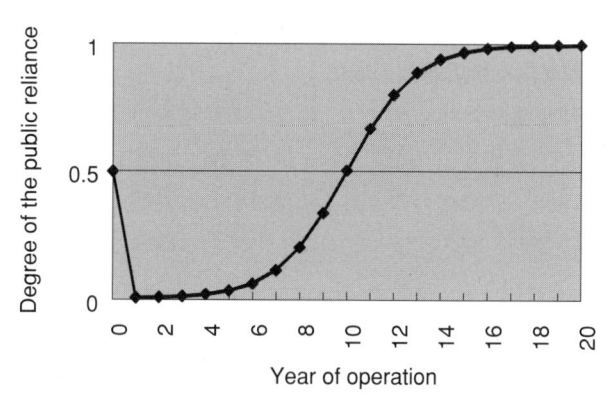

図 5-4　1年目の事故の後，無事故の場合の信頼形成過程

4.2　1年目の事故の後，無事故の場合

運転開始から1年間に事故を起こし信頼を失った後，次の1年間無事故運転した原子力発電所が安全なものである確率 $P_2(C_1 \mid E_1)$ は，

$$P_2(C_1) = P_1(C_1 \mid E_2) = 1 - P_1(C_2 \mid E_2) = 0.002$$
$$P_2(C_2) = P_1(C_2 \mid E_2) = 0.998$$

を用いて，

$$P_2(C_1 \mid E_1) = \frac{P_2(C_1) \cdot P(E_1 \mid C_1)}{P_2(C_2) \cdot P(E_1 \mid C_2) + P_2(C_1) \cdot P(E_1 \mid C_1)} = 0.004$$

以後,同様に計算し,初年度に事故を起こし信頼を回復する様子をグラフにしたものが図5-4である。一度失った信頼を回復するには長期間を要することがわかる。同じ状態の原子力発電所を,長期間無事故運転を続けて信頼を回復するより,安全対策を抜本的に見直すことによりその原子力発電所がもはや以前の原子力発電所とは異なるという認識を国民が持ち,信頼形成過程を初期状態(新しい原子力発電所と同じ状態)にするほうが効率的である。

4.3 信頼を得た後の事故の場合

運転開始後無事故運転を続け,その原子力発電所が安全なものである確率が高いという評価を受けた(信頼を得た)後,事故を起こした場合は,図5-5のとおり,安全なものである確率は少ししか低くならない。また,事故後無事故運転を続ければ,安全なものである確率は高くなり,その回復は早い。

このように,信頼を得るにはある程度の期間を要し,一度失った信頼を回復するには相当な長期間を必要とする。一方,信頼を得た後には,事故を起こしてもその信頼への影響は少ない。

5 事例B: 情報操作を想定した信頼形成と変化プロセス

今までの例では,観測された事象(例えば,原子力発電所の運転状況)を,意思決定者(例えば,国民)が直接把握できることとなっていたが,実際には,観測された事象を意志決定者に伝える報告者が存在することが多い。意思決定者が,報告者は情報操作を行っているとみなした場合に,意思決定者の信頼形成過程にどのような影響を与えるかを考える。(ここで,報告者が実際に情報操作を行っているか否かは問題ではない。)

国民が,報告者は原子力発電所が無事故運転していたときは無事故運転

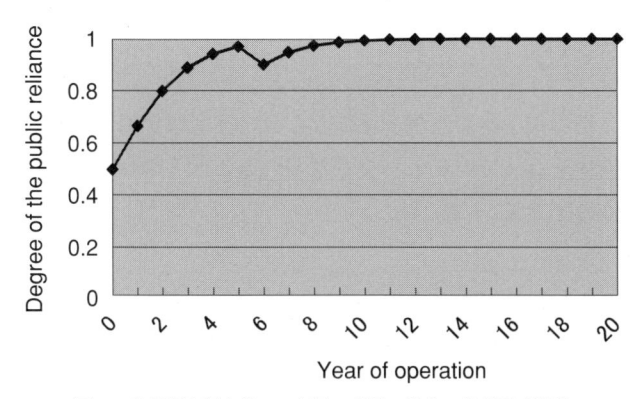

図5-5 ●信頼を得た後の6年目の事故の場合の信頼形成過程

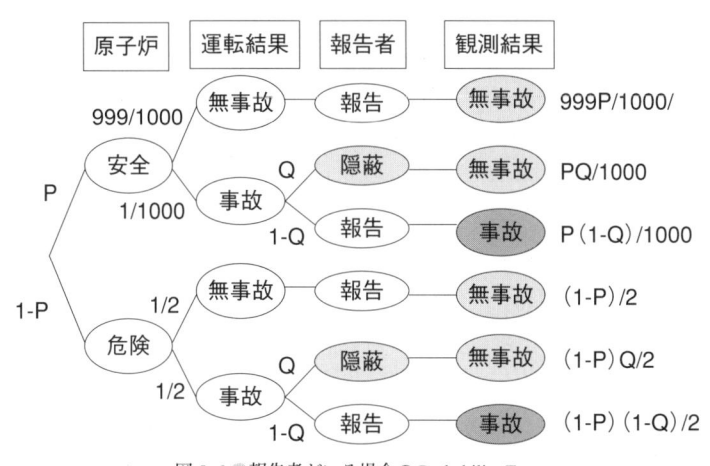

図5-6 ●報告者がいる場合のProbability Tree

したと報告するが，事故を起こした場合はその一部しか報告をしない（例えば，事故と報告すべき10の報告のうち7は無事故と報告する）とみなしたと仮定する。国民にとってのProbability Treeは図5-6となる。発電所の種類により1年間の運転状況が異なり，その運転状況は報告者を通じて観測結果となる。無事故運転をした場合は，観測された事象がそのまま国民に報告されるが，事故を起こした場合は，情報操作により一部が無事故運転と

して報告される。

　原子力発電所が1年間無事故運転したという情報が報告されたが，報告者が情報操作を行っているとみなされているとき，それが安全な原子力発電所である確率 $P(C_1 \mid R_1)$ は

$$P(C_1 \mid R_1) = \frac{P(C_1 \cap R_1)}{P(C_2 \cap R_1) + P(C_1 \cap R_1)}$$

$$= \frac{P(C_1 \cap E_1) + P(C_1 \cap E_2) \cdot Q}{P(C_2 \cap E_1) + P(C_2 \cap E_2) \cdot Q + P(C_1 \cap E_1) + P(C_1 \cap E_2) \cdot Q}$$

$$= \frac{(999 + Q)P/1000}{(1 - P)(1 + Q)/2 + (999 + Q)P/1000}$$

　ここで，R_1 は無事故という報告，P は原子力発電所が安全である事前確率，Q は報告者が情報操作を行う確率である。仮に，$P = 0.5$，$Q = 0.7$ とすれば

$$P(C_1 \mid R_1) = 0.540$$

であり，これは報告者が介在しない，または報告者が情報操作を行っていないとみなされる場合の数値（0.666）よりかなり低くなっている。

5.1　無事故運転の場合

　さらに，無事故運転が報告されているが，報告者が情報操作を行っているとみなされた場合の信頼形成過程を図5-7に表す。安全なものである確率は運転年数に伴って高くなっているが，情報操作が行われていないとみなされている図5-3の場合に比して，そのペースは遅い。無事故運転を続けても，報告者が情報操作を行っているとみなされた場合は，原子炉が安全であると認識されるにはより長い期間を要する。

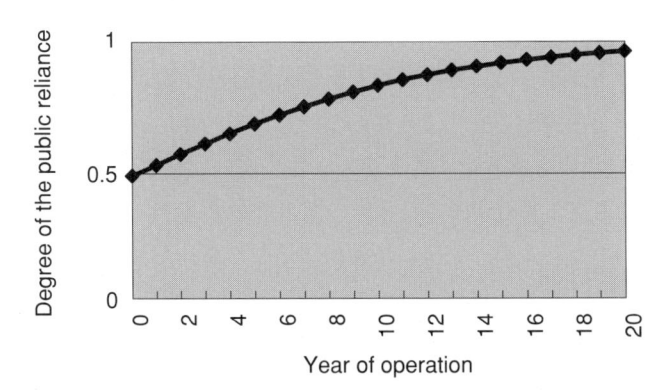

図5-7 ●無事故であるが情報操作をしているとみなされた場合の信頼形成過程

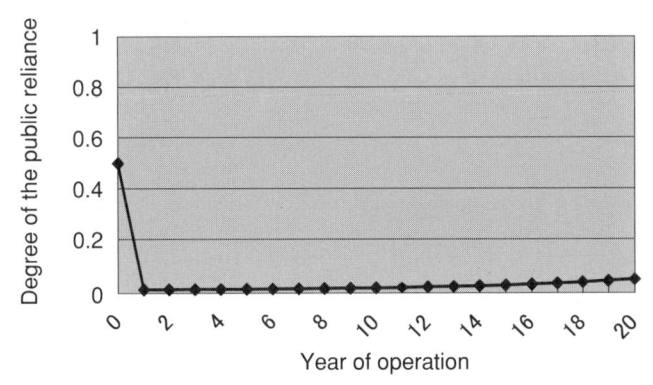

図5-8 ●事故を起こした後，情報操作を行っているとみなされた場合の信頼形成過程

5.2 事故を起こした場合

次に，1年目に事故を起こし，その後無事故運転を続けるが，国民は報告者が情報操作を行っているとみなした場合の信頼形成過程を図5-8に表す。

このように原子力発電所の安全性の評価が確立していない段階で事故が起こり，情報操作も行われていると国民がみなした場合は，その原子力発電所が安全とみなされることは二度とない。

5.3 報告者の更迭

上記のような場合は，報告者を入れ替えることにより，情報操作が行われていないと国民がみなすようにしなければならない。そうすれば，図5-4のように信頼を取り戻すことができる。実際には原子力発電所設置者が報告者でもある場合が多く，報告の担当者が更迭されたとしても組織としては変わらないため，完全に情報操作がなくなったと国民がみなす図5-4の状態には戻らないが，少なくとも担当者の更迭により状況は改善する。仮に，担当者の更迭により，国民が情報操作の割合が1/2になったとみなしたとする。その場合の信頼形成過程は図5-9である。情報操作がないとみなされる場合には及ばないが，安全運転の努力により，信頼を回復できる。

このように，事故を起こして情報を操作するとみなされる場合と，事故を起こして情報を操作しないとみなされる場合とでは，その後の信頼形成過程が全く異なる。

5.4 「絶対」という言葉の影響

原子力発電所設置者が報告者として信頼されるには，情報操作を行わないことである。さらに，事前に安全な原子力発電所では「絶対」事故は起こらないという説明は，事故が起こった場合，報告者としての信頼を失うとともに信頼形成に非常に大きな悪影響を及ぼす。絶対事故を起こさないとは

$$P(E_2 \mid C_1) = 0$$

を意味する。人間が作ったものに絶対は有り得ず，もし，事故が起こった場合，報告者としての信頼を失うとともに，この原子力発電所が安全なものである確率はベイズ定理を用いて

$$P(C_1 \mid E_2) = 0$$

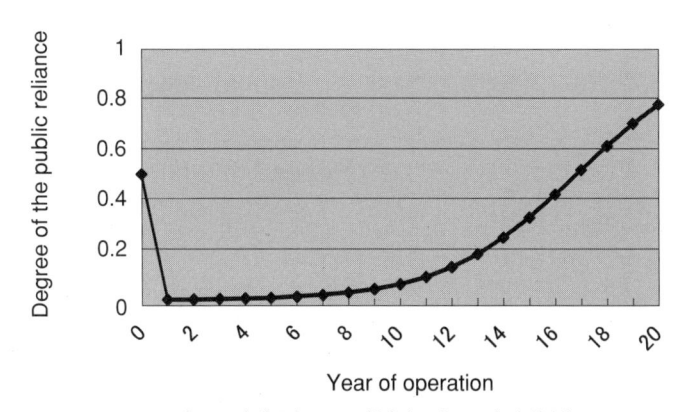

図 5-9 ● 1 年目に事故を起こした報告者を代えて無事故運転を続ける場合の信頼形成過程

となり，その原子力発電所は確実に危険なものとみなされる．

6 外部に放射線影響のある事故とない事故の区別

原子力船「むつ」の放射線漏れ事故，初期の軽水炉での事故，高速増殖炉もんじゅのナトリウム漏出事故などでは，放射線は目に見えないため，国民が外部に放射線影響のある事故とない事故を区別することは難しい．したがって，事故が起これば，外部に放射線影響があってもなくても，それは単に事故としか認識されない．

このような状態では，例えば表 5-1 では，国民は事故（E_2）を「人命に影響があるかもしれない事故」とし，自動車事故などと比較して事故の発生確率を見積もっていたにもかかわらず，もし，外部に放射線影響のない事故（すなわち，「人命に影響がない事故」）が起これば，それを単に事故（「人命に影響があるかもしれない事故」）と認識する．すなわち，実際には「人命に影響がない事故」が起こっても，「人命に影響があるかもしれない事故」が起こったと考えられ，信頼形成過程に大きな影響を与える．

このような状態を回避するには，以下に説明するとおり「人命に影響がない事故」を積極的に公開することが有効である．この例としては，軽水炉では軽微な事故も積極的に公開することにより，外部に放射線影響のな

い事故は起こすが人命に影響があるかもしれない事故を起こす確率が非常に低い安全な原子力発電所が存在することを国民に認識させていることが考えられる。

仮に，表5-2のように原子力発電所の運転状況の確率分布を国民が見積もったとする。運転開始後1年間に，人命に影響のない事故が起こった原子力発電所が安全なものである確率 $P(C_1 \mid E_3)$ は

$$P(C_1 \mid E_3) = \frac{P(C_1) \cdot P(E_3 \mid C_1)}{P(C_1) \cdot P(E_3 \mid C_1) + P(C_2) \cdot P(E_3 \mid C_2)}$$

$$= \frac{1/2 \cdot 249/1000}{1/2 \cdot 249/1000 + 1/2 \cdot 1/2} = 0.332$$

であり，安全な原子力発電所でも人命に影響のない事故は比較的高い確率で起こすという認識があれば，1回の人命に影響のない事故が人命に影響のある事故と混同されて安全な原子力発電所である確率が極端に低下することはない。したがって，このような認識を国民が持つために，軽微な事故でも積極的に公開していく必要がある。特に，運転初期においては，軽微な事故の実績は少ないが，いわゆる「初期故障」の発生確率が高い時期であるため，「初期故障」が有り得るということを十分に説明しておかなければならない。さもなければ，人命に影響のない初期故障が人命に影響のある事故と混同され，信頼度が極端に低下することとなる。

7 | ベイズ定理から得られた示唆

人間の直感はある程度ベイズ的に正しいことから，国民は与えられた情報で合理的（ベイズ的）判断を行うと考えられる。本章ではこの仮定にもとづき，原子力開発における信頼形成過程を，ベイズ定理を用いて説明することを試み，その傾向を把握することに成功した。これにより得られた示唆は，

・国民の信頼を得るには長期間を要するが，失うのは1回の事故である

表 5-2 ◉安全及び危険な原子力発電所の1年間の運転状況

	無事故 (E_1)	人命に影響の ある事故 (E_2)	人命に影響の ない事故 (E_3)
安全な原発 (C_1)	3／4	1／1000	249／1000
危険な原発 (C_2)	0	1／2	1／2

・情報操作を行うとみなされれば，国民の信頼は得られない
・国民にできるだけ多くの情報を提供することが，より正しい判断を導く

ということである。さらに，高速増殖炉もんじゅのナトリウム漏出事故に関して示唆できるものは，

・運転開始1年目に事故を起こしたため，もんじゅが危険なものである確率が非常に高いと評価されている。この評価を変えるためには，抜本的な安全対策を施し，以前のもんじゅとは異なるものであるとの認識が国民になされる必要がある
・すでに動燃は情報操作を行うとみなされているのであれば，報告者の役割は動燃外部の組織にするほうが信頼回復は早い
・「絶対に事故は起こらない」という説明は，信頼形成過程に悪影響を与えるので行わない
・情報をできるかぎり多く提供し，正しい判断を導く必要がある。特に，初期故障は起こり得ると十分に説明すべき

ということである。

　また，最新技術が，安全なものであることは当然必要であるが，技術的に安全であっても国民がそれを受け入れなければ，その技術は存在できないということを原子力関係者は認識しなければならない。最新技術が発展するためには，安全性などの技術開発のみならず，国民に受け入れられるための適切なコミュニケーションが重要である。しかしながら，研究者・技術者はこのコミュニケーションを軽視しがちである。この原因の一つには，コミュニケーションの重要さが科学的に説明されていないため研究者・技術者が軽視するということもある。このようなことがないよう，今

後，原子力開発において，社会科学面からの研究が進み，関係者において実践されることを期待する。

8 | おわりに

電源開発政策を例にとっても，日本国レベルで政策課題を定量的に分析することは行われていても，それを実行する手法を科学的に考えることは未だに十分とは言えないのではないか。現実の政策においては，国益が必ずしも，関係者の利益ではないことが多く，複雑な関係をひとつひとつ解きほぐしながら進めているのが現状である。今後，政策目標を科学的に考えるだけでなく，その目標を実現させるための方法までを含めて科学的に考えることが必要ではないかと思う。

参考文献

北島栄儀（2005）「公共政策の評価・分析とF.フィッシャーの詭弁的アプローチ——原子力政策を題材に」『社会システム研究』第8号，pp.95-106.
小林傳司（2002）「科学コミュニケーション——専門家と素人の対話は可能か」金森修・中島秀人編『科学論の現在』到草書房，pp.117-147.
松原望（1992）『統計的決定』日本放送出版協会。

第 6 章
原子力利用と合意形成

1 はじめに

　基幹電源として不可欠な原子力利用の推進に対し，社会からの十分な支持や同意が得られにくい状況の中，国民との合意形成がわが国の原子力政策において事実上の課題となっている。こうして，原子力の利用に関して国の方針への国民の理解に基づき両者間の合意形成を目指す観点から，政策決定への国民参加や電源構成の最適化などに関する行政と社会との合意のあり方に関する研究が先進各国で進められている。

　わが国においても，国民の理解と協力に基づいた政策を円滑に実現するため，国は国民全般との意思疎通と政策決定過程への関与を重視した社会的アプローチを強化する方向にある。こうした国の諸活動は原子力発電所と関連施設の立地地域住民や自治体が対象となってきたが，近年では民生用エネルギー消費の増加，地球環境問題やエネルギー安全保障上の対応も踏まえ，地域住民と国民全体に向けた二本立ての取組みを指向し（原子力委員会 2001），原子力の開発と利用に関する政策の基本方針に対する国民からの信頼感や安心感を得るための施策を強化し，これを国民的合意の形成と称している（科学技術庁・通商産業省 1996）。しかし，国民的合意形成を巡ってはその概念が専門家から一般市民への一方向的な啓蒙の視点の延長線上にある（飯田 1998）など多くの課題がある。

本節ではわが国の原子力を巡る国と国民一般との合意形成のための基本的な要件と具体的な方策を探ることを目的に，まず国による合意形成の取組みと国民が原子力に対して抱く認識の比較を通して意思疎通の阻害要因を分析する。次に分析を踏まえ今後の合意形成に向けた対話を図る上での留意点を整理し，国と国民に求められる姿勢について考察する。最後に，対話の実践手段として第三者的立場を持つコミュニケータの設置について論じる。

2 │ 合意形成に向けた国の取組みと国民の認識

ここでは，原子力の合意形成[1]に向けて国が進めてきた取組みの経緯と，エネルギー問題に対して国民の抱く認識や意見について概観する。

2.1 合意形成に向けた国の取組み

(1) 原子力推進に関する国の取組みの経緯

国[2]は原子力に対する社会からの受容獲得を目的として，1970年代中盤からパブリック・アクセプタンス（PA: Public Acceptance）（稲葉 1997）活動を進めてきたが，1995年の「もんじゅ」の事故による国民の原子力への不信・不安の高まりを契機として，広く国民の理解を得るために政策立案の段階から国民との意思疎通を図る姿勢を打ち出した。これを受け，1996年に原子力委員会は「国民各界層の多用な意見を今後の原子力政策に反映さ

---

1) 合意形成とは「利害や見解が異なる主体間において，それぞれの立場からの要求の妥協や両立の方法を探ることを通して一定の合意に到達すること」（森岡清美編 (1993)『新社会学辞典』有斐閣）を意味する民主主義社会の政策決定過程の基本的要素である。わが国の合意形成は高度成長期以降，ごみ処理場，新幹線，空港等の用地買収のように国家的プロジェクトに起因していても，その受益・受苦の対象は周辺住民である点で元来は限られた地域の問題であったが，遺伝子組換え，ゲノム研究などの新たな科学技術の社会一般への受容を争点とする問題の発生に従い，国民全般を対象とした取組みが課題となりつつある。
2) 原子力政策の立案と施行を担う「国」の機関には，原子力長計の策定等，政策の審議に当たる原子力委員会，総合的なエネルギー需給計画とエネルギー供給事業を掌管する経済産業省，原子力の研究開発を所管する文部科学省，長期エネルギー需給見通しの試算を担う総合資源エネルギー調査会，エネルギー行政の総合的調整に当たる総合エネルギー対策閣僚会議がある。地球環境保全の観点から環境省も該当するが，ここでは原子力利用の国民との合意形成に関する国の諸活動に焦点を絞るため原子力委員会および経済産業省による取組みと，議員立法として成立したエネルギー政策基本法等に注目する。

せ，国民的合意形成に資する」ために原子力政策円卓会議を設置し，政策決定への国民参加の試行として各界各層からの参加者を招聘するとともに，審議内容を全面公開とした。円卓会議の参加者は国が指名した一部の専門家や団体代表者に限られ，最終的には行政主導の形で決着した（傍島1999）ものの，多面的な視点から意見が寄せられた点で大きな一歩を踏み出したと言える。

　一般国民の参加については，2000年に第9回原子力開発利用長期計画の取りまとめ時に，パブリックコメント制度により国民一般から自由意見を募集し，寄せられた意見の一部を最終案に反映した。また2001年には，原子力政策の策定プロセスに市民参加の機会の拡大を図り国民の自主的取組みを強化するために，原子力政策に対する国民との信頼関係を確立する意見反映の場として市民参加懇談会を設けた。また，国民の立場を重視した対話として，同年の原子力広報検討会においては，広報効果の向上を目指して社会心理学的手法の導入を模索している（資源エネルギー庁2001）。

　このように，原子力政策円卓会議はわが国の電源選択の決定過程に国民代表が参加した点（大山2002），パブリックコメント制度は原子力開発という国家的課題に国民一般の意見を聴く機会を整えた点において，合意形成上の画期的な取組みとして評価される。従来の一方向性の姿勢はこの時期において双方向コミュニケーションに向けて前進し始めた。

(2) 政策文書に見られる国の合意形成の姿勢

　エネルギー政策全般の基本的なあり方を示すため，2002年に「エネルギー政策基本法」が施行され，これに基づき2003年には経済産業省により「エネルギー基本計画」が公表された。これらの政策文書にはエネルギー利用に際して国と国民が果たすべき役割と国のなすべき取組みに関する記述が見られる。

　国の役割については，エネルギー需給政策の策定と実施を「責務」と定め[3]，国民に対してエネルギー使用の合理化や新エネルギーの導入の「努力」を促している。一方，国民の直接の関与が困難な範囲の事柄に関しては，自身に関わる問題として捉え「理解」と「協力」を求めている[4]。

また,「国民の理解を得るための取組」と「国民から幅広く意見を集めるための取組」として,前者については「国民がエネルギーに対する理解と関心を深める」ために,国は「情報の積極的な公開」,「適切な利用に関する啓発」,「知識の普及」に努めるとし,その際に「客観性を重視(情報公開)」し,「正確な知識と科学的知見を深める情報を幅広く提供(エネルギー教育)」するよう留意するとしている。後者については特に原子力の開発と推進に関し,国は「広聴」を通して国民の問題意識の把握に努めるとし,国民との双方向性の意思疎通を重視した姿勢をとるべきことを明示している。

以上から,国に対してはエネルギー需給計画の策定と実施,客観的で正確な科学的事実に基づく情報を提供することにより国民のエネルギー問題に対する関心を高める責務を明示している。また国民に対しては参加が可能な範囲で省エネルギーの実行や新エネルギーの導入への努力を求め,参加が困難な範囲については国の政策を自身に関わる問題として理解し協力するよう求めている。

2.2 合意形成に対する国民の認識と意見

国民のエネルギー問題に対する内在的な意識と国の取組みに対する意見について,世論調査とパブリックコメントの結果の分析に基づき集約を行う。

(1) 世論調査に見られる国民の認識の傾向

近年に全国規模で実施された原子力・エネルギーに関する代表的な世論調査[5]によれば,地球温暖化を含むエネルギー問題全般に対して国民の8

---

3) エネルギー政策に対する国の責務は「エネルギーが国民生活の安定向上並びに国民経済の維持及び発展に欠くことのできないものであるとともに、その利用が地域及び地球の環境に大きな影響を及ぼす(エネルギー政策基本法第1条)」との立場から、「エネルギーの需給に関する施策についての基本方針に則り、エネルギーの需給に関する施策を総合的に策定し及び実施する責務を有する(同第5条)」とある。
4) 国民は「エネルギーの使用に当たっては、その使用の合理化に努めるとともに新エネルギーの活用に努めるものとする(エネルギー政策基本法第8条)」とし、「国及び地方公共団体並びに事業者,国民及びこれらの者の組織する民間の団体は、エネルギーの需給に関し、相互に、その果たす役割を理解し、協力するものとする(同第9条)」としている。

割程度が関心を持ち，原子力の必要性についても 6 ～ 7 割が肯定している。一方，原子力の安全性に対する肯定と否定の割合は1997年から逆転し，原子力の開発に対して推進を望む意見は少数派となり，現状よりも抑制すべきとする声も増加している。また，国への信頼については依然として不信とする意見が上回っている。このように，国民には原子力の必要性は認めるが，あえて積極的な開発は望まない傾向が見られる。また，将来の電源選択に関しては原子力よりも新エネルギーに対する期待が高く，供給構造の強化や地球温暖化の防止についても原子力の開発には肯定が 2 割以下に留まるのに対し，新エネルギーの導入や省エネルギーの推進にはいずれも 6 割以上の支持がある。しかし，省エネルギーには多数が関心を持つ半面，経費の自己負担等を伴う直接的な関与に対してはほとんどが躊躇する態度を示すことから，国民には生活水準が維持できる範囲でエネルギー消費の節減を望む意向がうかがわれる。エネルギー問題に対する知識として，エネルギー自給率や民生部門での消費割合については，現状を正しく認識する回答の割合は低く，エネルギー利用の数量的な把握が十分ではない。また，原子力や新エネルギーといった電源のメリットやデメリットに関する認識についても，必ずしも十分なレベルにあるとは言えない。

(2) パブリックコメントに見られる特徴

　回答数が限られているものの，パブリックコメントからは世論調査の設問以外の自由な意見の把握が可能である。第 9 回原子力長期計画（原子力委員会 2000）案とエネルギー基本計画案のパブリックコメントに寄せられた意見の特徴をここでは以下の 3 点に集約する。

原子力偏重のエネルギー施策

　原子力を機軸とするエネルギー政策に根本的な異論を唱える意見が多い。特に原子力政策の将来像の不明瞭さや国を主導とした推進への批判に加え，ウラン資源の海外依存性，原子力の環境負荷特性，発電コスト算定方法に対する疑問など，原子力のメリットについて否定的な意見が多く見

---

5) ここでは，総理府広報室 (1999)，総理府広報室 (2001)，(社) エネルギー・情報工学研究会議 (2002) などを参考とした。

られる。一方新エネルギーに対しては，原子力の代替として期待を寄せる意見があるほか，原子力推進を重視する場合でも新エネルギー開発と歩調を合わせた施策を求める意見も散見される。

豊かさ意識とエネルギー消費との関係

大量消費・生産に拠るよりも，省エネルギーを徹底して持続可能な社会を目指すとの視点から，原子力は廃止すべきであり，国民や社会が消費抑制に努めるならば廃止は可能とする主張が見られる。生活の豊かさについても，生活の維持には大量のエネルギーは不要であり，少量のエネルギーで豊かさが得られる生活様式に変えていくべきとする意見もある。また「将来社会に相応しい消費構造の実現は諸外国の例に倣うべき」との見方も窺われる。

合意形成の進め方に対する見解

情報公開や政策決定過程のあり方に関する意見が多く寄せられ，国からの情報提供が一方向的であることへの反感，国の原子力政策と国民の生活との繋がりが説明不足であることへの不満が見られる。また，エネルギー問題を巡る国会審議の機会の増大，政策決定への国民参加の手段としてコンセンサス会議などを介した立案段階からの関与，地域住民のみならず国民の直接投票制度の導入を望むといった意見もある。

3 │ 合意形成の阻害要因の分析

国と国民との意思疎通の阻害の背景の分析のために，ここでは合意の内容に関する視点から電源選択に固有な事項，また合意の過程に関する視点から国と国民の役割に着目する。

3.1 電源選択に固有な事項

国民の電源選択を巡る意見形成と現状の国による合意形成の姿勢との間の離齬の原因は，従来の原子力を中心とした国民的合意形成の手法に見出すことができる。ここでは国民との意思疎通の対象を電気エネルギーとし，その特徴へのアプローチを通した分析を進めていくこととする。医療

や加工への利用を除き，原子力エネルギーの利用形態の大部分は電気である。また，家庭生活における主要なエネルギー形態もまた電気である。国民一般にとって原子力は必ずしも日々の生活に密着しておらず，リスクの説明のみに基づく原子力への理解獲得は，情報共有による相互の意思疎通を重視する取組みとしては評価されるものの，国民との乖離を拡大させかねない。以下では電気エネルギーの持つ固有の特性に照らしながら，意思疎通を阻害する問題点を次の4つに整理する。

(1) エネルギーの存在に対する認知の困難さ

国民はエネルギー問題への関心を示し省エネルギーの重要性を理解するものの，日常生活でエネルギーの存在を想起することは稀である。電気エネルギーは目に見えず，器具の故障や停電が発生しない限りその実態を感覚的に把握し難い。加えて，流通基盤が完備され常時コンセントから無尽蔵のように直ちに使用できる形で供給されるため，エネルギー途絶の脅威を経験しその恩恵を実感した石油危機当時の緊迫した体験も薄らぎつつある。

さらに，日常生活は直接消費するエネルギーのみならず，生活製品や生活物資の製造・輸送・廃棄あるいは公共機関等のサービスに利用される間接的エネルギー[6]により支えられている。空間的・時間的広がりを持つ間接的エネルギーは様々な局面において人々の欲求の充足を支え，生活の利便性向上に関係している。しかし，民生部門の自家用車など直接的な存在には比較的注目が集まるものの，潜在的な物資やサービスに関わる物流用エネルギー，産業や社会のインフラストラクチャに利用されるエネルギーに対する認知は一層低いものと推測される。以上の認知の困難さは意思疎通に際しての最初の阻害点となる。

(2) 生活を支えるエネルギーの効用に対する意識の希薄さ

電気エネルギーの存在に対する認知が困難であることに加え，電気エネ

---

[6] 空調や給油といった用途に消費される電気や石油を直接エネルギーと呼ぶのに対し，生活に必要な耐久消費財や衣類・食品・商品などの製造，移動，販売，その他サービスなどで消費されるエネルギーを間接エネルギーと呼ぶ。

ルギーの効用の認識も十分ではない。生活上の欲求は，手段や装置を介して生み出される熱・照明・動力・通信などエネルギーの効用により満たされるが，充足の源であるエネルギーの効用が鮮明に意識されることは少なく，人々はエネルギーあるいはその効用よりむしろ，これら手段や装置が生活上の欲求を満たすと受け止めていると推測される。

　一方，現実に享受されている豊かさが実際にはエネルギー消費に強く依存しているにも関わらず，エネルギー利用と欲求充足との関係への認識は低いと推測される。この理由として，第一に心の豊かさ（社会的欲求）はモノの豊かさ（基本的欲求）が満たされた後に得られるが，心の豊かさが常態化した現代社会ではモノの豊かさの享受に対する意識が薄れていること，第二に人々の関心は欲求自体を満たすことにあり，充足のための方法や手段に対する関心が低いこと，第三にエネルギーの消費量や消費パターンは個人的・社会的因子あるいは制約に伴って副次的に定まるに過ぎないことが挙げられる。第三の点については，エネルギーへの認識が不足していても個人的・社会的な生活上の意志決定の結果として省エネルギー行動が表出することが示されている（大谷・中野 1999）。こうしたエネルギーの効用に対する意識不足も意思疎通の隘路のひとつと捉えられる。

(3) 電気エネルギーの固有な特性に対する認識（知識）の得難さ

　電気エネルギーは認知しにくいことに加えて技術面でも特殊な性質を持つ。まず，発生から流通の段階において備蓄が著しく困難であり，使用量も社会の活動状況に応じて変動するため異常時に備えて瞬時の予備力の保持が必要になる。また，配送の途中で混合することから，配送される電気エネルギーは電源を問わず均一の電気として利用され，いわゆる商品経路のトレーサビリティが機能しない。このため，特定の電源由来の電気エネルギーが利用できず，商品選択が可能な一般の消費財とは異なる特性を備えている。

　このような特性は通常の使用時には顕在化せず，電源選択に対する意志決定に直接的な影響を及ぼし得ない。従って，原子力のようにネガティブな印象を与える電源はたとえ供給全体に無視できない貢献を果たしていて

も利用への賛同が得がたい。その半面，大幅な導入を求める意見の多い新エネルギーは，既存電源と比較して供給面で規模に絶対的な格差があるほか，出力の不規則さのため配送される電気エネルギーに質的劣化の拡大を招き，国土が狭隘で自然条件も他国と異なり局地的な高密エネルギー消費地帯を抱えるわが国においては，供給に高い品質と信頼性を必要としなければならない。こうした電気エネルギーに固有な特性やわが国に特有の事情に対する国民の認識が十分ではなく，同時に説明の不足が対話の円滑化に支障を与えると言える。

(4) 電源ごとの特徴の相違から生じる関与の複雑さ

エネルギー問題に対して十分な認識を持ち電源選択に際して積極的な関与を志向したとしても，個人の行為が社会全体に与える効果は現実には微々たるものである。こうした自己努力への無効力感がいわゆる社会的ジレンマを産み，関心や賛意があっても積極的な関与（意欲）には繋がらない（高橋・中込 2004）。また，個人の意欲を具現化する手段が限られることに加え，関与の仕方が電源によって異なる。例えば，原子力の推進は国・地方自治体・事業者に委ねられており，原子力由来の電気エネルギーに限定した選択（拒否）も不可能であるため，政策容認に留まらざるを得ない。この意味で，原子力は受容型電源として位置づけられる。一方，新エネルギーは個人レベルで発電装置の導入やグリーン電力制度へ加入が可能であるため参加型電源と位置づけられるが，参加した場合には効力感は満たされるものの自身の生活水準に変化を余儀なくされ[7]，不参加の場合にも意志に反して基幹電源由来の電気エネルギーも利用せざるを得ない。

このように，主体的に活動に取り組む意欲があっても，関与行動の実効性や電源による関わり方の差異が躊躇を与える可能性がある。また，電源別の参加の可能性や程度，参加時の生活状況の変化についての説明不足が，国民の期待と関わり意欲との間に齟齬を生じると言えよう。

---

7) 省エネルギーの場合も同様に，自己努力に対する意欲は高いものの新しい機器の購入あるいは生活様式の変化以外に具体的な関与行動が存在しない上，行動した際の生活水準低下が避けられないため，自ずと意識と態度とに不一致が生じることになる。

3.2 国と国民の立場と役割

国民には個の利益を重視する消費者としての立場,政策に関与する主権者としての立場がある。これまで国は国民的合意形成を進める際に後者としての立場には注力してきたが,国民の持つ上記の二面性への対処は必ずしも適切であったとは言えない。

国と国民の位置づけと両者の役割の視点から論旨を展開するため,両者の立場の比較を 表6-1 に示す。まず,国はエネルギー政策策定およびその実行のマクロ的観点から公益を追求するとともに,エネルギーの必要性を国民に訴える立場にあり,エネルギーが国民生活の安定向上並びに国民経済の維持及び発展に不可欠であるとの見方に基づき,政策の基本方針を定めている。こうした経済・技術面での広範かつ長期に亘る全体最適化の原則の下に理解獲得を進めている。このため,発信するメッセージは包括的かつ観念的となる。一方,国民については生活の維持の見方に基づき個人の生活を主眼としたミクロ的観点を持ち,周囲からの制約を受けつつも自己の欲求の充足を主目的とする。このため,必然的にエネルギーに関する状況の把握は個別的情緒的かつ感性的となる。また,国民は個人や家族の豊かな生活を絶えず追求し,大部分の判断は「個の幸せ」の実現に準拠している。

ここでは,国が従来の取組みに際して期待してきた国民の役割と,国民が自分自身に対して抱く認識の実態とに注目し,両者の比較から意思疎通における問題点の抽出を試みる。

(1) 国の責務に基づいた合意形成

わが国のエネルギー政策は「エネルギーが国民生活の安定向上並びに国民経済の維持及び発展に不可欠であるとともに、その利用が地域及び地球の環境に大きな影響を及ぼす」との指針を明記し,特に原子力の推進には,基幹電源としての供給力の確保,核不拡散に関わる国際的枠組,先進国としての自主的な技術開発などの観点から,国家全体の発展を指向した広範かつ長期的な国の主導的役割を前提にしている。

国は国民に対する説明責任として,国の主体的な役割とその必要性を積

表6-1 ●エネルギー問題を巡る国と国民の視点

	国	国 民
視 点	エネルギー施策	個人や家族の生計
目 的	・国家の持続的発展 ・国際的地位の維持	・個人の欲求の充足 ・家族の幸せの実現
エネルギーの捉え方	国家基盤を支える公益的な資材	日常生活の豊かさを満たす消費財
問題との関係(期間)	政策の推進（中長期）	効用の享受（短中期）
行動規範	国際的な制約の下，安全保障・環境適合・経済活動の均衡の点から，国家全体の発展を指向し政策を決定する	暮らしを取りまく制約の下，消費者としての範囲で，自己の満足感の最大化を図る好ましい行動を決定する
追求事項(制約条件)	一体的利益（一元的統合性）	多様な欲求（多元的利害関係）

極的に明示することにより，国民からの信頼に基づいた政策を遂行しなければならない。しかし，エネルギー政策は複数の関係機関が各自の所掌範囲において分担されており，国の統一的な方針や見解が国民に伝わりにくい。また，実質的な推進に際しては国よりも事業者や学術団体が分担していることから国の取組みの主体性が国民に映りにくいといった問題がある。従来のPAにおいては実施主体に対する信頼が，科学技術政策においては教育と広報による知識の伝達が国民の理解と協力を促すと考えられていた。しかし，近年では技術分野と社会一般との価値基準の相違への考慮不足（Royal Society 1985）や専門家と一般の人々のリスク理解の枠組みの差異が（伊東 1995）意志疎通の齟齬につながるとの指摘がある。

(2) 国民の実態に照らした合意形成

国民は民主主義における国政の主権者として，国の政策の理解と推進への協力および評価の権利（義務）を有する。その一方で，エネルギーの需要側に位置する消費者[8]として，エネルギーという公共的な性質を持つ消費財を，自らの価値観と意志に基づき自由に使用し質の高い生活を追求す

---

[8] 国際消費者機構では消費者の権利として，生活の基本ニーズが保障される権利，安全である権利，知らされる権利，選ぶ権利，意見が反映される権利，補償を受ける権利，消費者教育を受ける権利，健全な環境の中で働き生活する権利，を挙げている。

る権利を持つ。消費者とは，経済的に合理的な判断を行うとともに，個人の生活感覚に基づき意志決定を行う存在であることにも留意しなくてはならない。

このように，国民はエネルギー問題への関与において主権者と消費者の2つの立場を合わせ持つ。国はこのような二面性を備えた国民に対し，エネルギー政策基本法に示されるように「エネルギーの需給や政策の在り方について，一人一人がエネルギー選択等を通じて関わり合いを持ち，ライフスタイルにも関連する自分自身の問題として明確に意識し，その構築と実施に積極的に参画」することを求めてきた。すなわち，主権者としての国民に対しては参加が不可能な範囲の政策への理解獲得を進める一方，消費者としての国民に対しては参加が可能な範囲への支援を要請してきたと言える。

しかし，現実には国民はエネルギー問題に関して具体的な関与の可能な機会が少ないこともあり，多くの場合，供給力の確保といった国の役割に準じた消費者として意識を形成し態度を表明していると考えられる。例えば，省エネルギーのみによる問題解決の可能性を指摘する意見，意識と態度に生じる乖離は，こうした個の視点に基づいていると解釈される（髙橋・宮沢 2002）。また，自らの利便性を犠牲にしてまで省エネルギー行動を選択する根拠は，環境への配慮と同時に節約によって得られる経済的効果のためとの指摘もある（西尾 1999）。このように，国民には電源選択を自己に直結させて考える機会の少なさに加え，主権者としての認識の薄さが電源選択，特に関与の低い原子力への意志決定を妨げていると考えられる。同時に，国が個の利益を重視する消費者を，政策に関与する主権者として国民的合意形成のプロセスを進めてきた点にも阻害の根拠を見出すことができる。

4 ｜ 合意形成のための対話と方策

上述の現状を踏まえ，今後の合意形成のあり方と達成に向けた展開の方法と求められる基本的な姿勢について考察する。また，対話の実現に向け

た方策について論じる。

4.1 合意形成のあり方

原子力を巡る国民的合意形成においては，合意形成の理想形の不明確さ，国民の合意形成への関わり方の曖昧さなどが指摘されてきた（ピケット 1999）。ここでは，前者については国家発展のための公益的施策という国に委ねられた使命と国民の多様性に配慮した民主的解決との接点をどこに見出すか，後者については政策決定過程への民意反映において双方の実態に応じた対話をいかに達成するかと解釈し，合意形成の方策の考察を進める。

(1) 民主的合意形成のあり方

民主主義を前提とした政策決定における民意反映の手続きにおいては，専門的有識層に実質上の方針決定を委ねることにより国民の意見を間接的に尊重する民主主義的エリート主義（democratic elitism）と，国民の選好を直接的に尊重して政策への積極的な取り込みを目指す熟慮的民主主義（deliberative democracy）が双対的に取り上げられる（Gooden 1993）。国家・社会の共通の目標である公益と多様な生活上の個別的欲求である私益との間の対抗関係に関し，公私二元論では捉えきれない広がりを持つに至った公共性の概念が重視されるようになり（山脇 2004），先端的科学技術の受容においても同様の指摘がなされている（藤垣 2003）。

これらを踏まえると，エネルギー問題に関しても原則的には熟慮型民主主義によるアプローチを理想とすべきである。しかしここでまず，国民のエネルギー問題への関わり方に留意する必要がある。遺伝子操作や医療が合意形成の対象となる場合，国民は自身に個人の生命や生活に直結する問題として意見や態度を形成する。一方エネルギー問題の場合は間接的な関与となるため国民には実感を伴った問題として受け止めがたく，特に原子力の場合は根本的に消費者としての立場から介入が不可能である点についてはすでに言及した。

次に，国民にはエネルギー問題が国家基盤の保持に及ぼす影響，電気エ

ネルギーに関する知識，対話に際して備えるべき評価能力が十分ではない点にも留意が必要である。また，世論の持つ危うさ（リップマン 1957）にも考慮すべきであり，現状では民意の全面的な反映が国や社会に損失を招く恐れは高いと予想される。合意形成の議論においては市民すなわち所属や権力から自立した自由な連帯と共感の中で国家統治に対する自治を担う個人が登場するものの，このような民主主義の完全な成立に不可欠な，国家の政策決定に責務を持つ対象の存在が現時点では不明確である（佐伯 1997）。

(2) 対話の概念と段階的展開

上記アプローチの着地点を考察するに際し対話の概念に注目したい。対話とは，元来卓越した見識を備える互いに識見の等しい両者が深い知慮に基づく意思疎通によって思想体系を確立する意志的行動を指し[9]，それゆえ合意を目指す対話においては相手の立場の理解に向けた相互信頼，共通目標への到達を目指す協働と譲歩の精神とともに，当事者同士が可能な限り同等の能力を具備することが要件となる。政策に反映される対話の正当性確保のためには，国民の見識が適切な段階への到達のための前提になる。

政策決定に関わる国と国民とのやり取りの段階的な整理には「市民参加の梯子モデル」があり，モデルの最上段における対話が概念上の合意形成の完成形と位置づけられる（Wiedemann and Femers 1993）。国と国民の両者の対話においては，対話の段階の適切な選定と見識の成熟度に応じた段階の引上げが望ましい。国民参加という基本方針に基づくパブリックコメント制度などの取組みは評価すべきであるものの，対話の段階的展開に照らしてみると成熟度への適合性の観点からは必ずしも相応であるとは言えない。また，国が民意をどのように集約し利用するかについて統一した見解は確立されていない点についても（村松 2001），段階的成熟を踏まえた再

[9]「対話」とは，ソフィスト（古代ギリシャの弁論家）に代表される識者とその弟子たちとの間で交わされた問答および内容を指す用語であった。本章では，意思疎通が情報伝達の手段やプロセスを指すのに対し，対話の語義を両者に共に備わる知慮の深さと目標に向かう協働の意志を含むものと捉え，理想的な姿勢の表出を意図している。

考が不可避である。

4.2　対話に求められる国と国民の姿勢

国は自らのエネルギー政策の推進という責務に照らして，国民の求める豊かさと政策との連結の重要性を明示し双方の役割分担を説明責任として詳述しつつ，国民の視点に沿った対話を実施すべきである。一方，国民は対話による解決に適した能力を備え，自ら国民と消費者の両面の立場を自覚の下に対話に参加する必要がある。以下に国と国民が備えるべき対話の姿勢と今後期待される対話のアプローチ方法について記述する。

(1)　国に求められる対話の姿勢

対話の円滑な開始のためには，可能な限り個々の生活の視点に沿った説明が必要になる。性別・年齢等の属性への配慮に加えて，国民の価値観や地域・社会特性などの生活者の論理を重視すべきである。また，生活の中でのエネルギーの存在を説明するためには，エネルギーの特性やエネルギーの効用と生活の豊かさとの関係について，発電のみならず送電についても平易な解説が必要になる。

対話の継続的な発展のためには，国民の消費者の立場と主権者の役割を踏まえて政策参加の範囲の説明を充実し，両者の役割や責任の明確な説明をもとにし理解と協力を求めるべきである。すなわち，参加可能な範囲への協力と不可能な範囲への理解との相違を明示し，国に責務が委ねられる領域については，国の政策遂行意義への説明に注力すべきである。また，意見反映により生じる生活への影響を具体的に提示することが求められる。

(2)　国民に求められる姿勢

国民には国との共同責務に課される役割を自覚し，的確な現状認識をもとに，国の提示する政策に賛否を表明する主権者として，社会のあり方や国家の発展に関して思考し判断する姿勢と能力が問われる。また，積極的な政策決定への参加意識と明確な意志決定，公的な対話の場における自主的な意志の表現や発言能力の獲得に向けた努力が必要となる。これらが，

自らの選択と生活との因果関係さらには社会や国への影響を認識しつつ，自身の信念に基づき選択に責任を持つための要件となる。

　消費者としては，個人や家族の生活の豊かさを満たし自己の欲求を基調とする立場は主張しながらも，国家の領域への関与の際の物理的・社会的な限界の存在の理解が必須となる。そのため，エネルギー消費者として各種電源のメリット・デメリットなどに対する基礎知識や現状認識を素養として保持すべきである。

(3) 国民との対話の展開

　国民との対話の概念を表す ABC アプローチを図 6-1 に示す。ここで，A は個人や家族の個人的領域，B はコミュニティなどの公共的領域，C は行政機関などの国家的領域を意味している。各領域におけるエネルギーとの関わりは，A 領域においては節約型の電化製品の選択，グリーン電力への参加，家庭内の省エネルギーとリサイクル活動，住宅向け新エネルギーシステムの導入など個人の生活範囲に関わる知識と選択がある。一方，C 領域においては国策としての電源選択に対する賛否の表明，個人の行動が及ぼす範囲を認識した上での省エネルギー活動などがある。

　従来の合意形成においては C 領域の視点を出発点としていたが，今後の対話においては，ミクロ的視点である身近な暮らし（A 領域）を出発点とし，公共的領域との相互依存（B 領域）を経由しつつ，徐々にマクロ的立場にある国益（C 領域）に拡大することにより，生活の中のエネルギーの存在や便益に対する認識の促進と政策理解の進展を図っていくことが期待される。国民の消費者としての立場は個人的領域としての自己の生活認識，主権者としての立場は国家的領域としての自己の役割認識であり，相互の領域の関係に照らして参加可能な範囲を説明することにより，国のメッセージへの理解が容易になる。また，先述の梯子モデルの昇段に伴い求められる素養や知見は，本アプローチにおいても A 領域から C 領域に移行するに従い，高度になり拡大すると解釈できる。

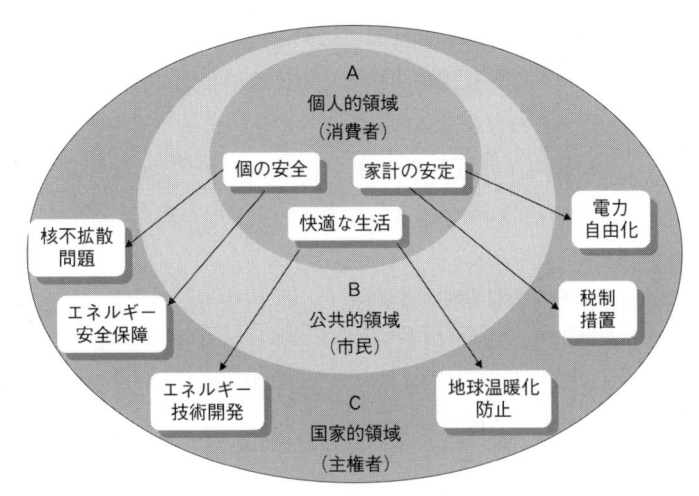

図 6-1 ●ABC アプローチの概念図

4.3 エネルギーコミュニケータの提唱

対話を困難にする背景に，国の側には，国民からの信頼の低さ，国民の消費者としての立場への働きかけしにくさ，多様な価値観を持つ国民への緊密かつ継続的に機能する専従組織の不在がある。一方，国民の側には，対話の持つ重要性と必要性の自覚機会の乏しさ，成熟の段階に応じた適切な情報の取得手段や機会の少なさなどが挙げられる。

これらを鑑みると，今後第三者による仲介的な支援が合意形成に向けた有益な対処の一つとなる。ここでは国と国民との対話の実現に効果的な役割を果たす立場として，エネルギーコミュニケータ（エネルギー科学に関わるサイエンスコミュニケータ）と称する実施主体を提唱し，意義と役割，効果的な機能を果たすための要件，養成の方策について論じる。

(1) コミュニケータの役割

コミュニケータに課せられる役割には，国への国民の意向の総括的な伝達と，国民への国の見解の的確な周知がある。前者は国の意向を個々の国民の状況や立場に沿って納得が得られるように説明し理解獲得を支援するとともに，国民に自発的な議論への参加を促し，国の視線を国民に近づけ

る機能を意味する。また，後者は国に対する民意の代弁者として活動するとともに，国民の自覚と見識を高めるために適切な助言を与えることである。コミュニケータの存在意義は双方からの信頼に基づく両者の対話の手助けにあり，最終的な評価と判断は国民自身が行うことを前提としている。従って，故意に主観を交えない，あるいは判断を強要しないなどの制限が設けられるべきである。

(2) コミュニケータの具備すべき要件

原子力を巡る対話における第三者の必要性はすでに指摘されているが[10]，ここでは上記の役割に照らして社会的制度として立場面，個人的資質として能力面からの要件を示す。

立場に関する要件

コミュニケータは，特定の利害関係を持たない独立性，一方の意見に偏向しない中立性に加えて，両者の意見を平等に受容する公平性，定常的に対話を維持する継続性を有すべきである。これらの要素は全て相互の信頼性確保に不可欠である。

国や国民と対話を交わしてきた実務者には，すでに各種諮問委員会や広聴会のメンバーへの登用実績もある消費者と産業界や行政とのパイプ役の機能を持つ消費生活アドバイザー[11]，科学的な専門知識に基づきエネルギー教育に携わるエネルギーコーディネータ，高い渉外能力を有し中立的立場から対話のサポートを担うファシリテータなどがある。将来においては，図6-2に示すように，コミュニケータがこれら実務者とシナジー効果を創生することにより，互いの機能への貢献も期待される。

能力に関する要件

コミュニケータに求められる能力は，以下の3つに集約される。

第一はエネルギー問題を取巻く政策・技術・社会・経済の幅広い素養，

---

10) 例えば原子力政策円卓会議における議論の論点（原子力政策円卓会議 1996）に「情報の透明性を上げると生データに近くなり市民にはわからない。専門的な情報と市民とを結ぶ人が必要」との指摘がある。
11) 1980年に発足した通商産業大臣の認定に基づく資格であり，消費者の視点から企業や行政への提言，消費者教育の実施などの役割を担っている。

第6章
原子力利用と合意形成

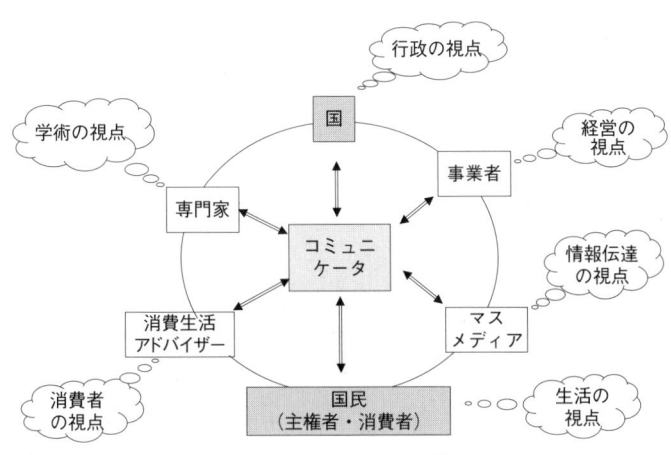

図6-2 ●コミュニケータの位置づけ

　特に，従来では学際的なアプローチが限られていた電気エネルギーや原子力・新エネルギーの知識の保持である。ただし，現実には個人への全分野の専門性の要求は不合理であるため，複数のコミュニケータが共同して対話に臨む仕組みが有効となろう。

　第二は，暮らしの中の実践的な意志決定に役立つ情報を平易な語彙や表現により説明する能力である。このためには生活感覚と数値感覚に基づき，日常生活の利便性とエネルギーの関係について数量的イメージに基づき身近な事例を交えつつ認識を促す技能が求められる。この際にライフサイクルアセスメントの概念の知見[12]が資すると考える。

　第三は，前述のABCアプローチの個人領域から国家領域まで各領域の当事者の論理を理解しつつ複眼的に対話に臨む適応力と，各領域の関係者との対話に臨む交流能力である。加えて，公共の領域と国の領域間との双方の視点の差異に配慮し，場面に応じて柔軟に対処する折衝力も求められ

12) ライフサイクルアセスメント（LCA: Life Cycle Assessment）とは，ある製品やサービスの揺りかごから墓場までの全プロセスを通して放出される物質やエネルギーが環境に及ぼす影響を定量的に評価・分析する手法である。この概念は生活の身近にある製品やサービスを出発点にするため，具体性と親近感を兼ね備えたアプローチを可能とする。また，ライフサイクル全般のエネルギーを対象とするため，間接エネルギーの存在やその重要性の認識を促す有効な手段になりうる。

る[13]。

(3) コミュニケータの養成

コミュニケータに不可欠な要素である「生活の視点」と「国と国民の役割」を習得する際に参考となる既存の学問体系の例を示す。

生活の視点に留意するには，生活を「人間の生存の帰結」として捉え，衣食住などの生活様式と個人の意志決定との関係を多面的に眺める必要がある。家庭生活の視点を携え，生活とエネルギー問題との関わりを扱う学問領域に家政学[14]があり，対話の展開において実践的感覚の醸成を進める点でコミュニケータが具備すべき視点を数多く含む。家政学の各専攻領域において扱われるエネルギーに関連する代表的な項目を表6-2に示す。家政学はまた，歴史的・風土的視点に基づく多様な人間観や生活観を重視する点でも，多様な属性や生活様式を持つ相手とのコミュニケータの意思疎通能力の養成に適している。また，女性に対するエネルギー関連の情報提供を円滑に進めるためにも家政学は有効である。

その他，国防教育に始まり政策決定上の国民の役割を当初から重視する米国のエネルギー教育の，個人生活や政治的な場での能動的態度の養成，消費者・職業教育を通じたエネルギーへの実践的関心の育成など，国民の二面的立場醸成の視点が参考になる[15]。また「エネルギー問題について多面的で的確な評価・判断ができる見識を社会の中に醸成すること」を目標に提言された「エネルギー学」（日本学術会議1999）の方針には，複数の学際領域に裏打ちされた視点，学術的客観性・中立性養成の可能性を窺うことができる[16]。

13) 電源選択の意見形成は個人の一般的な属性に加え，価値観等の社会心理学的な要因および地域性や風土等の文化人類学的な要因に影響を受けている（髙橋・中込2004b）。
14) 家政学は「家庭生活を中心とした人間生活における人と環境との相互作用について人的・物的両面から，自然・社会・人文の諸科学を基盤として研究し，生活の向上とともに人類の福祉に貢献する実践的総合科学」と定義される（日本家政学会1984）。これまで家政学では個人や家族の豊かさの充実を重視していたが，近年になり社会との相互関係への注目を深めている（今井・山口1991）。
15) ここでの記述は米国教育資源情報センター（ERIC: Educational Resources Information Center, Institute of Education Sciences of the U.S. Department of Education）所蔵文献の分析に基づいている（http://www.eric.ed.gov/）。

表 6-2　家政学に見られるエネルギー関連事項

分類	専攻領域	エネルギー関連事項
食物学	食品学	食料資源，各国の食料事情，食料経済学，食料需給と流通，食生活の変化
	栄養学	栄養所要量，エネルギー代謝，
	調理科学	食物加工，調理・貯蔵に用いるエネルギー，食品伝承
被服学	被服材料学	原料繊維，染色と加工，被服材料の性能
	被服構成学	気候調節機能，人体生理
	民族・服飾史	気候と服飾，時代と服飾
	服飾美学	デザインの時代的変遷，社会とデザイン，ライフスタイルと着装，被服行動
	被服衛生学	洗濯，衛生の保持
住居学	住居機構学	気候と住居，住環境計画(光・熱・水)，自然環境と公害，室内気候，住居の安全，健康
	住生活学	都市と農村の住居，生活暦，住意識と住居観，高齢者の住要求，生活行為と住様式
	生活機器設備学	給排水設備，暖冷房，換気設備，電気設備，高齢者用設備，家事用品
	住居管理学	住居の維持管理，住生活の管理，住居形態，コミュニティ計画，住宅事情
家庭経営学	家庭経済学	家計構造，生活設計，消費者問題
	家庭管理学	ライフサイクルと生活の質，家事様式の変化，家事労働，生活時間，余暇，職業と家庭
	家族関係学	夫婦の家事分業，高齢者世帯の特徴，育児の問題，衣食住との関係

5　おわりに

原子力を巡る合意形成の国民的レベルへの移行の動向を踏まえて，国と国民との意思疎通に潜む問題点を抽出し，その対処のための要件として，

---

16)「現実の利害を背景に種々提案されるエネルギー問題の解決策の評価に学術としての客観性，中立性を与え（中略）エネルギー問題に関する重要な意志決定において，客観的で透明性のある科学的論拠を与えること」を唱えている．

国の果たすべき役割の意義の強調，国民の立場を踏まえた生活からの視点，対話の段階的展開によるアプローチ等に留意することの重要性を指摘した。また，実践的な対話のためにコミュニケータの導入の有効性を示し，その具備すべき要件と資質ならび養成に参考となる学問体系の事例を掲げた。

　原子力は，わが国において国民規模の合意形成が最初に求められた分野のひとつであり，この意味で国策に関する国民との対話の歴史の原点に当初から位置してきた。今後も国民的合意形成の対象の中でも極めて高い難度を持つ課題であることに変わりはないであろう。エネルギー需給の特徴は各国に固有であり，それぞれの国民性や風土，地政的・歴史的事情に照らして独自のエネルギー政策が進められるため各国の電源選択の状況は一様ではない。諸外国のエネルギー政策がわが国の世論形成にしばしば無視できない影響を与えるが，わが国は大部分のエネルギーを輸入に頼る島嶼である特徴を踏まえ，独自の国民的議論に基づき高い技術力を有する先進国として相応しい選択を行うことが望ましい。

　このような中で国と国民は長期的展望に立ち，互いの英知を集結し協調し合い，着実に相互の隔たりを縮めながら共有すべき理念を見出し，実現可能な解決案を探りかつ実践に移していかなければならない。政策決定過程への民意反映やコミュニケータ活用の具体化については，今後，時間をかけて掘り下げるべき課題として残されるものの，その達成には多くの当事者の粘り強い努力と相互の緊密な協力が不可欠である。エネルギー政策の目標は国家や社会の繁栄を求めると同時に，国民が私個人の幸福を満たすことにある。こうした難題への挑戦は，次世代の発展のために現世代に課せられた喫緊の使命である。

[髙橋玲子]

参考文献

(社)エネルギー・情報工学研究会議（2002）『エネルギー・原子力に関する世論調査と国際比較』。

藤垣裕子（2003）『専門知と公共性——科学技術社会論の構築に向けて』東京大学出版会。
原子力委員会（2000）『原子力の研究，開発及び利用に関する長期計画』。
原子力委員会（2001）『市民参加懇談会の設置について』。
原子力政策円卓会議（1996）『原子力政策円卓会議における議論の論点』
Goodin, R. E. (1993) Democracy, preferences and paternalism, *Policy Science* 26: 229-247.
飯田哲也（1998）「対話へ，原子力モラトリアムを」『エネルギーレビュー』1998年11月号，pp.11-13.
今井光映・山口久子（1991）『生活学としての家政学』有斐閣。
稲葉秀三（監修）（1977）『パブリックアクセプタンス——原子力立地の課題と方策』日本電気協会。
伊東慶四郎（1995）「原子力の社会的受容——その歴史的変容とリスク・ベネフィット」『エネルギー資源』第16巻第6号，pp.1-8.
科学技術庁・通商産業省（1996）『原子力政策に関する国民的合意の形成を目指して』。
W.リップマン（1957）『公共の哲学』（矢部貞治訳）時事通信社。
森岡清美・塩原勉・本間康平（編）（1993）『新社会学辞典』有斐閣。
村松岐夫（2001）『行政学教科書（第2版）——現代行政の政治分析』有斐閣。
日本学術会議社会・産業・エネルギー研究連絡委員会（1999）『21世紀を展望したエネルギーに係る研究開発・教育について』
日本家政学会（編）（1984）『家政学将来構想』光生館。
西尾チヅル（1999）『エコロジカル・マーケティングの構図——環境共生の戦略と実践』有斐閣。
佐伯啓思（1997）『市民とは誰か——戦後民主主義を問いなおす』PHP新書。
資源エネルギー庁公益事業部（編）（2001）『原子力コミュニケーション——新しい原子力広報を目指して』。
傍島眞（1999）『原子力受容問題の論点』日本原子力研究所報告，99-011号。
総理府広報室（1999）『エネルギーに関する世論調査』。
総理府広報室（2001）『地球温暖化防止とライフスタイルに関する世論調査』。
大谷聡一郎・中野晃一郎（1999）「社会構造の変化と民生用エネルギー消費」『エネルギー経済』第25巻第7号，pp.37-52.
大山耕輔（2002）『エネルギー・ガバナンスの行政学』慶応義塾大学出版会。
Royal Society (1985), *The Public Understanding of Science*.
スーザン・ピケット（1999）「原子力ムラの壁を越えて——合意形成プロセスの日米比較」『エネルギーフォーラム』1999年2月号，32-36頁。
髙橋玲子・宮沢龍雄（2002）「エネルギー選択態度形成に関する研究」『社会情報学研究』第6号，pp.29-38.
髙橋玲子・中込良廣（2004a）「仮想評価法による人々の電源選好意識の把握」『日本原子力学会和文論文誌』第3巻第1号，pp.51-58.
髙橋玲子・中込良廣（2004b）「エネルギー問題に対して人々が抱く意識の分析—立地地域と都市地域における比較」『日本原子力学会和文論文誌』第3巻第3号，pp.298-306.
Wiedemann, I. and Femers, S. (1993) Public participation in waste management decision making: Analysis and management of conflicts, *Journal of Hazardous Materials* 33: pp.355-368.
山脇直司（2004）『公共哲学とは何か』ちくま新書。

第7章

原子力発電所立地と地域振興

1 問題の所在

1.1 エネルギー政策と地域

　エネルギー政策学の中で「地域」がどのような位置づけにあるのかという問題について研究者の間で必ずしもコンセンサスが得られているわけではない。わが国のエネルギーの需要地域とは日本全国ということになろうし、電気事業者にとって需要地域は原則として広域圏に及ぶ電力消費地域である。他方、供給地域とは、発電所の立地地域であり電力生産地域という特定地域である。水力、火力、原子力といった電源が何であれ、供給地域とは、特定の地域である。

　さらに問題を複雑にしているのは、特定地域に関与するそれぞれの経済主体の目的が異なることにある。地域の行政組織である県や市町村の目的は、地方自治法に「住民の福祉の増進を図ることを基本として、地域における行政を自主的かつ総合的に実施する役割を広く担うものとする」(同法第1条の2)と定められている。エネルギー政策への関与の度合いも国と比べ相対的に低い。他方、民間事業主体として電力供給を担う電気事業者にとっては、供給義務を果たす(「電気事業法」第18条)ことが課せられ、安定供給という公益性が要求される。安定供給を果たしながら同時に立地地域との共生を図ることが求められる。ではどちらが優先されるかと

いえば，安定供給を果たすことであろう。安定供給は目的であり，地域との共生はそれを実現するための一手段である。最近では，電気事業者に対し競争原理の導入による低価格化要求が強まっている。こうした中で，電気事業者の現場は，特定の地域と日々接している。地域との関係は避けて通れない問題である。

国のエネルギー政策を企画立案し，実行する行政組織である国の場合には，電気事業者を監督する立場にあり，国家政策としてのエネルギー政策と地域の問題との間でどのように整合性を図るかが重要となる。

また，これまでの中央政府と地方政府との関係が大きく見直されようとしていることも地域問題を複雑にしている。地方分権という名の下に国の地方に対する関与の度合いが狭まり，地方が自己責任のもとに自らの判断で意思決定することが地方分権の趣旨であるが，地方分権という大きな流れと国家戦略に関わるエネルギー政策との整合性が大きな課題である。最終処分場をはじめとした多くの問題の根底には，こうした地方分権との整合性を欠いたことに起因する問題がある。

さらに，自由主義経済における行政の役割は，民間の経済主体の役割をサポートするにとどまる。むろん，民間の経済活動が弱い場合には，第三セクターという形で，行政自らが経済活動のプレイヤーとして参加することは可能である。しかし多くの第三セクターが経営危機に陥るのは，地域経済を担うという錦の御旗を重視するあまり，市場経済下で存続し続けるための株式会社として当然の意思決定を先送りし続けることが理由である場合が多い。

1.2 原子力政策と地方財政

原子力発電所立地による経済効果を評価することは意外に難しい。投資規模が大きく，初期投資だけでなく定期検査や補修等に伴うランニングコストも大きい。また自動化，省力化にも限界があることから，一定の高度な技能・技術を保有する労働力も必要とされることなど経済効果が期待される。しかし，製造業の工場に比べ雇用効果が乏しいとか，原子力特有の

反対運動の存在といった問題に対する政策対応として，「電源三法」と言われる3つの法律が制定され，発電所の立地・建設がスムーズに行なわれることを国が支援するスキームが確立し，今日に至っている[1]。

大規模発電所の立地する地域の多くはいわゆる条件不利地域にあり，県庁所在都市等の都市化の恩恵を受ける機会の乏しかった地域が多い。しかし，そうした条件不利地域の厳しい財政を支えてきたのが地方交付税制度である。地方交付税といっても特定の税源に課されるわけではない。自治体間の財源不均衡を調整し，日本国のどこに住んでいても一定の行政サービスが受けられるよう財政基盤の弱い自治体に対して財源を保障するため，「地方の固有財源」として，国が地方に代わって徴収した地方税と位置づけられている。具体的には，国税として国が徴収した所得税・酒税の32％，法人税の35.8％，消費税の29.5％，たばこ税の25％を合算したものを原資として「特別会計」に繰り入れられ，このうち94％が普通交付税として財源不足の自治体に一般財源として配分され，残り6％が特別交付税として災害復旧等特別の行政需要に充当される。

普通交付税の額の決定は，測定単位あたりの費用に，人口，面積等の測定単位を乗じ，さらに自然条件社会条件等の違いによる財政需要の差を反映させるために補正係数を乗じたものを累計した基準財政需要額から標準的財政収入を差し引いた財源不足額が交付基準額となる。ところが，景気の低迷と国の財政難を背景に地方交付税総額そのものが減少し，自主財源の基盤の弱い地方の自治体財政ほど地方交付税削減の影響を直接被るようになった。

発電所の立地する市町村に対しては，電源三法による交付金が交付されたり，固定資産税収入という市町村が自らの判断で自由に使える自主財源が増えたりするが，発電所とは無縁の市町村に対しては地方交付税という国からの財政支援があったために，大規模発電所を受け入れた市町村とそ

---

1) 昭和49年に制定された「電源開発促進税法」「電源開発促進対策特別会計法」「発電用施設周辺地域整備法」を総称し「電源三法」と通称されている。消費者の利益を立地地域に還元することが主たる目的である。

うでない市町村との間に極端な違いが生まれないという状況が長年続いてきた。こうした状況にドラスティックな変化をもたらしたのが，いわゆる「三位一体改革」であり，その象徴的な出来事が平成の大合併である。したがって本章では，平成の大合併に際し大規模発電所立地市町村がどのような選択をしたのかを中心に考察する。

2 地域振興の一般理論

　グローバル経済といわれ，国際的な経済のつながりは強まっているが，国家を単位とする経済が基本であることには大きな変化はない。現実に国境があり，関税等のさまざまな障壁がある以上は，経済活動に国境というものを意識せざるをえない。これまで，規制を排除することで急成長を遂げてきた米国の投資銀行の多くが，サブプライムローンを端緒とする金融破綻を背景に消滅したことから，金融政策もまた規制強化の方向に動くことは確実であろう。

　これに対し国内の地域経済にとって行政区画が経済活動上の制約になることは稀である。つまり，地域経済を特徴づけるものは，この開放性である。同時にこのことは，裏を返すと，経済取引が容易に域外に流れ，統計上の漏れが生じやすいということでもある。地域経済を集計したものが国民経済であるが，統計上誤差が生ずる最大の理由は，地域経済の特徴が開放性にあるからである。この開放性という特徴は，同時に「乗数効果」と呼ばれる経済効果の点でも大きな漏れを生じさせることになる。地域の産業が必ずしもフルセット揃ったバランスのとれた産業構造でないため，域内で充足できないものは域外からの移入に依存せざるをえないからである。こうした乗数理論にもとづく経済効果は，地域の範囲をより広域化すれば確実に高めることができる。つまり，付加価値率を一定とすれば，域内所得化率や域内資材自給率の高い地域ほど地域乗数は高いことになる。

　地域経済学の教科書では，国民経済の大きさを測る尺度が国内総生産（GDP）であるのと同様，地域経済の大きさを測る尺度は，県内総生産であり，市町村民所得である。これらは地域経済が一定期間に生み出した付

加価値の合計であり、フローの経済活動の規模をあらわす尺度である。これらが増えることが地域経済の成長である。地域の経済は、域外（海外も含む）との財貨やサービスの取引、資本取引、所得移転を通じて内外経済の影響を受け、あるいは些かではあるが内外経済を支えている。

とりわけ、財貨やサービスの地域間取引（海外取引も含む）を通じての移輸出・移輸入は重要である。移輸出は基本的に域内の生産活動を高め、域外からの所得をもたらし、高付加価値化を伴うと域内産業高度化へとつながる。ただし、域内の産業集積が乏しく原材料や生産機材といった中間投入を域外からの移輸入に依存している場合には、移輸出を増大するための生産活動が移輸入を拡大することになり、経済効果は乏しい。

また、移輸入に依存していた製品を域内製品に代替できるなら、域内製品の需要を増やし、域外への所得流出を減少させるという効果をもたらす。こうした移出移入概念から地域経済振興を考えると、①域内で移輸出力の高い産業、②域外居住者からの所得を期待できる交流や観光産業、③将来の成長性が見込まれるリーディング産業——を戦略的に育成することが地域産業政策の基本である。

資本取引では、資本流入のフロー面では建設産業等への需要が発生し、ストック面では直接投資による社会資本が形成される。域外からの投資は、地域産業の資金供給源として重要な役割を果たすことが期待されるが、投資が域外の経済主体の意思に左右され、得られた利潤の多くは域外に流出しがちであることから批判的見解も多い。しかし、長期的には地域の経済発展、所得の向上につながる可能性がある。

最後に所得移転は、中央政府から地方政府への財政支出といった所得移転が、地域経済にとって大きなウェートを占めていた。とりわけ経済基盤の脆弱な条件不利地域の経済ほど移転所得への依存度が高かった。具体的には、地方交付税や各種の補助金の他、社会保障制度の拠出と給付もまた移転所得である。政府間の所得移転の他、家計間、企業間、企業内の本支店間の所得移転がある。

さらに、都市機能や企業の経営管理機能といった中枢管理機能は、無形

のサービスであり地域経済に影響する重要な要因である。

　国民経済の GDP に相当する県民所得なり市町村民所得が経済活動水準を示す一つの指標ではあるが，市町村における個人の所得水準とは別である。例えば，青森県内の市町村を例にすると，一人当たり市町村民所得は六ヶ所村が3270千円と最も高い。八戸市2482千円，青森市2318千円，全県では2184千円である。いうまでもなく，核燃料サイクル施設という高付加価値産業が六ヶ所村の一人当たり村民所得を引き上げている。地域経済分析は，こうした統計上のマジックともいうべき制約を踏まえた上での分析でなければならない。

3 大規模発電所の立地に伴うインパクト

　大規模発電所の建設から運転にいたる直接的なメリットとしては，以下のようなものがある。

　第一には，用地補償，漁業補償のほか，地域協力金がある。利害関係者に対する経済的補償が基本である。しかし，地域協力金は純粋な経済活動というより何らかの配慮が優先され，寄付としての性格が強いことから，その水準の客観的合理性などをめぐる批判もある。補償金の多くは，個人の一時所得として貯蓄なり消費にまわされ，直接投資に活用される例は少ないものと思われる。

　第二は電源三法による交付金がある。発電所の運転期間ばかりでなく建設前段階から交付されるなど，電源立地促進のための政策である。欧米にはこうした制度は見当たらない。その財源は電源開発促進法により，電気事業者が販売した電気に課された電源開発促進税である。つまり電気の消費者が消費電力に応じて負担した税を電源立地地域に還元する制度である。電力の生産地である道県や市町村に対する消費地からの支援制度という性格を有する。こうした世界に例を見ない日本独特の立地地域支援が電源立地に少なからぬ効果をもたらしたことは確かであろう。

　第三は，発電所建設に伴う新規需要の創出である。大規模発電所を建設する事業主体の多くは，大都市圏に本社を置く大企業であることから，新

規需要の多くは，当該立地地域よりも全国的な景気浮揚効果を伴うといってよいほど広域的な経済効果をもたらす。こうした経済効果は立地市町村単独で捉えるよりも，広域で捉える方がより明確に現れる。しかし，立地市町村への経済効果がないわけではない。資材や物品購入に際しての地元業者への優先発注といった政策的配慮が少なくないからである。

第四は，発電所の運転開始後の経済効果として，保守・定期点検活動に伴うものがある。定期点検に要するメーカー等の作業員が一定期間宿泊を伴うことから，民宿や飲食店への消費支出がある。

第五は，構内軽作業や警備業務さらに社員食堂といった周辺業務の地元受注がある。受注のため商工会等の主導により事業協同組合を設立する例もある。

第六は，固定資産税等自治体財政収入の増大である。自治体財政にとって地方税という自由度の高い一般財源が増えることは，地域の実態にあった行政サービスの提供を可能にするものである。また，県レベルでは法定外課税として核燃料等を新たな課税対象とし，新規の財源とするのは，県にとって独自の財源としての期待が大きいからである。

第七は，電気料金の割引制度がある。これを一般住民向けにする，あるいは企業誘致の呼び水とするなど政策選択が可能である。

このようなプロセスを経て，地域の雇用機会・所得機会を増やし，地域の経済活動水準を向上させ，あわせて強固な自治体財政基盤を背景に，生活環境，福祉サービス，医療サービス等を向上させ，総合的な結果として人口定住につなげることが期待される。こうしたシナリオを実現する上で不可欠なのが，適切な財政計画と財政運営である。交付金や地方税収が増えるからといって未来永劫続くわけではない。財政に余力があるうちに地域経済自立の仕組みを構築することであろう。

これらの経済効果のシナリオを総合すると，本来の経済活動に伴う経済効果以外に，国ならびに電気事業者による政策的配慮に依存する部分とがあることに気づかれるだろう。その配慮の中には電源三法交付金制度として制度的に約束されたスキームばかりでなく，地元業者による事業協同組

合への発注や弁当・給食・クリーニングサービスにいたるまでさまざまなレベルで電気事業者による政策的配慮がなされている。こうした政策的配慮は，海外には見られない日本独特の施策なだけにさまざまな立場からの批判がある。事業者による配慮は，電気事業の自由化という競争原理強化の中で今後も聖域であり続けるのであろうか。政策的配慮が本当に地域全体の声として原子力発電所との共生にプラスになっているのであれば事業者として合理性があるといえるだろう[2]。

この他，自治体財政上，自由度の高い予算が豊富にあるからといって，有効な政策が選択されるとは限らない。しかし，ハコモノが多いと批判することは容易であるが，立地点の多くの自治体は，社会資本整備が後回しにされてきた地域である。既に社会資本整備を終えたといっても過言ではない大都市圏の論理からの批判はあたらないであろう。

特筆すべきは，これまで産業基盤の整備策として行われてきたことが，必ずしも目覚しい成果につながっていないことである。その最大の理由は，地域の基盤産業である第一次産業そのものが疲弊しているからであり，また，基盤整備の内容が先行する他産地の後追いで，整備により圧倒的に優位に立てるような内容でもなかったことも指摘できる。

最後に指摘すべきは，市町村財政への寄与という最も確実な経済効果が単に役場職員を優遇するだけのものであるとしたら厳しい批判にさらされることになろう。豊かな財政が対住民への行政サービス向上につながっているのかどうかを検証する必要がある。

4 統計データによる検証

4.1 統計指標の選択

大規模発電所は，地域の自然環境ばかりでなく，人口，経済，地域社会

---

2) 発電所と地域振興についての海外の分析については次の文献がある。
Lewis, P. (1986) The economic impact of the operation and closure of a nuclear power station. *Regional Studies* 20(5): 425-432.
Glasson, J., van Der Wee, D. and Barrett, B. (1988) A local income and employment multiplier analysis of a proposed nuclear power station development at Hinkley Point in Somerset, *Urban Studies* 25: 248-261.

等広範な領域へのインパクトをもたらす。しかし、それらの変化が日本全体の構造変化であるのか、大規模発電所の立地に伴う地域固有の変化であるのかを明確に峻別することは容易ではない。

本章では、統計精度を考慮し、国勢調査による人口統計と商業統計による年間販売額、それに市町村財政指標の3つの指標を選択した。

人口の自然増減は、年齢構成と出生行動に依存するのに対し、人口の社会増減は経済活動を中心とした諸要因の総合的結果としてもたらされる。例えば、生活環境の改善による利便性の向上、産業基盤の強化による所得の増大や就業機会の拡大、行財政基盤の強化による住民サービスの充実等の総合的な結果と評価できる。ただし、大規模発電所立地市町村の場合には、住宅供給が可能なだけの平坦地が乏しいことが人口増加のネックとなっている場合も少なくない。

商業統計は、経済活動を示す指標としては必ずしも適切ではない。しかし、立地市町村の多くは工業生産額が少ないし、農林水産統計は自家消費分や市場外流通をほとんど捕捉していないことから、残された指定統計が商業統計であるという消極的理由による選択である。とはいえ、今全国の地域商業をとりまく環境は厳しい。

市町村財政指標は、総務省が市町村財政を客観的にあらわすために用いられる。なかでも、財政力指数は、基準財政収入額を基準財政需要額で除した数値の3年移動平均値で算出され、財政力指数が高いほど財源に余裕があるといえる。

この他、本来であれば農林水産統計を分析対象とすべきであろうが、一次産業の振興は、単純な量的拡大ではない。その形態は多様である。例えば、大規模発電所の立地が、安定兼業の機会を増やすことになると、統計上は第二種兼業農家を増やすことになる。同様に農家の息子等家族の一員が発電所に勤務するだけで、統計上は第二種兼業農家としてカウントされる。特産品開発に成果を上げた地域もあるが、他の作物の生産の落ち込みなどによりかき消され農林統計上は際立った数値としてあらわれることはない。また、農家民宿や農家レストラン、直売所といったグリーンツーリ

ズム関連統計も元気な農村の指標としては有効であるが，既存の農林統計とは別立てであり，大規模発電所立地前後の時系列比較に耐えられる統計データではない。

同様に水産業においても，漁業補償を機にリタイアする漁業者もいれば，新造船に期待する漁業者もいる。フグなどの高級魚の養殖で成果をあげているところもあれば遊魚民宿で成果をあげている所もある。また，道路網の整備により交流人口を増やした例や活魚を売り物に観光客を増やす例もあるが，いずれも水産統計として捕捉される事はなく，水産業ではなく水産関連産業を活性化することになる。

つまり，わが国の農林水産業全体が疲弊し，地域経済を支える基幹産業でありながら地域経済を支えるだけの力を欠いた状態にある。もちろん，個別の成功事例がないわけではないが，それらの多くが時系列統計として捕捉されることは少ない。

また，今回対象としたのは，表7-1で示す11道県19市町村にある大規模発電所である。この他，茨城県と青森県があるが，茨城県の場合は試験研究機関の立地に歴史をもっていること，青森県は大規模発電所立地の歴史が浅いことから分析対象から除外した。

4.2 一般的な知見

今日の地方経済は，地方中枢都市といわれる地方ブロックの中心となる都市への集中が続いている。また，府県レベルでも県庁所在都市への集中が全国的な現象となっている。東京一極集中と同じことが地方ブロックレベルや府県レベルでも起こっている。この結果，人口10万人未満の地方都市の疲弊が著しい。

大規模発電所立地市町村の多くは，大都市部から離れ，諸々の条件に不利な地域が多い。県庁所在地に隣接しているのは，島根県鹿島町だけであったが，平成の大合併により鹿島町は松江市となっている。所在市町村が市であったのは，柏崎市（新潟県），敦賀市（福井県），川内市（鹿児島県）の3市であったが，市町村合併により島根県鹿島町は松江市，静岡県

表7-1 分析の対象（11道県19市町村）

原子力発電所立地地区	人　口（人）
北海道・泊　村	2185
宮城県・女川町	10723
福島県・楢葉町	8188
福島県・富岡町	15910
福島県・大熊町	10992
福島県・双葉町	7170
福島県・広野町	5533
新潟県・柏崎市	94648*
新潟県・刈羽村	4806
石川県・志賀町	23790*
福井県・敦賀市	68402
福井県・美浜町	11023
福井県・高浜町	11630
福井県・おおい町	9217*
静岡県・御前崎市	35272*
島根県・松江市	196603*
愛媛県・伊方町	12095*
佐賀県・玄海町	6738
鹿児島県・薩摩川内市	102370*

注：人口数は2005年国勢調査による。
　＊は市町村合併後の新市町村人口である。

浜岡町は御前崎市，鹿児島県川内市は薩摩川内市となり，5市となった。人口規模は松江市（196千人），薩摩川内市（102千人），柏崎市（95千人），敦賀市（68千人），御前崎市（35千人）の順である（2005年国勢調査人口）。

　こうした大規模発電所立地市町村の置かれた位置ポテンシャルとその地域の経済活動水準が，経済効果に影響を及ぼす基本的な要因と考えられる。

　大規模発電所と所在市町村との関係について，一般的な傾向として以下の知見を指摘できる（表7-2参照）。

　第一は，発電所の基数がインパクトの強弱を決める最大要因となっていることである。4基以上の発電所が集中する福島県，新潟県，福井県，静岡県については力強い成果が認められる。例外は，佐賀県玄海町であるが，1号2号の出力が56.6万kWと小規模だったことと，初期に建設されたため電源三法の恩典が少なかったことの2点が考えられる。

4基未満は，北海道泊，宮城県女川，石川県志賀，愛媛県伊方，島根県鹿島，鹿児島県薩摩川内である。これらの多くは一定の効果が認められるものの力強さを欠く。つまり，経済効果が一過性にとどまり，持続力が弱い。例外は鹿児島県薩摩川内市である。鹿児島県第二の都市として商業や製造業で一定の集積がある。原子力発電所は2基であるが，火力発電所と合わせると4基の大規模発電所が立地していることになる。

　発電所の基数が多いと，定期検査需要を平準化することが可能であり，発電所建設が終了し運転開始後，安定的な地域需要が創出される。これに対応したある種の産業集積が形成されることになる。

　第二は，いずれの所在市町村にも共通しているインパクトとして，所在市町村財政への貢献が顕著であることを指摘できる。税収拡大効果は，相対的に財政規模の小さい市町村ほど顕著で，財政力指数は急上昇する。財政力指数が1を超えることで地方交付税の不交付団体となり，国の財政に依存しない自立的な財政基盤を確立したことになる。問題は，その将来性である。税収が豊かだからといってその状態が未来永劫に続くわけではない。いずれ確実に減額が予測される。税収は正確な予測が可能なだけに財政計画を策定し，財政余力があるうちに地域経済基盤を強化し，自立の仕組みを構築する必要がある。

　第三は商業統計からの知見である。経済環境の変化と同時に流通産業の構造変化は地域商業にとって深刻な事態をもたらしている。しかしながら全国的な構造変化が進む中で，立地市町村の多くがむしろ一定の成果を上げているといえる。これは，発電所関連受注のために設立された事業協同組合の活動の成果と考えられる。まさに，電気事業者による政策的配慮の成果といえる。

　この他，地域商業同様，第一次産業の不振による経済的基盤の脆弱さも，本来の経済効果を弱めている。とりわけ雇用の観点からすると，高齢化の進行が，より生産性の高い第一次産業構築のネックとなっている。4基以上の立地市町村では，第一次産業の減少を第二次・第三次産業の増大でカバーしている。

第 7 章
原子力発電所立地と地域振興

表 7-2 ●大規模発電所と経済効果（総括表）

	基数	人口効果果	商業効	財政効果
泊（北海道）	2	−	±	+
女川（宮城県）	3	−	±	+
福島第一・第二（福島県）	10(4)	+	+	+
柏崎刈羽（新潟県）	7	+	±	+
浜岡（静岡県）	4	+	+	+
志賀（石川県）	1	−	+	+
美浜・高浜・大飯・敦賀（福井県）	13	+	+	+
島根（島根県）	2	±	−	+
伊方（愛媛県）	3	−	−	+
玄海（佐賀県）	4	±	+	+
川内（鹿児島県）	2(2)	+	±	+

凡例
　＋：効果が認められている
　±：周辺地域とほぼ同水準あるいはわずかな効果
　−：効果が認められない
　（ ）：同一市町村もしくは隣接市町村の大型火力発電所の基
　　　　数（詳細は，『エネルギー政策研究』Vol.2, No.1
　　　　（2003年8月）参照）

　最大の問題は，立地市町村の経済が自立的な発展径路に乗っていないことである。大型発電所の立地は，地域経済発展の起爆剤として期待が大きい。しかし，所在市町村の多くは自立的発展径路に乗っているわけではない。この問題については後述する。

4.3　総合効果を表す市町村合併

　平成11年3月時点で全国に670市1994町568村，計3232あった市町村数は，平成20年9月時点で783市811町193村，計1787市町村に減少した。これがいわゆる「平成の大合併」である。多くの市町村が合併を選択したのは，これまでのように地方交付税には頼れないことを自覚した上での苦渋の選択であった。その背景には，国と地方の債務が国家予算の10倍にものぼっているという厳しい財政状況がある。地方交付税は地方固有の財源という国会答弁だけが根拠となっていた。事実，地方交付税総額は平成12年度の21兆4000億円をピークに毎年のように減少し平成19年度は15兆2000億円である。これまでのように国には頼れないという危機感が，合併推進の

最大の推進力となっていた。

　これと対照的だったのが，多くの立地市町村である。立地市町村の多くは全国的な市町村合併の動きとは無縁といっても言いすぎではなかった。表7-3に見るように，従来通りの単独路線を選択したのは12町村であった。この他，今回の分析対象ではないが，茨城県東海村，青森県六ヶ所村，青森県東通村も単独路線を選択した村である。合併を受け入れることで町の名前が消えたのは，島根県の県庁所在地松江市と隣接している鹿島町と，御前崎町と合併した浜岡町の2例だけである。残り5市町は合併を選択したが，いずれも新市名や新町名にそのまま旧市名や旧町名が採用されていることから，財政基盤の弱い周辺町村を引き受けるだけの十分な財政基盤にある合併であったことを物語っている。多くの場合，県の指導なり誘導に抗しきれず周辺町村を引き受けさせられた事例といえる。しかも，旧町名をそのまま合併後の新町名に採用していることがこうした合併をめぐる旧市町村間の力関係を表している。唯一の例外は御前崎市という隣接町名を新市名に採用した旧浜岡町である。旧浜岡町は旧御前崎町より人口規模が大きいにもかかわらず，旧町名へのこだわりを捨て，御前崎市となった。「御前崎」という地名の全国的知名度の高さを地域ブランド作りに利用できるという大人の判断をしたものと考えられる。

5 │ 産業振興の重要性と成果の方向

　結論から言えば，大規模発電所の立地に伴う経済効果としては一定の成果が認められる。むしろ，経済環境が激変する中で健闘しているものと評価できる。しかし，その効果が政策的配慮による部分が大きいとしたら，持続可能性のある効果とはいえない。また，自立的経済発展の径路にも乗っているわけではない。経済成長があれば地域経済は十分だという考え方もあるだろう。しかし，地域経済にとって経済発展は本当に不要なのだろうか。この問いかけは，大規模発電所立地市町村だけでなく，わが国の地域振興そのものが大きな壁に直面していることを象徴している。

　日本が先進国にキャッチアップする段階までは，経済発展（economic de-

表7-3　平成の大合併への対応

単独路線型　12町村		
泊村（北海道）	富岡町（福島県）	敦賀市（福井県）
女川町（宮城県）	大熊町（福島県）	美浜町（福井県）
広野町（福島県）	双葉町（福島県）	高浜町（福井県）
楢葉町（福島県）	刈羽村（新潟県）	玄海町（佐賀県）

周辺併合型　6市町
柏崎市＝柏崎市＋高柳町＋西山町（新潟県）
志賀町＝志賀町＋富来町（石川県）
おおい町＝大飯町＋名田庄村（福井県）
御前崎市＝浜岡町＋御前崎町（静岡県）
伊方町＝伊方町＋瀬戸町＋三崎町（愛媛県）
薩摩川内市＝川内市＋樋脇町＋入来町＋東郷町＋祁答院町＋里村＋上甑村＋下甑村＋鹿島村（鹿児島県）

吸収型　1町
松江市＝鹿島町＋松江市＋島根町＋美保関町＋八雲町＋玉湯町＋宍道町＋八束町（島根県）

velopment）とは工業化（industrialization）を意味していた。したがって，地域振興（regional development）とは，地域が工業化することを意味していた。しかし，今日これほどまでに高度工業化した経済社会においても，工業集積が乏しい地域における地域振興とは工業化を意味するのかどうかという根源にかかわる問題がある。あるいは工業化の先を見据えた新産業化が何であるのかが見えない。工業化の先にある産業像が見えないのである。地方分権による地域間競争の時代といわれ結果への責任が問われる時代でありながら，地方が将来の地域産業ビジョンを描けず，したがって明確な地域産業政策を打ち出せずにいるというのが今日の地域経済の現状である。つまり，立地地域だけが産業高度化の困難に直面しているわけではない。

各市町村には立派な振興計画がある。フリーハンドで工場誘致ビジョンを描くことは容易である。しかし，それがグローバルな競争力を持続できるのかどうかという現実的なビジョンか否かが鍵なのである。

言い換えれば，問題の本質は，肝心の地域振興の哲学が失われていることにある。哲学を欠いた地域経済ビジョンは空疎である。

今，財政再建団体として全国から注目される夕張市も，平成元年度「活力あるまちづくり自治大臣表彰」を受賞していた。地域づくりの大臣表彰といってもその程度の水準である。努力を評価するという程度の理由で次々大臣表彰が乱発されているが，それらの経済効果は乏しい。それに比べると，多くの立地点の地方公共団体は，財政危機とは無縁であるし，めざましい経済発展はなかったかもしれないが，一定の経済成長は実現できた。現状程度で満足しているとする声も市町村にないわけではない。しかし，問題は，その現状維持はいつまで持続可能性があるのかという問題が根底にある。

国に依存しない自立的発展を実現する上で，ネックとなった要因は以下のようなものが考えられる。

第一は，地域の基幹産業である第一次産業の不振である。当該市町村固有の問題ではなく，日本全国に共通する構造的な問題である。

第二は，従来の産業基盤整備において競争力強化という視点を欠いていたことである。第一次産業が不振だからといってすべてが一律的に不振なわけでなないし，本体は不振でもその周辺で急成長を遂げている例もある。競争力強化の戦略を欠いていたことこそが過去の問題として重視すべきであろう。

第三は人材不足である。必要とされる労働需給のミスマッチがある。大都市圏からは批判されるが，現状の地域の産業構造からすれば，公共事業は地域でお金の循環する数少ないプロジェクトといえる。

第四は，可住地面積の少なさも，定住の障害となっている。結婚等新世帯形成を機に周辺地域に居住を移す例も少なくない。

これらの諸要因は，過去の成果に目覚しい理由として外部環境だけでなく地域の内部にも問題があることを示唆している。こうした諸問題を踏まえ，今後の方向性を検討しよう。

6 今後の展望

そもそも「発展」とは何か？　速水佑次郎は，「発展（development）と

は、かかる経済変数の数量的な拡大と関連して生じる社会の組織、制度、文化など非数量的な変化をも含む過程を表現する言葉として使われることが多い」とし、「経済発展の分析には、成長分析に加えて、経済成長によって引き起こされる社会的・文化的変化と、これら非経済的要因が経済成長に与える影響とを、両面にわたって探求しなければならない」としている[3]。

つまり、「成長」が量的拡大を意味するのと対照的に「発展」は質的変化を伴う。そこには、付加価値の高い産業にシフトすることの含意が基本にあろう。

では、コーリン・クラークやW.W. ロストウが主張したような、第一次産業から第二次産業、第二次産業から第三次産業へ、さらには離陸を経て高度大衆消費社会へと産業構造の変化が発展であろうか。コーリン・クラークが注目したのは産業間における比較生産性（相対所得）の違いであった。産業間の比較生産性には依然として大きな格差があることは変わっていない[4]。

では、第二次産業が経済社会を支えていた工業化社会に、第一次産業は不要だったろうか。そうではなかった。では、工業化社会とは、いかなる時代であったのか。そこでは標準化・規格化するという製造業を支配していた価値規範があらゆる産業を席巻した経済社会であったと考えられる。つまり多くの一次産品までもが標準化・規格化されることで効率的な流通の仕組みを実現した。第三次産業であるサービス産業や外食産業においても標準化・規格化することで効率的経営を実現することに成功した。

では、将来の高度産業社会はどういう社会か？「持続可能性」とか「再生可能エネルギー」とか、「高度情報社会」といった多くのキーワードや主張がある。将来の産業社会が何であれ、その産業社会が共通して支配される価値規範を求めることが鍵となろう。仮にそれが「情報」という

---

3) 速水佑次郎（1995）『開発経済学』創文社、p.4.
4) C.クラーク著、大川・小原・高橋・山田訳編（1953-55）『経済進歩の諸条件』（原著第二版訳）全2冊、勁草書房。

キーワードに関連したとすると，そこにおける第一次産業をも支配する価値規範は何かである。第一次産業の観点からは，標準化・規格化で排除されていた産品を活用する仕組みであるのかもしれないし，サービス産業の観点からは，行き過ぎた標準化・規格化の弊害を克服するようなサービス原理かもしれない。そうした価値規範が産業を超えて共通する価値規範となったときが「新高度産業社会」が明確に名づけられるときなのであろう。

こうした産業展望を踏まえると，産業間の比較生産性の違いはあるが，産業内での比較優位性をどのように打ち出すかに重点を置く必要があろう。つまり第一次産業内で圧倒的優位に立てる競争力強化の視点が不可欠である。このことが従来の産業基盤整備施策に欠けていた点であったことは，すでに再三指摘したとおりである。

競争優位に立つ産業戦略が重要である。とりわけ地域の基幹産業である第一次産業の戦略を構築できる人材の育成と確保が求められる。とはいえ，人材育成には時間がかかり成果が見えにくい。例えば青森県東通村では，小学校と中学校の一貫教育や，複数の指導者による英語教育などユニークな取組みを始めている。こうした取組みも戦略的指向によるものである。

多くの立地市町村は高齢者福祉や医療を充実しているが，地域の将来にとっては若い子育て世代を増やす施策と同時に雇用の場を提供するための産業政策にも同時に取り組む必要があろう。

また，過疎地のハンディを逆手に，新規事業創出空間としての立地市町村も構想されるべきであろう。情報通信技術の進歩と低コスト化により，新規ビジネスを孵化する場として魅力もあろう。そうしたプロジェクトのスジの良し悪しを見抜く力量さえあれば，潤沢な地方財政基盤という優位性を活かすことができる。

これまで，大規模発電所立地市町村に対しては，世界にも稀な支援策が取られて来た。一方，立地しない市町村に対しては，地方交付税が交付され一般財源として自由に使うことができたため，両者に目立った違いはな

かった。今日では,国の財政事情により地方交付税制度が厳しいことから,電源三法による交付金の有効性は高まるであろう。しかし,地方分権下で国と地方との新しい関係が模索されつつある中で,立地市町村が自主財源の豊かさだけを根拠に現状の行政の仕組みを将来にわたって維持することが可能であろうか。時間の経過とともに減少する固定資産税を従来の仕組みでは地方交付税によりカバーしてきたが,今後はそのカバー分は大きく削減されかねない事態も予想される。

　本章で紹介した,立地市町村の「平成の大合併」への対応は,一見自立への強固な意思表示と受け取れるが,変化への対応の弱さとも受け取ることができる。もしそこに,原子力という国策に協力してあげているという国への甘えにも似た意識が立地市町村にあるとしたら,自立への道はさらに遠のくことになろう。行政コスト削減と同時に,いたずらに行政需要を膨らませないように努め,適切な財政計画と財政運営が今まで以上に求められている。

[山本恭逸]

参考文献

Armstrong, H., and Taylor, J. (1985) *Regional Economics and Policy*. Philip Alan; 大野喜久之輔監訳(1991)『地域振興の経済学』晃洋書房。
安東誠一(1986)『地方の経済学』日本経済新聞社。
長谷川秀男(1998)『地域産業政策』日本経済評論社。
林宜嗣(1995)『地方分権の経済学』日本評論社。
林宜嗣(1997)『財政危機の経済学』日本評論社。
林宜嗣(1999)『地方財政』有斐閣。
伊藤善市(1965)『国土開発の経済学』春秋社。
伊藤善市(1991)『地域開発と21世紀の国づくり』有斐閣。
伊藤善市(1993)『地域活性化の戦略』有斐閣。
石倉洋子・藤田昌久・前田昇・金井一頼・山崎朗(2003)『日本の産業クラスター戦略』有斐閣。
Krugman, Paul (1991) *Geography and Trade*. The MIT Press; 北村行伸,高橋亘,妹尾美起訳(1994)『脱「国境」の経済学』東洋経済新報社。
Krugman, Paul (1995) *Development, Geography and Economic Theory*. The MIT Press; 高中公男訳(1999)『経済発展と産業立地の理論』文眞堂。
中村良平,田淵隆俊(1996)『都市と地域の経済学』有斐閣。
Porter, M.E., (1998) *On Competition*. Harvard Business School Publishing; 竹内弘高訳(1999)『競

争戦略論（I・II）』ダイヤモンド社。
坂下昇（1996）『地域経済論講義ノート』流通経済大学。
笹生仁（2000）『エネルギー・自然・地域社会：戦後エネルギー地域政策の一史的考察』ERC出版。
笹生仁編著（1985）『地域と原子力』実業公報社。
下河辺淳（1994）『戦後国土計画への証言』日本経済評論社。
通商産業省資源エネルギー庁公益事業部開発課編（1985）『電源三法ハンドブック』財団法人電源地域振興センター。
矢田俊文編（1990）『地域構造の理論』ミネルヴァ書房。
矢田俊文（1999）『21世紀の国土構造と国土政策：21世紀の国土のグランドデザイン・考』大明堂。
渡部行（2007）『「青森・東通」と原子力との共栄：世界一の原子力平和利用センターの出現』東洋経済新報社。

第 8 章

放射性廃棄物の処分
社会的受容に向けての技術開発,制度設計のあり方

1 はじめに

　一般に発電過程においては,燃料からエネルギーを取り出した後に廃棄物が発生するが,原子力発電の場合に発生するのは放射性廃棄物である。そこには極めて長い期間毒性を有する放射性核種が含まれることから,その最終処分について,将来世代にわたりリスクにさらされることへの強い懸念が一般公衆から示されることが少なくない。原子力発電に内在するリスクについては,客観的に評価されるリスクの大きさと一般公衆が抱く恐怖心との間に大きな乖離があり,限りなく小さいとはいえ将来世代を大惨事に巻き込む可能性があることを踏まえれば,政策決定者はおよそ考えられ得る最も慎重な態度でリスク管理に臨む必要があることが指摘されている(足立 2003)。放射性廃棄物を最終処分するに際しての難しさは,処分そのものの技術的な不確実性の問題とあわせ,社会的,倫理的側面についての一般公衆の関心,懸念にどれだけ応えることができるかにあるといってよい。

　放射性廃棄物の最終処分については,平成17年10月に閣議決定された原子力政策大綱において,「原子力の便益を享受した現世代は,これに伴い発生した放射性廃棄物の安全な処理・処分への取組に全力を尽くす責務を,未来世代に対して有している」との基本的な認識が示されているが,

放射性廃棄物がもたらすリスクから人類を守るための合理的な処分方法の必要性は，原子力開発利用の初期段階から指摘され，処分技術の確立を図るための取り組みが進められてきた。

原子力施設において発生する放射性廃棄物のうち，放射能レベルの低い液体状のものについてはろ過・濃縮の処理，気体状のものについてはフィルタによる処理あるいは減衰のための貯蔵を経て，法令に規定される基準値を下回ることを確保した上で環境中に放出されており，それ以外の固体状及び濃縮された液体状の放射性廃棄物は，放射性核種の漏出を長期にわたり回避・遅延するためのバリア機能も考慮し，適切な固化材を用いるなどして容器に固型化され，地中に埋設処分[1]される。

我が国の主要原子力施設における放射性廃棄物の保管量を表8-1に示すが，このうち，原子力発電所で発生する低レベル放射性廃棄物（以下「発電所廃棄物」）であって放射能レベルの比較的低いものについては，青森県六ヶ所村の日本原燃（株）低レベル放射性廃棄物埋設センターにおいて平成4年12月より埋設処分が実施されており，平成20年12月末現在で約20.4万本のドラム缶が埋設されている。しかしながら，その他の放射性廃棄物については，日本原燃（株）が同センターでの埋設を検討している放射能レベルの比較的高い発電所廃棄物（制御棒，炉内構造物やコンクリート，使用済みの樹脂などを含む）など一部を除いて，処分事業の具体化の見通しが立っていない状況である[2]。

放射性廃棄物の中でも，その最終処分について近年特に注目を集めてい

1）我が国は，1955年から1969年までの間にRI廃棄物を日本周辺の海域に投棄したが，その後の「廃棄物その他の投棄による海洋汚染の防止に関する条約」（通称ロンドン条約）改定の検討状況（低レベル放射性廃棄物投棄の一時停止を含む）や旧ソ連・ロシアによる日本海への海洋投棄に対する国内外の批判の高まりなどを踏まえ，1993年に原子力委員会は，低レベル放射性廃棄物の処分方針として海洋投棄は選択肢としない旨の決定を行った。
2）原子力施設の廃止措置に伴って発生する放射性廃棄物（コンクリート，金属等）のうち，放射能レベルの極めて低いものについては，旧日本原子力研究所（現日本原子力研究開発機構）の動力試験炉（JPDR）の解体により生じた廃棄物が埋設実地試験として研究所敷地内にトレンチ処分された実績があり，日本原子力発電（株）の東海発電所についても同様の措置が計画されている。また，放射性廃棄物として扱う必要がない放射能レベルのものについては，「クリアランス制度」（放射能濃度基準値以下であることを確認したものをリサイクルしたり，処分することができる制度）が導入されている。

第 8 章
放射性廃棄物の処分

表 8-1 ●わが国の主要原子力施設における放射性廃棄物の保管状況

分　類		主な発生場所	保管状況	処分方法
低レベル放射性廃棄物	発電所廃棄物	原子力発電所	全国の原子力発電所内の貯蔵施設に200ℓドラム缶換算で約60万本（平成20年3月末現在）。	[比較的レベルの高いもの] ・余裕深度処分（例えば50〜100m程度） [比較的レベルの低いもの] ・浅地中処分（コンクリートピット処分） [極めて低いレベルのもの] ・浅地中処分（トレンチ処分）
	長半減期低発熱放射性廃棄物	再処理施設，MOX燃料加工施設	日本原子力研究開発機構において200ℓドラム缶換算で約12万5,000本，日本原燃（株）再処理施設内に約2万本（平成20年3月末現在）。	含まれる放射性物質の濃度に応じて区分し，コンクリートピット処分，余裕深度処分，地層処分
	ウラン廃棄物	ウラン濃縮施設，ウラン燃料成型加工施設	200ℓドラム缶換算で，民間のウラン燃料成型加工事業者等に約4万7,200本，日本原燃（株）に約4,500本，日本原子力研究開発機構に約5万本（平成20年3月末現在）。	含まれる放射性物質の濃度に応じて区分し，トレンチ処分，コンクリートピット処分，余裕深度処分，地層処分
	研究施設等廃棄物	RI使用施設，核燃料物質使用施設，試験研究炉	日本原子力研究開発機構に約35万本，（社）日本アイソトープ協会に約12万本，その他の事業者の保管分もあわせて約55万本（平成20年3月末現在）。	含まれる放射性物質の濃度に応じて区分し，トレンチ処分，コンクリートピット処分等
高レベル放射性廃棄物（ガラス固化体）		再処理施設	・日本原子力研究開発機構にガラス固化体が247本，日本原燃（株）高レベル放射性廃棄物貯蔵管理センターに1,417本（平成20年12月末現在）。 ・今後，英仏両国より合計約2,200本が返還される予定。	地層処分

平成20年版原子力白書，総合資源エネルギー調査会原子力安全・保安部会廃棄物安全小委員会報告書「放射性廃棄物の地層処分に係る安全規制制度のあり方について」(2006)を基に筆者が作成。

るのが高レベル放射性廃棄物（High-Level Radioactive Waste。以下「HLW」）である。HLW処分については，計画的かつ確実に実施するために2000年6月に「特定放射性廃棄物の最終処分に関する法律」（以下「最終処分法」）が制定され[3]，これに基づき同年10月には処分実施主体である原子力発電

---

[3] 2007年6月に成立した「特定放射性廃棄物の最終処分に関する法律等の一部を改正する法律案」により，最終処分の対象として長半減期低発熱放射性廃棄物のうち地層処分が必要なものも追加された。

環境整備機構(以下「整備機構」)が設立された。整備機構は,2002年12月から全国の市町村を対象として HLW 処分施設の設置可能性を調査する地域の公募を行っているところである。

このように HLW 処分を実施するための制度・体制は整備されてきているが,HLW 処分施設に対する一般公衆の拒否反応は厳しく,整備機構による調査対象地域の公募に関しては,関心を有する自治体はあるものの,住民あるいは周辺自治体等の感情への配慮から調査受け入れの意志表明は難しい状況[4]であり,調査実施の目処は立っていない。

以上のような HLW 処分に対する一般公衆の拒否反応は,我が国だけでなく他の原子力発電を推進する国においてもこれまで経験されているものであるが,これらの国々において,HLW 処分に関する社会的受容を図るための従来の取り組みは,必ずしも効果的なものであったとは言えない面がある。OECD/NEA は,同機関の放射性廃棄物管理委員会のメンバー国に対するアンケートの結果から、各国に共通して見られる状況として,一般公衆に伝えられるべきと認識されている情報が安全性や必要性など従来と変わらず非常に基礎的なものであることを指摘しており,これまでの情報提供活動の効果に疑問を投げかけている(OECD/NEA 1999a)。この指摘は,HLW 処分の社会的受容を目指した取り組みのあり方を新たな視点で捉える必要があることを示唆している。

その新しい視点とは,一般公衆を HLW 処分に関する意思決定の結果の受け手として捉えるのではなく,意思決定の主体として捉えるものであろう。HLW 処分政策の形成,推進において,どのように一般公衆を位置づけ,その価値判断を組み込むかという問題が内部化されなければならない。言い換えれば,社会の受け止め方に基本的な視点を置き、処分技術やその利用を支える制度を構築・改善する努力が求められているものと考えられる。

---

4)最近の動向としては,2007年1月に高知県東洋町の当時の町長が一旦応募したが,反対活動の活発化により民意を問うために町長が同年4月に辞職。同月に町長選挙が行われて反対派の新町長が誕生し,応募は撤回された。さらに翌月には,放射性廃棄物の持ち込み拒否に関する条例が制定された。

それでは，このような価値判断の問題を内部化した政策形成，推進プロセスとはどのようなものであろうか。HLW処分の技術的，制度的側面に関するこれまでの政策検討においては，社会の関心を個別課題に関する検討に反映しようとする努力は見られる。しかしながら，技術開発や制度設計に携わる専門家が，社会の価値観，問題意識を十分に理解して，最善のオプションを社会とともに考えるための体系的な取り組みは，必ずしも十分に行われているとは言えない。

本章では，放射性廃棄物の最終処分の社会的側面を考察する題材として，以上のような課題を抱えるHLW処分事業を取り上げ，それに関わる国内外の技術的，政策的動向の整理・分析に基づき，技術開発，制度設計において一般公衆の価値判断の問題を内部化し，社会的受容性の向上を図るためのアプローチについて考察する。

2 処分技術の社会適合性向上を誘導する枠組み

HLWは，放射能濃度が高く，^{237}Np（半減期：214万年）に代表されるような半減期の極めて長い核種を含むことから，その処分については，将来世代に対して悪影響が及ぶのを防ぎ，また，処分に係る負担を強いることがないよう，宇宙処分，氷床処分，海洋底処分，地層処分，長寿命核種の分離変換といった様々な方法が国際的に検討されてきた。このような検討の結果，地層処分が最も適切な処分方法とされている。

我が国のHLW処分実施に関する基本的な政策については，1998年に原子力委員会高レベル放射性廃棄物処分懇談会が報告書「高レベル放射性廃棄物処分に向けての基本的考え方について」（以下「処分懇報告書」）をとりまとめた。処分懇報告書は，事業資金の確保や実施主体の設立，処分地の段階的選定など処分事業の具体化のための取り組みについての基本的考え方や検討すべき点に関して提言を行っており，最終処分法に規定されている処分地選定手順，整備機構の設立，最終処分費用の拠出などは，この提言に基づくものとなっている。

HLW処分の社会的受容性を考える上で，HLW処分のリスク（処分施設

の安全保護機能が何らかの原因で失われ，あるいは想定された通りに発揮されないことから被害が生じるリスク）が許容される範囲内に確実に抑えられるものとなっていることについての一般公衆の認知，すなわち安全性に関する社会的認知が重要な課題となっている。例えば田中は，関東地域の成年男女を対象としたアンケート調査に基づく研究から，HLW 処分施設立地に対する賛否に直接結びつく心理的要因はリスク認知であることを指摘している。また，処分施設が自分の住む地域のすぐ近くに建設されることについては，ほとんどの者が危険だと考えており，さらに原子力発電所立地に対するリスク認知の研究との比較において，処分技術の確立度や処分施設立地の安全性について，一般公衆はより否定的な認識を示すことを明らかにしている（田中 1998）。

HLW 処分技術に関して，処分懇報告書は，国民の理解や信頼を得るためには専門家の間での技術的議論だけでは解決できず，社会的受容の観点から議論すべき課題（例えば，処分の安全対策上の措置とその期間，処分坑道埋め戻し後の主坑の維持期間，主坑埋め戻し（地上との隔離）後のモニタリング）が存在することを指摘している。

HLW 処分技術の有り様が社会の価値観にどの程度合致したものと認知されているかを，処分技術の「社会適合性」と呼ぶとすれば，今日、処分技術の社会適合性を向上させるためにその開発利用主体による体系的な取り組みが求められているのではないだろうか。

処分技術の社会適合性に関する議論においては，法令に基づく規制要件や開発利用主体が自主的に定める工学的要件を満たすことを通じた安全確保は，最も重要な課題ではあるが，その視点だけで問題解決の方向が見出されるわけではない。ここで論ずる社会適合性の向上とは，このような安全確保のための万全の取り組みを前提として，さらに処分技術に対する信頼を獲得するために，技術的観点を超えた対応が求められる課題について，できる限り社会の価値観に合致した解決策を見出すことを目指すものである。

原子力技術の利用に関する社会的受容のための制度的枠組みに関して

は，倉田らが，原子力事業者に対する信頼確保の方策として，「法令の遵守はもちろんのこと，単にこれにとどまらず，原子力技術の利用における安全性の維持，向上を図るための真摯な努力」が当然のこととして実施されるためのシステム（安全マネジメントシステム）を持ち，現にこれを適切に実施していることを原子力事業者以外の外部に証明する枠組みを，ISO14001に示される考え方の適用により構築することの有効性を論じている（倉田・神田2001，第3章参照）。

倉田らの研究は，組織が自らの行動を社会の価値観に合致したものとするための行動規範，行動目標を設定して，その遵守を社会に対して約束するとともに，Plan（方針，目標，計画），Do（実施，運用），Check（点検，評価），Action（見直し，是正）のサイクル（いわゆるPDCAサイクル）をベースとしてその約束を実行するための体系化されたプロセスを組織内に整備することにより，自らの行動を継続的に改善する能力を確立し，さらにその改善を確実に実施していることを外部に対して証明する枠組みが，当該組織に対する信頼やその行動に対する安心の度合いを高めるうえで有効に機能し得ることを示している。

HLW処分技術に関しても，その開発利用主体が，社会に対して積極的にインプットを求め，それにできる限り応えようとする真摯な姿勢を示すことによって社会的信頼を確保するとともに，そのような努力の結果として処分技術を社会の価値観に合致したものとすることが重要であり，上記の考え方を処分技術の社会適合性向上のための取り組みに適用することが有益と考えられる。

開発利用主体の組織内のマネジメントシステム（これを「社会適合性マネジメントシステム」と呼ぶこととする）の具体的な内容は，ISO14001をモデルとすれば次のようになる。まず，Planの段階については，処分技術に関して，選択肢の決定が社会の価値観に大きな影響を受けると考えられる技術要素（本章ではこれを「社会要素」と呼ぶ）を抽出する。この作業には，HLW処分に対する一般公衆の懸念・関心事項の総合的な把握・分析を行い，それを処分技術の個別要素と関連付けることが含まれる。そうし

て抽出された社会要素が社会の価値観に照らしてどうあるべきかを検討する。この過程を通じて浮き彫りにされた，処分技術に対する社会の期待に応えるための基本的な姿勢を方針とするとともに，個別の社会要素に関する条件の遵守を目標として表わす。さらに，個別の目標を達成するための手順，スケジュールを示す計画が作成されるが，これには，社会要素に関するオプションを整理・公表して選択を社会の判断に委ねる場合にその時期や方法を示すことも含まれる。上記の方針，目標，計画の策定に当たっては，例えば、安全評価の信頼性に対する懸念から多重バリアシステムが予測された性能を発揮しているかについて十分な確信を得るために，地下施設の維持可能な期間をできる限り長くすることが要求される場合が想定される。このように，社会の関心への対応と経済性や安全性の追求との間にトレードオフの関係が生じることも考えられることから，社会の要求に応えるための最善の選択肢をどのように決定するかについて慎重に検討することが必要となる。

Do の段階では，社会要素の開発利用について，策定された方針，目標，計画に基づいて実行する。Check の段階においては，社会要素の開発利用の具体的内容について，各種メディアを用いた情報提供やアンケート，対話集会など様々な形態でのコミュニケーションを通じて一般公衆の反応を確認し，そのあり方が社会の期待に応えるものとなっているか否かを分析・評価する。この段階では、処分技術に対する一般公衆の認識，意見を確実に理解しようとする社会に開かれた姿勢が求められる。さらに，Action の段階において，上記の分析・評価の結果に基づき社会要素の開発利用のあり方を改善する。

以上述べた，処分技術の社会適合性向上を目指した自己改善が継続的に実施されるよう誘導する枠組みを模式的に図 8-1 に示す。

3 カナダの先駆的事例

主要な原子力発電推進国の中で，カナダは HLW 処分について他国に見られないアプローチを採ってきた経験を持つ。それは，HLW 処分概念が

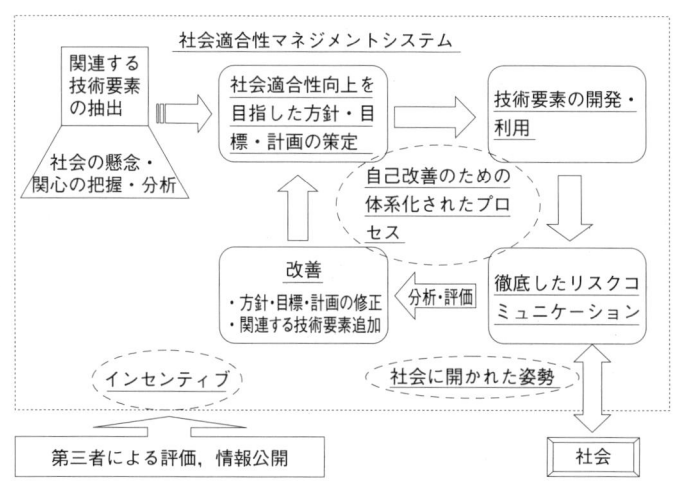

図 8-1 ● HLW処分技術に関する社会適合性の向上を誘導する枠組み

社会的に受け入れられるまでサイト選定は行わないというものである。この方針に基づき，1980年代から90年代にかけて，サイトを特定せずに開発された仮想の処分概念についての環境影響評価が行われ，それに対する公的な審査が行われた[5]。このカナダにおける処分概念に係る環境アセスメント審査プロセス（Environmental Assessment and Review Process。以下「EARP[6]」）は，前節で述べた処分技術の社会適合性向上を誘導する枠組みに関して重要な示唆を与えるものであり，以下にその分析を行う。

5）本文中に後述するように，この審査プロセスの結果，AECLの処分概念は，社会的受容性の観点から受け入れられないものとの判断が下された。これを受けて，2002年に核燃料廃棄物法（Nuclear Fuel Waste Act）が施行され，新たな実施主体として核燃料廃棄物管理機構（Nuclear Waste Management Organization）が設立されて処分アプローチの再検討が実施されることとなった。核燃料廃棄物管理機構は，2005年11月に処分アプローチとして適応性のある段階的管理（Adaptive Phased Management）を提案し，カナダ政府は2007年6月にこれを受け入れる旨表明した。
6）カナダにおいては，1992年に連邦環境アセスメント法（Environmental Assessment Act）が制定されたが，核燃料廃棄物処分概念についての審査プロセスはそれ以前から行われていたことから，引き続き，ガイドライン命令が適用された。

3.1 カナダの HLW 処分概念に係る EARP の概要

カナダは使用済燃料を再処理しない政策を採っているが、HLW については、使用済燃料又は再処理に伴い発生する HLW を総称して「核燃料廃棄物 (nuclear fuel waste)」としている。1978年に連邦・オンタリオ州両政府は、核燃料廃棄物の安全かつ恒久的な処分のために「核燃料廃棄物管理プログラム」を発表し、これに基づいて、カナダ原子力公社 (Atomic Energy of Canada Ltd. 以下「AECL」) が核燃料廃棄物のカナダ楯状地深成岩中への深地層処分についての研究開発を、オンタリオ・ハイドロ社 (当時) が中間貯蔵及び輸送についての研究開発を進めることとなった。

1981年、処分概念が社会的に受け入れられるまでサイト選定は行わないという方針が、連邦・オンタリオ州両政府の共同声明で示された。この方針に基づき、処分概念の構築とその環境影響の評価を行うプログラムが開始された。

このプログラムの中心となるのが、1973年の閣議決定により導入され、1984年に環境省法に基づくガイドライン命令として制定された EARP である。

EARP は、以下の 2 段階に分かれる。

① スクリーニング段階

　予備的なアセスメントが行われ、主務官庁は事業により重大な悪影響があるか、または事業が一般公衆の関心事となるかを調査し、これが肯定されると主務大臣が環境大臣に付託を行い、次の段階に移る。

② パネル審査段階

　政府から独立した環境アセスメント審査パネル (以下「パネル」) が事業ごとに設置される。パネルは、まず環境影響評価で検討すべき内容と環境影響評価声明書 (Environmental Impact Statement。以下「EIS」) についてのガイドラインを定め、EIS が事業の提案者によって提出された後は、公聴会等を経て勧告を報告書の形でとりまとめる。

主務大臣は、当該事業に係る許可、免許等の際に、パネルの勧告を考慮し、その受け入れについて環境大臣と協議することとされている。

第 8 章
放射性廃棄物の処分

表 8-2 ● AECL の EIS に対して環境アセスメント審査パネルが設定した判断基準

1. 社会的受容性
・幅広い国民の支持があること
・技術的, 社会的な観点から安全であること
・倫理的, 社会的観点からの健全な評価の枠組みにおいて開発されたものであること
・先住民の支持を得ること
・リスク, コスト, 利益について代替案と比較して選ばれたものであること
・恒常的 (stable) な公衆から信頼される推進主体により開発され, 公衆から信頼される規制主体により監督されること

2. 安全性
・適切な規制要件への適合性を実証していること
・完全でありかつ公衆参加型のシナリオ分析に基づいていること
・現実の事象にあったデータやモデル, ナチュラル・アナログを用いていること
・健全な科学と実践 (sound science and good practices) に基づいたものであること
・柔軟性があること
・実施可能であることを実証していること
・ピアレビューと国際的な知見を総合したものであること

出典：*Environmental Assessment Panel* 1998.

　AECL は, 仮想の核燃料廃棄物処分システムを対象として人間の健康や自然環境, 社会・経済に及ぼす影響を評価した EIS を 1994 年にパネルへ提出した (Atomic Energy of Canada Ltd. 1994)。その結論としては,
　○提案された処分概念は現在利用できる, あるいは容易に達成できる技術で実施可能である
　○技術的に適切な処分サイトがカナダに存在する見通しがある
ことから, この処分概念の実施によりカナダでの核燃料廃棄物の安全な処分が可能であるとし, 処分概念実施の第一歩であるサイト選定作業に着手するよう提案した。
　AECL から EIS が提出されたのを受けて, パネルはその審査を開始し, 専門家, 政府機関等による審査 (1994〜95 年), 公聴会 (1996〜97 年) を経て, 1998 年 3 月に報告書を連邦政府に提出した (Environmental Assessment Panel 1998)。パネルは、この審査において安全性 (safety) と社会的受容性 (acceptability) に関して表 8-2 に示される判断基準を設け, AECL の提案す

る処分概念が社会的に受け入れられるものか否かについて評価を行った。パネルがとりまとめた審査結果は以下の通りである。

① AECL の処分概念の安全性については，技術的な観点（technical perspective）からは，概念開発の段階であることを踏まえれば総体としては（on balance）十分に実証されているが，社会的な観点（social perspective）からは実証されているとは言えない。

② AECL の処分概念は，現状のままでは幅広い社会の支持を得ていることは実証されておらず，カナダの核燃料廃棄物処分のアプローチとして採用されるために必要な社会的受容性のレベルに達していない。

この審査結果に基づき，パネルは、電力会社や AECL から距離をおいた処分事業全体に責任を負う新しい核燃料廃棄物管理機構（Nuclear Fuel Waste Management Agency）の設立をはじめとする勧告をとりまとめた。パネルの報告書の提出を受けて，カナダ政府は，1998年12月，核燃料廃棄物管理機構の設立を含めてパネル勧告のほとんどを受け入れた形の対応方針を発表した。

3.2 カナダの事例が与える示唆

以上述べた AECL の処分概念に係る EARP に関して，社会適合性向上のための営みとして注目される点は以下の通りである。

まず，AECL が EIS を作成するにあたって，核燃料廃棄物処分の技術的側面のみならず社会的側面についての考慮が要求されたことである。これは，パネルの委任事項において社会的受容性の評価が明確に位置づけられ，さらに EIS 作成に関するガイドラインにおいて，「倫理的，道徳的見地が科学的，技術的，経済的な考慮と同等に重要であり，科学面，技術面，経済面についての比較的狭い，焦点が絞られた考慮が，もっと広い倫理的，道徳的，社会的な文脈の中でどのように見なされるのか検討されなければならない」と定められたことに基づいている。これによって，処分概念の構築に社会の価値観を組み込む強いインセンティブが生じたと言える。

表 8-3 ● AECL の EIS で提案されている核燃料廃棄物処分実施のための倫理的枠組み

1．安全性及び環境の保護（Safety and Environmental Protection）
　処分事業の実施主体は，適用されるすべての法令の要求を満たすとともに，社会的，経済的要因を考慮しつつ処分事業のもたらす負の影響を合理的に達成できる最も低いものに抑える。
2．自発性（Voluntarism）
　いかなる地域社会も処分場の受け入れを強制されることはなく，地域社会は受け入れ地となるか否かを決定する権利を有する。
3．共同の意思決定（Shared Decision Making）
　処分場を受け入れる地域社会（あるいはその可能性のある地域社会）は，協議によって意思決定に参加する。また，実施主体は，その他の処分事業に影響を受ける地域社会（個人，グループ，自治体）の意見を求め，それに対応する。
4．公開性（Openness）
　実施主体は，処分事業全般にわたって，計画，手続き，活動とその進捗状況について公衆に情報を提供する。また，潜在的に影響を受ける地域社会は，安全性や環境保護について自ら判断するために必要となるすべての情報を入手する。そのような情報の範囲やそれを提供する仕組みについては，地域社会と共同で定められる。
5．公平性（Fairness）
　処分場を受け入れる地域社会は，原子力による電力の消費者，ひいては公衆全体に大きなサービスを提供することとなるため，処分場受け入れに伴い地域社会にもたらされる正味の利益もそれに相当する大きなものとなるべきである。

出典：Atomic Energy of Canada Ltd. 1994.

　上記の要求を受けて，AECL は，様々な公衆参加プログラムや文献調査，世論調査等を通じて核燃料廃棄物処分についての一般公衆の懸念，関心事項を洗い出すとともに，リスク認知の分析や倫理面の考察などＨＬＷ処分に対する社会の受け止め方について総合的な検討を行い，その成果をデータベース化して，処分概念の実施に必要な倫理的枠組み（EIS において提案されている倫理的枠組みを表 8-3 に示す）の構築や処分概念の技術的検討に反映していった（Greber et al. 1994）。
　特に，リスク認知の分析については，AECL は，処分事業のリスクについての一般公衆の認知の度合いが技術的なリスク評価を行う専門家のそれと大きく異なる現象，いわゆるリスク認知のギャップが処分事業の受け入れに対する障壁となっていることに注目し，公衆のリスク認知に影響を与える社会学的，心理学的因子についての分析を行い，そのギャップを埋め

表 8-4 処分概念あるいはその実施における対策が提案されている一般公衆のリスク認知への影響因子

影響因子	リスク認知への影響	処分概念あるいはその実施における主な対策
自発性（Voluntarism）	自発的に受け入れたリスクよりも押し付けられたリスクに対して懸念が増大	・意思決定における公衆参加，合意形成活動（自発性の原則*）
制御可能性（Controllability）	リスクにさらされることに対する制御或いはそれに関連する意思決定に対する関与が制限されている場合に懸念が増大	・自発性の原則 ・施設の建設，操業についての意志決定への地域社会の関与（共同の意思決定の原則*） ・地域社会による判断を可能とするための情報提供（公開性の原則*）
可逆性（Reversibility）	潜在的に不可逆の有害な影響をもたらす活動に対して懸念が増大	・処分場操業中あるいは閉鎖後の長期モニタリングの実施 ・段階的な処分実施計画
公平性（Equity and Fairness）	ある活動に伴うリスク或いはその生み出す利益が公平に分配されていない場合に懸念が増大	・公平性の原則* ・自発性の原則
利益（Benefit）	リスクを生じる活動のもたらす利益が不明確である，あるいは疑問視される場合に懸念が増大	・処分場受け入れに伴う利益（例えば処分場立地の経済効果）の明確な提示
信頼（Trust in Institutions）	リスク管理に責任をもつ機関が信頼できないと感じる場合に懸念が増大	・安全性及び環境の保護*，自発性，共同の意志決定，公開性，公平性の原則
精通度（Familiarity）	リスクの原因となる活動或いはプロセスに通じていない場合に懸念が増大	・実証処分の実施や地下研究所の見学などを通じた処分の安全性への理解促進
科学的不確かさ（Scientific Uncertainty）	リスク或いはそれにさらされるメカニズムが科学的に十分解明されていない，あるいは論争の的となっている場合に懸念が増大	・ナチュラル・アナログなど地質学的な事例を用いた安全評価についての説明 ・緊急時対応計画の策定やモニタリングの実施
破滅的事態の可能性（Catastrophic Potential）	頻度は高いが一度に少数の死しかもたらさない事象よりも，頻度は少ないが多数の死をもたらす事象に対して懸念が増大	・地域社会との信頼関係の確立とそれを基礎とした処分システムのリスクに関するコミュニケーション

注 1：Greber et al. (1994) においては，上表に掲げられているもの以外の影響因子であるリスクの原因（Origin），事故の経験（Accident History），マスメディアの注目度（Media Attention），個人の価値観（Personal Values），原子力のリスクへの恐怖心（Dread），個人への影響に対する関心（Personal Stake），子孫への影響（Impact on Children）などは，処分概念を通して対策を講じるのが不可能あるいは極めて困難なものとされている。
注 2：＊印については，表 8-3 参照。
出典：Greber et al. (1994) を基に筆者が作成。

る方法を検討した。この検討の結果，一般公衆のリスク認知へ影響する最も重要なものとして，自発性（voluntarism）や制御可能性（controllability）をはじめとする18因子を挙げるとともに、一般公衆は、処分事業のリスクに対して専門家と全く異なるアプローチを用いて評価を行い，その懸念は"本物"（real）であって，処分事業を進めるに当たって配慮されなければならないと指摘した。また，一般公衆と専門家の間のギャップを埋めるためには，どちらかのリスク評価を"矯正"するのではなく，処分概念の開発や実施の過程においてこれらの影響因子への対策を講じることにより，処分概念を一般公衆の期待に応えるものとすることを提案した。上記の18因子のうち，処分概念の開発，実施において何らかの対策を講じることが可能と指摘されている9因子と提案されている具体的対策の主なものを表8-4にまとめている。

　さらに，EISに対するパネルの審査方法も重要である。表8-2に示されるパネルの基準の中で社会的受容性に関するものについては、「幅広い国民の支持」及び「先住民の支持」が包括的なものであり，他の4つの基準はより具体的なものであると言える。具体的な基準の中の「技術的，社会的な観点から安全であること」に関して，後者の社会的観点からの安全性の評価では、「厳密に科学技術に基づく（strictly on a scientific and technical basis）」ものと異なるアプローチが採用された。つまり，社会的観点からの安全性の評価とは、処分技術の安全性，信頼性に対する一般公衆の理解を主たる視点とした評価であると言える。また，「倫理的，社会的観点からの健全な評価の枠組み」については，より具体的には以下の要素を含むものとされた。

　○行為についての必要性及び時期が正当化されること
　○グループ，地域，世代間のコスト，リスク，ベネフィットが公平に分配されること
　○環境の保護とのバランスから見て（commensurate with protection of the environment），社会全体及び直接影響を受ける人々にとっての正味の便益があること

○リスク及び便益とのバランスから見て（commensurate with risks and benefits），受容可能なコストであること
○原子力発電の将来や核燃料廃棄物の輸入など，核燃料サイクルに直接関係する関心事を考慮したものであること
○社会科学或いは応用科学の専門家の意見が反映されること
○受け入れ候補地域が自由に，不適正な経済的圧力を受けることなく同意を与えることができる自発的な立地地域選定の方法をとっていること

　以上のパネルの判断基準を踏まえ，AECL は，処分概念の開発に当たって一般公衆が抱く懸念・関心を網羅的に把握しようと努め，その結果に基づいて，社会適合性マネジメントシステムの方針，目標に相当するもの（例えば表 8-4 に示されたリスク認知への影響因子の中の可逆性への対応）の検討を行い，処分概念に組み込むプロセスを確立した。また，このようにして開発された処分概念に対して，環境大臣によって任命された外部有識者により構成され，運営面でも環境アセスメント庁（パネル発足時は環境アセスメント審査事務所）の支援を受けることによって事業推進の利害関係からの独立性が確保されたパネルが、核燃料廃棄物処分に対して社会が求める規範をベースとした基準を用いて審査を行った。これは，客観性，中立性について配慮された社会適合性に関する外部評価と言えるものである。

　従って，カナダにおける核燃料廃棄物処分概念に関する EARP においては，社会に開かれた姿勢をベースとする社会適合性向上を目指した自己改善のための体系化されたプロセス及びインセンティブの付与のメカニズムを備えた枠組みが構築され，機能したと捉えることができるのである（この状況を図 8-2 に示す）。残念ながら，カナダの場合は処分概念が必要な社会的受容性のレベルに達していないとの判断が下されてしまったが，我が国においても，カナダの先駆的事例を参考にして処分技術の社会適合性向上を誘導する枠組みを導入することは検討に値するものである。

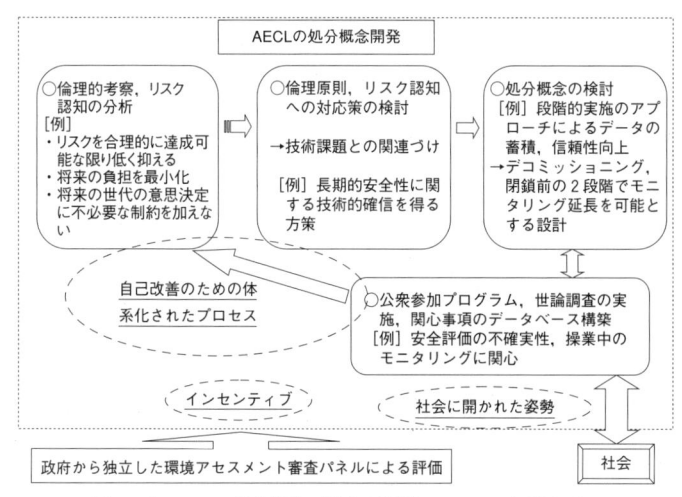

図 8-2 ●AECL の処分概念に関する環境アセスメント審査プロセスの持つ意味

4 処分地選定を巡る制度的課題

　HLW の処分地選定に係る意思決定が社会に受け入れられるものとなるためには，処分技術に対する信頼だけではなく，技術オプションを評価，決定する手続きや体制を含む，技術の利用を可能とする制度についての信頼も重要となる。従って，HLW 処分の技術面だけでなく制度面に対しても社会適合性の概念を適用し，社会が求める規範に視点を置いて制度の構築・改善を行う姿勢が必要である。
　一般に，政府が実施する政策に対する公衆の満足度や同意において，政策形成に係る意思決定を行う手続きとその結果についての公正さの判断が重要であることが，社会心理学の研究によって明らかにされている（Lind et al. 1995）。HLW 処分に関しても，幅広い社会的信頼を得るために，その実施を支える制度が明確で論理的な意思決定プロセスを与えるものであるという確信が必須条件となることが指摘されている（OECD/NEA 1999b）。意思決定の公正さが処分地選定に求められる規範として挙げられることは

表8-5 処分懇報告書に示されている処分地選定手続きに関する公正さの要件と具体策

要　件	具体策に関する記述（主なもの）
透明性の確保	[選定プロセスの明確化] ・実施主体が処分地の選定を進め、国と電気事業者など関係する機関が必要な役割を果たしていくにあたり、処分地選定のプロセスと役割を法律などによって明確化（選定プロセスについて処分候補地、処分予定地、処分地の選定という3段階を提案）。 ・国は処分地の立地と施設の安全性について、安全確保の基本的考え方をあらかじめ策定。 [情報公開] ・処分事業の各段階において情報公開を徹底し、透明性を確保。 ・事業の全体構想、安全確保の基本的考え方、実施主体及び国の地域共生政策などについて十分な情報を的確に伝えることができるよう体制を整備。
中立性、客観性の確保	[国・地域レベルでの検討・調整の機能] ・国は、実施主体による処分地の選定過程や活動を監督するとともに、技術面については、処分の安全性の観点から見た妥当性について各段階で検討する制度と体制を整える（事業計画や選定過程の妥当性などについて、技術的観点及社会的・経済的観点から確認）。さらに、これらについて公正な第三者がレビューを実施。
地域住民の意見の反映	[関係自治体や関係住民の意見の反映の仕組み] ・関係自治体や関係住民の意見の反映に努め、立地地域の理解と信頼を得ることが重要であり、そのための仕組みを整えておくことが必要（住民の意見聴取の方法として考えられるのは、自治体を通じてなされることに加えて、広く住民の参加する公聴会や公開ヒアリングなど）。 [国・地域レベルでの検討・調整の機能] ・地域レベルでは、実施主体と地域住民など関係者間で生じる様々な課題について、当事者が参加して検討する場を設定。さらに、権威ある第三者を交えて総合的に話し合う場を設定。

出典：処分懇報告書を基に筆者が作成。

誰もが認めるところであろう。

　それでは、この規範に従うための具体的要件はどのようなものであろうか。この検討を行うに当たっては、とりまとめの過程で全国各地での意見交換会の開催や意見公募などを通じて一般公衆の意見を反映する努力が行われた処分懇報告書に材料を求めることとする。処分懇報告書の処分地選定に関する記述の中で、意思決定の手続きの公正さに直接関係すると考えられる事項を表8-5に示す。処分地選定手続きに関しては、透明性の確保、中立性・客観性の確保、地域社会の意見の反映という3つの公正さの

要件が挙げられている。透明性は、意思決定の過程、結果に関して外部からの理解を可能とするものであり、一般公衆が意思決定を評価する、あるいはそれに関与するための基礎を与えるものである。中立性・客観性は、特定の利害に影響されることなく、正確かつ十分な、偏りのない情報に基づいて意思決定が行われることを確保するためのものである。さらに、地域住民の意見の反映は、候補サイト周辺地域の住民（及びそれを代表する自治体）を処分地選定の最も重要な利害関係者として捉え、その基本的な関心、価値観を意思決定に組み込むことを確保するためのものである。

この他に、処分地選定の結果についての公正さに関係するものとして、処分懇報告書は、電力消費地域と処分施設立地地域との間の公平を確保することの必要性を指摘している。この指摘は、処分施設立地によって負担が立地地域の住民にもたらされる一方、その実現は原子力発電に係る環境の整備を通じて我が国の国民全体に裨益するという、施設立地に伴う負担と便益の配分の非対称性に関する不満を反映したものであり、処分施設立地を受け入れ易いものとする環境づくりとの関係で重要となるものである。

以上整理した公正さの要件に照らして、処分地選定の枠組みがどのような課題を有するかについて以下に論じる。

4.1　処分地選定の枠組み

まず、処分地選定の枠組みについて概観する。最終処分法に基づき2000年10月に閣議決定された最終処分計画によって、処分施設の規模は、その時点までの発電用原子炉の運転に伴って生じるHLW（ガラス固化体）の総量が平成32年頃には約4万本に達するものと見込まれることなどを踏まえ、一施設当たりの規模について4万本以上のガラス固化体を処分できるものとされた。また、建設、操業に向けてのスケジュールに関しては、精密調査地区の選定を平成20年代前半、最終処分施設建設地の選定を平成30年代後半、処分開始を平成40年代後半を目途に行うこととされた（その後、2008年3月には、処分地選定のスケジュールに関し、精密調査地区選定の

表 8-6 ● 最終処分施設建設までの HLW 処分実施、安全基準、指針等整備のスケジュール

事業段階	事業内容	安全規制
最終処分法制定、実施主体設立及び資金管理主体指定（2000年）		「高レベル放射性廃棄物の処分に係る安全規制の基本的考え方について」（2000年）、「高レベル放射性廃棄物処分の概要調査地区選定段階において考慮すべき環境要件について」（2002年）とりまとめ
文献調査	主な目的：地層処分の場として不適格な地質環境を除外 内容：文献その他の資料による調査	
概要調査地区選定	選定要件： ・地震、噴火、隆起、侵食その他の自然現象（以下「地震等の自然現象」）による地層の著しい変動の記録がないこと ・将来にわたって、地震等の自然現象による地層の著しい変動が生ずるおそれがないと見込まれること ・最終処分を行おうとする地層（以下「対象地層」）が、第四紀の未固結堆積物であるとの記録がないこと ・対象地層において、その掘採が経済的に価値の高い鉱物資源の存在に関する記録がないこと	・精密調査地区選定の環境要件 ・安全審査基本指針（設計要件、安全評価シナリオ、安全指標・基準値） →精密調査地区選定開始まで
概要調査	主な目的：主要な地質環境条件が地層処分にとって適切であることを確認 内容：対象地層及びその周辺の地盤（以下「対象地層等」）について、ボーリングの実施、地表踏査、物理探査、トレンチの掘削により、これらの地層及びその地層内の地下水の状況その他の事項を調査	
精密調査地区選定	選定要件： ・対象地層等において、地震等の自然現象による支障のないものであること ・対象地層等が活断層の掘削に支障しないこと ・対象地層内に活断層、破砕帯又は地下水の水流があるときは、これらが坑道その他の地下の施設（以下「地下施設」）に悪影響を及ぼすおそれが少ないと見込まれること	・最終処分施設建設地選定の環境要件 ・処分場の技術基準（建設〜事業廃止） ・安全審査指針 →処分場の安全審査開始前まで

第8章
放射性廃棄物の処分

精密調査	・主な目的：サイトにおける詳細な地質環境条件を把握し、設計及び安全評価に必要なデータを整備。 ・内容：以下の情報収集のための測定、試験を行う装置を坑道に設け、地層の物理的及び化学的性質を調査 　地層を構成する岩石の強度その他の地層の物理的性質 　地層内の水素イオン濃度その他の地層の化学的性質 　地層内の地下水の水流の詳細 ・その他経済産業省令で定める事項		
最終処分施設建設地選定	選定要件： ・地下施設が、対象地層内において異常な圧力を受けるおそれがないと見込まれることとその他の対象地層の物理的性質が最終処分施設の設置に適していると見込まれること ・地下施設が、対象地層内において異常な腐食作用を受けるおそれがないと見込まれることとその他の対象地層の化学的性質が最終処分施設の設置に適していると見込まれること ・対象地層内にある地下水又はその水流が地下施設の機能に障害を及ぼすおそれがないと見込まれること ・その他経済産業省令で定める事項		
事業許可申請、処分施設詳細設計	精密調査及びその他の地下施設において行われる処分技術の実証のための試験等から得られる情報・データに基づいて、処分施設の詳細設計を実施するとともに、事業許可申請書を作成。さらに、国の安全審査に対応	事業許可申請に係る安全審査	
国による事業許可、建設開始			

出典：特定放射性廃棄物の最終処分に関する法律施行令、施行規則、原子力安全委員会放射性廃棄物安全規制専門部会報告書「高レベル放射性廃棄物の処分に係る安全規制の基本的考え方について（第一次報告）」(2000)、原子力安全委員会特定放射性廃棄物処分安全調査会報告書「特定放射性廃棄物処分に係る安全規制の許認可手続と原子力安全委員会等の関与のあり方について（中間報告）」(2007) を基に筆者が作成。

時期を平成20年代中頃，最終処分施設建設地選定の時期を平成40年前後と変更することが盛り込まれた最終処分計画改定案が閣議決定された）。

処分地選定の具体的な手続きについては，最終処分法において，処分地選定の過程を概要調査地区，精密調査地区及び最終処分施設建設地（以下「概要調査地区等」）の選定という3段階に分け，文献その他の資料による調査（以下「文献調査」）によって概要調査地区を定め，概要調査地区の中から精密調査地区を，精密調査地区の中から最終処分施設建設地を定めることが規定されている。法令で定められた概要調査地区等の選定要件と選定のために行う各種調査の目的，内容を時系列で整理したもの（原子力安全委員会が示している安全基準，指針等の整備のスケジュールを含む）を表8-6に示す。

文献調査に関しては，現在整備機構が実施している公募に対して応募のあった地区及びその周辺地域について行われるが，その際整備機構は，法令に基づく選定要件や，原子力安全委員会が示した「高レベル放射性廃棄物処分の概要調査地区選定段階において考慮すべき環境要件について」を踏まえて自らがとりまとめた「概要調査地区の選定上の考慮事項」との適合性を評価することとなっている。その後，文献調査の結果に関する報告書の作成，報告書の公告・縦覧，関係自治体への送付，説明会の開催が行われ，一般公衆からの意見書の提出を受けて，それに配意して文献調査を行った地区の中から概要調査地区が選定される。概要調査地区が選定されれば，整備機構が経済産業省の承認を経て定める実施計画及び経済産業大臣が閣議決定を経て定める最終処分計画にその所在地が定められることとなっており，そのために最終処分計画の改定が行われる際には，経済産業大臣は所在地を管轄する都道府県知事及び市町村長の意見を聴き，これを十分に尊重しなければならないとされている。

また，処分地選定に関する手続き等の透明性確保のための評価・提言や概要調査地区等の選定結果に関する科学的妥当性の評価などを行うため，総合資源エネルギー調査会電気事業分科会原子力部会の下に高レベル放射性廃棄物処分専門委員会が2000年に設置された（同委員会は2005年に放射性

廃棄物小委員会に改組されている)。

なお，文献調査の対象地域の公募に関して，放射性廃棄物小委員会は，高知県東洋町の文献調査への応募の撤回といった事態を受けて，2007年11月にとりまとめた報告書「中間とりまとめ——最終処分事業を推進するための取組の強化策について」において，整備機構による公募に加え，「地域の意向を十分に尊重しつつ，場合によっては，市町村に対し，国が文献調査の実施の申し入れを行う」との方針を示している。

4.2 地質環境の適性評価に関する課題

本項及び次項においては，処分地選定活動の主要な要素である地質環境の適性評価及び処分施設立地を受け入れやすいものとするための環境づくりのそれぞれについて課題を議論する。

まず，地質環境の適性評価に関する課題についてであるが，表8-6に整理された公正さの要件ごとに論じる。

(1) 透明性の確保

透明性確保のための具体策として，処分懇報告書では，処分地選定プロセスと立地及び施設の安全確保の考え方を明確化することが提案されている。

処分地選定プロセスについては，既に述べたように3段階に分けて選定が実施されるが，このような段階的なアプローチをとることで，複雑な構造をもつ意思決定についていくつかのまとまりをもった段階に分けることにより，その過程が外部から理解されやすくなる。しかし，このような効果が十分に発揮されるためには，各段階の意思決定の内容が明らかであるとともに，それぞれの意思決定の位置づけ，相互の関係が明確であることが必要となる（高橋 1998）。選定段階の進捗に伴って候補サイトの地質環境に関して新たな科学的知見が蓄積されることを踏まえれば，このような段階的なアプローチを実効あるものとするためには，各段階で行われる適性評価の結果を社会に対して提示する際に，以下に留意することが必要となる。すなわち，それぞれの段階の調査で得られる知見の制約を踏まえつ

つ，選定要件への適合性の判断に用いられたデータ及び基準，そしてその判断に伴う不確実性の内容を，具体的に，できる限り非専門家にも理解可能な形で示し，判断が恣意的に行われているとの疑念が生じないようにすることが重要である。

処分懇報告書において透明性確保の観点から提案されているもう一つの具体策は，情報公開である。整備機構は適切な情報の公開により業務の運営における透明性を確保するよう努めることが最終処分法によって義務づけられており，これに従って整備機構は資料の公開手続きや外部の有識者からなる情報公開適正化委員会・情報公開審査委員会の設置などを規定した情報公開規程を作成，実施している。また，国についても情報公開制度が法的に整備されており，情報公開に関する制度的基盤は整えられてきているが，整備機構や国には情報公開の要求に対して誠意を持って対応する姿勢と正確な情報を分かりやすく提供する工夫が常に必要とされることは言うまでもない。

(2) 中立性・客観性の確保

中立性・客観性の確保については，処分地選定を行う整備機構が処分を必要とするHLWの所有者である電気事業者によって設立されたものであることから，特に注意を要する。

まず，整備機構が行った処分地選定の結果に関する第三者評価についてであるが，これは総合資源エネルギー調査会の放射性廃棄物小委員会が担当することとなっている。しかし，放射性廃棄物小委員会については、原子力発電を推進する総合資源エネルギー調査会原子力部会の下部機関であるという性格から，HLW処分推進の利害関係から十分に独立しておらず，安全確保上重要な選定結果の評価を独立して行う機関としては適切でないと批判される可能性がある。従って，選定結果（及びそれに対する放射性廃棄物小委員会の評価の結果）については，専門能力と中立性において信頼のある第三者機関（例えば学会），あるいは安全規制を担当する原子力安全委員会がチェックする仕組みが必要である。この点に関連して，原子力安全委員会特定放射性廃棄物処分安全調査会は，2007年4月にとりまと

めた報告書「特定放射性廃棄物処分に係る安全規制の許認可手続と原子力安全委員会等の関与のあり方について（中間報告）」において，立地段階における原子力安全委員会の関与に関し，「安全規制の最初の段階における事業許可申請及び安全審査の段階において，事業計画の大幅な変更，さらには処分地の変更を余儀なくされること」を避けるため，特に最終処分施設建設地選定の段階で，「安全の確保に関する事業者の判断及びその妥当性についてレビューした所管官庁の判断が，十分な知見とデータに基づく適正なものであることを，最終処分計画の改定に当たって確認し，かつ，その判断のめやすとするための環境要件・指針等をあらかじめ策定することとする」との方針を示しているが，これは処分地選定に係る中立性・客観性の確保にも寄与するものと期待される。

次に，公募による概要調査地区選定のアプローチに関しては，地域社会の意向を尊重するものであるとともに，社会的受容性の観点からは，ある程度環境の整った地域に対象を絞って文献調査を効率的に進めることに資する面もある。しかし，地質環境の適性評価について，技術的安全性よりも社会的要因への配慮が優先されるといった疑念が生じる可能性も否定できない。

このような疑念への対応としては，上記の利害関係から独立したチェック体制の構築に加えて，整備機構自身の取り組みとして，選定手順の改善，すなわち公募の前に，地域を限定せずに全国を対象として徹底した文献調査を行い，できる限り不適切な地質環境を有する地域を早い段階で特定し，除外することが有効と考えられる。整備機構が不適切な地域の特定に相当の時間をかけ，資源を投入することは，整備機構の安全性重視のコミットメントを明らかにすることを通じて信頼感の醸成にもつながることが期待される。このアプローチに基づく概要調査地区選定の具体的な手順は次のようになる。

○日本全土を対象とした文献調査として，全国レベルで編纂されている資料だけでなく，できる限り地域レベルの既存資料についても収集，評価を行い[7]，除外要件に照らして不適切な地域を特定し，その結果

を公表する。
○さらに詳細な文献調査については，不適切な地域として特定された地域を除いて公募を行い，応募のあった地区及びその周辺地域を対象として実施する。
○文献調査が終了した段階で，既に定められている手続きに則り，文献調査の報告書を作成し，公告・縦覧，意見書提出等の手続きを経た上で，概要調査地区を選定する。

中立性，客観性を重視した選定アプローチについては，2001年5月に議会によって使用済燃料の最終処分施設建設地が承認されたフィンランドのケースが重要な示唆を与えている。使用済燃料の最終処分施設に関する原則決定[8]を議会が承認するまでの主な経緯を表8-7に示すが，この表から，フィンランドの処分地選定については最初に地質環境に関する要件に基づき絞り込みが行われ，後に人口密度や輸送条件，土地の利用制限といった社会環境に関する要件，さらに地域社会による受け入れ意思が考慮されるというアプローチがとられたことがわかる。最初の段階では，地形図，衛星写真，空中写真等を用いたフィンランド全土の地形の分析を通じて破砕帯の位置，規模に関する調査が行われ，主要な破砕帯に囲まれた327のターゲットエリアが特定された。その後，社会環境に関する要件も含めて検討が行われ，101の調査地区まで絞り込みが行われた。さらに，予備的サイト調査（我が国の選定手順では，後の詳細サイト調査とあわせて概要調査に相当するものと考えられる）が行われる前に，101の調査地区のリストが公表され（1985年末），関係自治体への説明が行われた。

また，選定に対する独立した評価に関しては，1985年，1992年および1996年に最終処分施設の設計，処分地選定等に関する報告書が実施主体に

---

7) 土木学会が2001年にとりまとめた報告書「概要調査地区選定時に考慮すべき地質環境に関する基本的考え方」において，例えば断層活動に関して，厚い被覆層下の伏在活断層や活動性の低いC級活断層については，全国レベルの文献では抽出されていない可能性があることが指摘されている。
8) フィンランドにおいては，原子力施設に係る許可手続きとして最初に行われるのは原則決定 (Decision in Principle) であるが，これは当該施設の建設が社会全体の利益に合致するという原則についての決定であり，施設の立地地点に関する決定も含まれる。

表 8-7 フィンランドにおける使用済燃料の処分地選定の主な経緯

時期	調査・選定活動
1980-1982	[一般的な地質調査 (General Geological Studies)] ・使用済燃料の最終処分のためのフィンランドの岩盤の一般的な適用可能性の調査
1983-1985	[Target Area[1] の絞り込み] ・衛星写真と地質学，地球物理学的地図の調査（→327の Target Area を選定） ・環境要因（人口密度，輸送条件，土地利用制限等）の評価（→162の Target Area を選定） ・地質調査（衛星写真，実地） →61の Target Area に絞り込み [Investigation Area（調査地区）[2] の絞り込み] ・航空写真，地形図，実地調査による調査地区の特定 ・地質学的分類や環境要因の調査 →当初61の Target Area 内に134の調査地区を特定し，さらに101地区に絞り込んだ上でこれらの地区のリストを公表し，関係する自治体へ説明（その後，低中レベル放射性廃棄物処分場（及び原子力発電所）が立地するためにデータが豊富に存在する Olkiloto を追加）
1986	[国の評価] 環境省及び放射線・原子力安全センター（STUK）による審査 →環境省は17地区を除外。STUK は予備的サイト調査の対象地域について，できる限り異なる地質環境を代表するサンプルが含まれるべきと指摘。
1986-1987	[予備的サイト調査地区の選定] ・岩層の構造及び成分（lithology）を中心とする岩盤の要因や環境要因（特に輸送条件，土地の所有形態）などを検討するとともに，調査対象となることについての地域社会の同意を確認→ 5 地区を選定し，公表
1987-1992	[詳細サイト調査地区の選定] ・上記 5 地区において，予備的サイト調査（1000m 級のボーリングなどによる調査）を実施 → 3 地区（Romuvaara, Kivetty, Olkiluoto）を選定し，公表
1993	・国のレビューを経て，上記 3 地区において，詳細なサイト特性調査（さらなるデータ取得，概念モデルの検証など）を開始（なお，1997年に原子力発電所が立地する Loviisa においても開始[3]）
1995	・使用済燃料の管理・処分に関する研究開発，計画立案，実施を行う Posiva 社設立
1997-1999	・上記の 4 地区（Romuvaara, Kivetty, Olkiluoto, Loviisa）について環境影響評価（Environmetal Impact Assessment）手続きを実施（この手続きには社会的影響の評価も含む） ・Posiva 社は，地域社会の受容や輸送距離などの面で優れている Olkiloto を処分サイトに選定し，政府に対して原則決定を申請
2000	・放射線・原子力安全センター（STUK）が Posiva 社の原則決定の申請に関する予備的安全評価（Preliminary Safety Appraisal）を提出 ・地元自治体（Eurajoki）の議会は，Posiva 社の原則決定の申請について同意 ・政府が Posiva 社の原則決定の申請を承認
2001	・国会が Posiva 社の原則決定の申請を承認

注 1：主要な破砕帯（fracture zones）に囲まれた100〜200km^{2}の面積をもつ岩盤ブロックである。
注 2：5〜10km^{2}の面積をもつ。
注 3：1994年の原子力法改正により，Loviisa 原子力発電所からロシアへの使用済燃料返還を1996年以降行わないこととなったことを受けた措置である。
出典：Posiva Oy (1999; 2000), OECD/NEA (1998; 2000), Teollisuuden Voima Oy (1992) を基に筆者が作成。

よりとりまとめられた際に、安全規制当局である放射線・原子力安全センター（以下「STUK」）によるレビューが行われるとともに、最終処分施設建設地選定に当たっても、STUK による予備的安全評価が行われている。

以上の選定アプローチは、処分地選定の論理性に重きをおくべきという政策判断から生まれたものであり、選定の根拠の説明に説得力を与えるものとなっている。

(3) 地域社会の意見の反映

HLW 処分のリスクに関する強い懸念が社会に存在している状況を踏まえれば、リスクの存在を身近に感じる関係地域の住民の問題意識を地質環境の適性評価に十分に反映することが重要である。

地域住民の関心が集まると考えられる技術課題としては、例えば、断層活動の影響が考えられる。我が国は、安定した大陸にある欧米諸国に比べて地震・断層活動が活発であり、その処分システムに対する影響については専門家の間でも論争となっている。活断層からの影響についてどの程度の安全性レベルを求めるか、どの程度距離を離して処分施設を設置するかといった問題については、技術的観点からはその影響範囲（主として活断層破砕帯及びその周辺）の外に設置すれば安全上の問題はないとされるが、社会的観点からは、活断層の将来の活動の不確実性に鑑み、それに対する不安感へどう対応するか、という面からも検討が必要である。

このような技術課題に関する検討に地域住民の意見を反映させるためにまず必要とされることは、地域住民の問題意識を効果的に引き出すことである。その際、住民が HLW 処分の安全確保に関する膨大な技術情報を理解することは望めないことから、双方向のコミュニケーションを通じて住民の関心のある事項を的確に把握し、それに対応した情報を提供することが求められる。

次に、技術オプションの選択に対する住民参加の方法としてどのようなものが適切であろうか。意思決定への住民参加の形態を整理したものを表 8-8 に示すが、地域住民の問題意識への対応を確実なものとするためには、地域住民との合意に基づき具体策を決定することが望ましく、実施者

表 8-8 ●地域住民の意思決定への参加形態

地域社会の参加	意志決定方法	具体的方法（例）
情報提供・交換	実施者（整備機構，国）のみで決定	各種メディアによる広報 説明会 施設見学 アンケート調査
正式な意見交換（問題意識の共有）	実施者主体の決定	公聴会 計画書等の縦覧，意見書の提出
共同の意思決定	実施者と地域の共同の決定	実施者，自治体，住民代表，関連する分野の専門家などにより構成される委員会を設置し，決定
自己決定／権限の委任	地域主体の決定	一般住民の直接参加（住民投票など） 自治体や住民組織による決定・実施

出典：瀬尾他（1999）を基に筆者が作成。

と地域住民による共同の意思決定が有効と考えられる。一般廃棄物処理施設の整備・運営に当たり，住民代表，事業実施主体である行政及び関連する分野の専門家を構成員とする委員会を設置し，施設の設計や環境影響調査をはじめとする課題について意思決定を行った事例がある[9]。この形態については，実施者と地域住民の双方にとって適切な情報の伝達・共有が行われること，委員会の決定事項は実施者・地域住民相互の信頼関係に基づき実行されることとなるが，基本的な決定権は実施者側にありその責任を果たしやすいことなどの面で利点があると指摘されており（瀬尾他 1999），検討に値するものである。

4.3　処分施設立地を受け入れ易いものとするための環境づくりに関する課題——地域間の公平確保の観点から

処分施設立地を受け入れ易いものとするための環境づくりに関しては，

9）代表例としては，武蔵野クリーンセンターの用地選定，建設に当たって設置された委員会が挙げられる。

どのような課題が挙げられるだろうか。ここでは、地域間の公平確保の観点に絞って課題を論じる。

処分施設の立地に当たって、それを受け入れる地域住民の側からすれば、HLW 処分のリスクに対する受忍が要求されることとなる。この受忍は、目に見える形で被害が発生しなくとも、リスクにさらされることへの懸念を抱きながら生活をしなければならないことを意味するものであり、住民の生活水準に負の影響をもたらすものと言える。

このようなリスクに対する受忍は、他の原子力施設の立地においてももたらされるものである。しかし、第2節で述べたように、HLW 処分施設に対する態度と原子力発電所に対する態度との比較により、一般公衆は HLW 処分技術の確立度についてより否定的な態度をとることが明らかにされている。その原因の一つには、HLW 処分技術の場合、極めて長い時間軸を考慮しなければならず、また不均質で大きな空間領域を有する天然の地層をシステム要素として含むことから、地層処分システムの安全性の実証が間接的アプローチに基づくものとならざるを得ないという、他の原子力技術と異なる属性があるものと考えられる。

このように、HLW 処分については技術の確立度に対する強い疑問、懸念が社会に存在している一方で、責任の所在からいえば電力消費者全体で担うべき HLW 処分のリスクに対する受忍が限られた（当面1ヶ所の）地域の住民に集中することを考慮すれば、公平性の観点から地域住民に強い不満が生じることは当然と言える。

このような状況を考慮するならば、地域住民の不公平感を真摯に受け止め、その対応について他の原子力施設の立地よりも一層多くの努力が行われる必要があると言えるだろう。その具体的内容としては、次の二つに大別される。

①リスクに対する受忍がもたらす負の影響を可能な限り低減するための措置
②リスクの受忍による負の影響を相殺して地域社会に処分施設立地前よりも高い生活水準がもたらされるための措置

上記①については，地域住民のリスク認知の緩和が最も重要な課題と言えるであろう。この課題への対応については，既に論じた処分技術の社会適合性向上を誘導する枠組みの構築に加えて，リスク認知への対応をより一層効果的なものとする観点から，以下の点に留意すべきである。

まず，前項において言及した，徹底した文献調査により不適切な地域を除外する選定アプローチは，地域住民のリスク認知の緩和の観点からも支持されるべきである。地方自治体が概要調査地区選定プロセスに参加することを検討するためには，自らの地域について安全上問題がないことについてのある程度の見通しが必要となるであろう。その見通しは，処分施設に伴うリスクについての住民の懸念に対して説得力をもつものでなければならない。従って，整備機構による徹底した文献調査とそれによる不適切な地域の特定・除外が，自治体が選定プロセスへの参加のために地域社会の合意形成を図る上で助けとなるであろう。

また，地域の側が独立して処分システムに関する安全評価を実施または検証すること，及び処分実施に対する監視を行うことについて，整備機構や国により全面的支援が行われることが提案されるべきである。従来，原子力施設の立地に関して，地方自治体による施設の運転監視のための体制の整備，充実を図る必要性が指摘されている（笹生1985）が，リスクが許容されるレベルに抑えられていることについての信頼度をより高いものとするために，地域側が独自に処分施設の安全性について評価，監視を行うことは意義のあるものと考えられ，それを可能とするための財政面，技術面の措置が整備機構や国によって講じられることが重要である。外国においても，安全性に関する評価・監視のための地域レベルの活動に対して事業実施者による積極的な支援が検討，実施されているケースが見られる。例えば，米国において，低レベル放射性廃棄物処分施設立地に当たり，事業実施者側の負担で検査官の雇用や独立の安全評価，モニタリングの実施が行われることが提案されているケースがある。また，フランスでも，低レベル放射性廃棄物処分施設の立地地点選定の過程において，関係する地域の首長や産業，環境保護グループ，労働組合などの代表者からなる地域

情報委員会が設置され，必要とされるあらゆる情報が放射性廃棄物管理機関（ANDRA）から提供されるとともに，独立したアドバイスを専門家から受けることを含めて同委員会の活動費用をANDRAが負担する取り決めが行われている。

②の取り組みに関しては，処分懇報告書は，地域住民の生活水準の向上をもたらす地域共生方策の役割を強調しており，そのあり方については，地域の主体性を尊重すること，地域の自立的発展に貢献するために地域の特性，ビジョンに応じた多様な形態を検討することなどを提案している。HLW処分事業の地域経済に対する効果については，原子力発電と異なり非生産的業務（保管，管理業務）であって生産関連的波及は比較的小さいことが指摘されている（笹尾2000）。従って，特に施設の建設終了以降は地域経済への寄与があまり期待できないと考えられることからも，地域共生方策に関する検討において処分懇報告書の提案が確実に反映されることが期待される。

ここで，上記の①および②の取り組みを進める上で慎重な検討を要する課題があることを指摘しておきたい。Kempは，リスク低減のための方法論が確立された後であれば，放射性廃棄物処分施設の立地に対する補償やインセンティブのための措置は善意や環境への配慮の表現として受け取られるが，リスク低減のための措置が十分でないままインセンティブ付与に乗り出した場合には，それはよくわからないリスクを受け入れさせるための「賄賂」と受け取られ，社会的信頼を損なうものとなってしまいかねないことを指摘している（Kemp 1992）。我が国においても，原子力発電所立地に伴い交付される各種交付金，補助金等が地域側にとって誘致を進める動機となっていることについて，国や電気事業者が財政的支援と引き替えに原子力発電所が内在するリスクを遠隔地に押しつけているとの批判が行われることが少なくない。

このように，①の取り組みが十分に行われていると認知されなければ②の取り組みが効果を発揮しない可能性があることから，①および②の取り組みについては，地域住民の受け止め方を第一とする視点から総合的に企

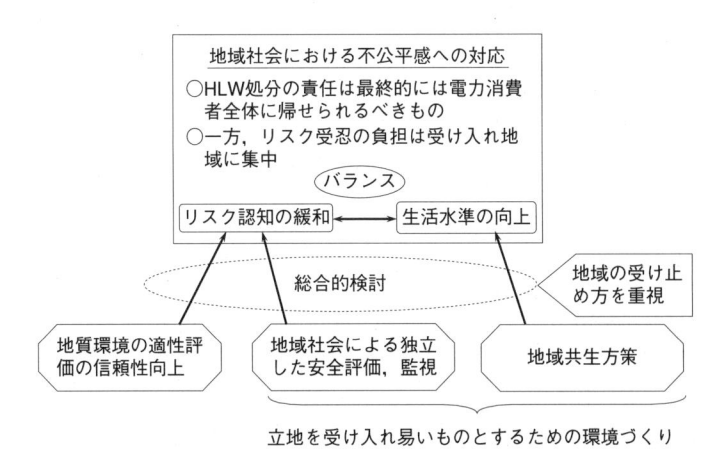

```
┌─────────────────────────────────┐
│  地域社会における不公平感への対応    │
│  ○HLW処分の責任は最終的には電力消費 │
│   者全体に帰せられるべきもの        │
│  ○一方，リスク受忍の負担は受け入れ地 │
│   域に集中                      │
│       (バランス)                │
│  リスク認知の緩和 ←→ 生活水準の向上 │
└─────────────────────────────────┘
       ＼    総合的検討    ／     地域の受け止
        ＼_____／      め方を重視
         ↑        ↑        ↑
    地質環境の適性   地域社会による独立    地域共生方策
    評価の信頼性向上  した安全評価，監視
         
         立地を受け入れ易いものとするための環境づくり
```

図 8-3 ● 処分施設立地を受け入れ易いものとするための環境づくりのあり方

画，推進することが重要である。このような処分施設立地を受け入れ易いものとするための環境づくりについての総合的な検討のあり方を模式的に図 8-3 に示す。

5 | まとめ

　HLW 処分を取り巻く社会的，政治的環境の厳しさは，技術開発，制度整備の取り組みを進めるだけでは解決されないのではないかとの疑問が抱かれつつある。それは，処分の成立性についての専門家の技術的確信に誤りがあったことによるものではないだろう。このような確信は，各国において進められている HLW 処分プロジェクトの成果を踏まえた国際的な検討において正当化されてきている。我が国を含め各国の経験によれば，問題はその確信を一般公衆と共有するためのアプローチにあると考えられる。

　HLW 処分事業の具体化に向けて，このようなアプローチに関する検討がさらに重要性を増すものと考えられるが，本章の議論がその一助となれば幸いである。

［坂本修一］

参考文献

足立幸男（2003）「リスクと将来世代に対する責任——日本の原子力政策を事例として」足立幸男・森脇俊雅編『公共政策学』ミネルヴァ書房，pp.315-328.
Atomic Energy of Canada Ltd. (1994) *Environmental Impact Statement on the Concept for Disposal of Canada's Nuclear Fuel Waste AECL-10711 COG-93-1*.
Environmental Assessment Panel (1998) Nuclear Fuel Waste Management and Disposal Concept Report.
倉田健児・神田啓治（2001）「研究論文（1114）原子力技術の利用に対する社会的受容性の確保——ISO14001類似の制度的枠組みを適用することの必要性」『原子力学会誌』第43巻第5号，pp.518-529.
Greber, M.A., E.R. French, J.A.R. Hillier (1994) *The Disposal of Canada's Nuclear Fuel Waste: Public Involvement and Social Aspects AECL-10712 COG-93-2*.
Kemp, R. (1992) *The politics of radioactive waste disposal*. Manchester University Press.
Lind, E. A., T. R. Tyler (1988) *The Social Psychology of Procedural Justice*. Springer Verlag; 菅原郁夫・大渕憲一訳（1995）『フェアネスと手続きの社会心理学——裁判，政治，組織への応用』ブレーン出版。
OECD/NEA (1998) *Nuclear Waste Bulletin* No.13.
OECD/NEA (1999) *Progress towards Geologic Disposal of Radioactive Waste: Where Do We Stand? An International Assessment*.
OECD/NEA (1999) *Geologic Disposal of Radioactive Waste, Review of Developments in the last Decade*.
OECD/NEA (2000) *Nuclear Waste Bulletin* No.14.
Posiva Oy (1999) *Application for a Decision in Principle Regarding a Final Disposal Facility for Spent Nuclear Fuel*.
Posiva Oy (2000) *The Site Selection Process for a Spent Fuel Repository in Finland: Summary Report* 2000-15.
笹生仁（2000）『エネルギー・自然・地域社会：戦後エネルギー地域政策の一史的考察』ERC出版。
笹生仁編著（1985）『新しい明日を創る地域と原子力』実業広報社。
瀬尾潔・高橋富男・古市徹（1999）「立地計画と住民合意」古市徹編著『廃棄物計画』共立出版，pp.72-93.
高橋滋（1998）『先端技術の行政法理』岩波書店。
田中靖政（1999）「【特集 高レベル放射性廃棄物処分】高レベル放射性廃棄物と日本の世論」『エネルギーレビュー』219号，pp.18-20.
田中豊（1998）「高レベル放射性廃棄物地層処分場立地の社会的受容を決定する心理的要因」『日本リスク研究学会誌』第10巻第1号，pp.45-52.
Teollisuuden Voima Oy (1992) *Final Disposal of Spent Nuclear Fuel in the Finnish* Bedrock YJT-92-32.

第Ⅲ部
原子力安全政策

第9章

原子力法規制の体系

1 はじめに

　我が国の原子力研究開発利用に関する法規制は，主として，事業者を通じて核物質及び原子力施設を規制する「核原料物質，核燃料物質及び原子炉の規制に関する法律」(昭和32年6月10日制定，法律第166号)(以下，「原子炉等規制法」)及び放射性同位元素を規制する「放射性同位元素等による放射線障害の防止に関する法律」(昭和32年6月10日制定，法律第167号)(以下，「放射線障害防止法」)の二法，並びにそれらの関連法令によって行われている。

　これらのうち原子炉等規制法は，立法以来約半世紀にわたって，細かな法改正を経つつも，その規制の仕組みの大枠を変えることなく，安全規制面と事業規制面の両面において，核燃料サイクルの規制枠組みを提供しつづけるとともに，国際条約等の様々な国際約束の国内展開を図ってきた。その意味で，同法は，我が国原子力法規制の根幹となる法律であると言ってもよい[1]。

---

1) なお，原子力基本法は，原子力基本三原則(「民主」「自主」「成果の公開」(同法第2条))等の原子力研究開発利用に関する基本原則を定めた法律であるものの，その他の多くの規定を開発体制(第4条〜第7条)や核物質に関する規定(第8条〜第13条)にあてており，また「原子炉の管理」(第14条以下)及び「放射線による障害の防止」(第20条以下)については他法にその具体的規制内容を委ねている。この点からも「原子炉の管理」等を具体的に規律する原子炉等規制法が原子力規制の実質的な根幹を担う法律であると位置づけることができる。

そこで，本章では，原子炉等規制法の概要及び特色を述べるとともに，同法の意義及び課題について，近年の内外における原子力研究開発利用を取り巻く情勢変化への対応等の課題を交えながら論じる[2]。

2 原子炉等規制法の概要

2.1 原子炉等規制法の立法経緯

我が国における原子力研究は，湯川秀樹博士の中間子論研究（昭和9年発表）に見られるように，昭和初期の段階から既に行われていたが，これらの研究は大東亜戦争終結後における米国の占領政策の下で一旦禁止に追い込まれた。しかし昭和25年から昭和30年にかけて，厳しい原子力研究開発利用制限は次第に緩和されるようになり，昭和28年における米国の核政策の転換（アイゼンハワー大統領による「平和のための原子力」声明）を嚆矢として，我が国の原子力平和利用が加速することとなった。そして，これらを背景に昭和30年12月に，我が国初の原子力立法である，「原子力基本法」，「原子力委員会設置法」，及び「総理府設置法の一部を改正する法律」が成立した。

ところが，これらの法律は，我が国における原子力研究開発利用の基本方針と原子力行政に関わる行政組織の設置を定めるに留まり，安全規制等，原子力研究開発利用に関わる具体的な規制を提供するものでは必ずしもなかった。具体的な規制に関しては，別立法が行われることが予定されており，原子力基本法第12条は「核燃料物質を生産し，輸入し，輸出し，所有し，所持し，譲渡し，譲り受け，使用し，又は輸送しようとする者は，別に法律で定めるところにより政府の行う規制に従わなければならない」，同第14条は「原子炉を建設しようとする者は，別に法律で定めるところにより政府の行う規制に従わなければならない。これを改造し，又は移動しようとする者も，同様とする」とそれぞれ規定していた（現行規定も同じ）。

2）本章は，田邉（2005a）第2章及び田邉・下山（2008）を圧縮した形で再構成の上，加筆・修正したものである。

表9-1 ●原子力の規制方法の諸概念の分類（塩野1980, 4を整理）

規制方式		内容
物質規制		核物質そのものに着目した規制（核物質の利用形態を問わず，同物質を利用，所持，保管等する者全てを許可の対象とする。）
核物質に対する人的作用のあり方に着目した規制	施設規制	核物質の利用が行われる施設に着目した規制（施設の設置等に対して許可を与える。）
	事業規制	核物質に関わる一定の事業をチェック・ポイントとする規制（核物質を利用等する各事業毎に許可を与える。）
	行為規制	上記二つのいずれにも該当しない比較的単純な行為を規制

　この原子力基本法の成立から1年半後の昭和32年6月に，これらの規定を受ける形で原子炉等規制法が制定された。もっとも，後述のように，原子力基本法第12条が規定する核燃料物質に対する規制の要請は，不十分な形でしか，原子炉等規制法の中には反映されていない。

　原子炉等規制法が制定される以前に，英国では1948年放射性物質法，米国では1946年原子力法（1954年原子力法の前身）がそれぞれ立法化されていたが，我が国法とこれらの諸外国法との間には規制方法等の面での共通点は見られない（田邉2005b, 8-16）。したがって，原子炉等規制法の制定にあたり，諸外国の原子力立法が参照された形跡は乏しい。むしろ法定要件を具備する事業者に当該事業の許可を付与し，当該事業者に保安責任を負わせることを通じて規制を行う，という原子炉等規制法の規制方法は，電気事業法の規制方法に類似している。このことと，原子炉等規制法が原子力基本法のわずか1年半後に制定された事実とを斟酌するならば，原子炉等規制法は，原子炉に対する諸規制を電気事業法からいわば「別法として独立させる」イメージで立法化されたのではないか，と推察できる。

2.2　原子炉等規制法の目的及び規制方法

　原子炉等規制法は，①原子力の平和・計画的利用，②災害防止及び核物質防護による公共の安全の確保，並びに③条約その他の国際約束の実施を

図ることを目的として（第1条），核燃料サイクル全体を含め，核燃料物質等を扱う原子力活動全般を規制している。

原子炉等規制法は，核燃料サイクル関連について，それを構成する各事業を，それぞれ「製錬の事業」「加工の事業」「原子炉の設置，運転等」「貯蔵の事業」「再処理の事業」「廃棄の事業」に区分し，またその他の原子力研究開発行為及び継続的事業行為に至らない一時的な核燃料物質の利用行為を「核燃料物質等の利用等」に区分して，そのそれぞれに対して事業者（行為者）あるいは事業行為を対象に据えて規制を行う，という規制方法を採用している（表9-2参照）。

塩野（1980）は，原子力開発利用に対する規制の着眼点を（1）放射線障害や軍事転用の危険性等という，核燃料物質そのものが持つ危険性に置くか，（2）事故の発生等という，核燃料物質が事業・施設において利用されること（人的作用）に伴って生じる危険性に置くか，によって，原子力規制の方法は，表9-1に示す各形式に理念的には分類できるとしている（塩野1980，3-4）。この塩野（1980）の分類方法に拠れば，原子炉等規制法は，「事業規制」を基本的な規制枠組みとしつつ（「核燃料物質等の使用等」については「行為規制」で補完），その枠組みの中で「施設規制」及び「物質規制」を必要に応じて講じる，という規制方法を採用していることが理解できる（表9-1参照）。

3 | 原子炉等規制法の特色

3.1　縦割り型の事業規制を柱とする規制方法

原子炉等規制法の第一の特色は，放射線防護等の安全規制や核物質防護に関する規制等が，縦割りの事業規制の枠組みの中で実施されるという点にある。この規制方法は，核燃料物質そのものに対する包括的な規制法を設けたり，また，原子炉，再処理施設等の原子力施設全般を包含する規制を敷いたりする諸外国における原子力の規制方法とは異なっている（諸外国における原子力規制の例は，田邉（2005a, 21-29）を参照のこと。但し，我が国原子炉等規制法を参考に立法したと推察される韓国原子力法は，我が国法と

第9章 原子力法規制の体系

表9-2 ●原子炉等規制法における主要規制項目一覧（平成21年8月現在）

規制項目等 \ 対象事業等		製錬の事業（第2章）	加工の事業（第3章）	原子炉の設置、運転等（第4章）	貯蔵の事業（第4章の2）	再処理の事業（第5章）	廃棄の事業（第5章の2）	核燃料物質等の使用等（第6章）
所管大臣（指定・許可を行う機関）		経済産業大臣	経済産業大臣	経済産業大臣（実用発電用原子炉等）国土交通大臣（実用舶用原子炉）文部科学大臣（試験研究用原子炉等）	経済産業大臣	経済産業大臣	経済産業大臣	文部科学大臣
指定・許可	事業等の指定・許可	3（指定）	13（許可）	23（許可）	43の4（許可）	44（指定）	51の2（許可）	52（許可）
	指定・許可の基準	・計画的遂行（4①1）・技術的能力（4①2）・経理的基礎（4①2）・災害防止（4①3）	・加工能力（著しく過大にならないこと）（14①1）・技術的能力（14①2）・経理的基礎（14①2）・災害防止（14①3）	・平和利用（24①1）・計画的遂行（24①2）・技術的能力（24①3）・経理的基礎（24①3）・災害防止（24①4）	・平和利用（43の5①1）・計画的遂行（43の5①2）・技術的能力（43の5①3）・経理的基礎（43の5①3）・災害防止（43の5①4）	・平和利用（44の2①1）・計画的遂行（44の2①2）・技術的能力（44の2①3）・経理的基礎（44の2①3）・災害防止（44の2①4）	・計画的遂行（51の3①1）・技術的能力（51の3①2）・経理的基礎（51の3①2）・災害防止（51の3①3）	・平和利用（53 1）・計画的遂行（53 2）・災害防止（53 3）・技術的能力（53 4）
運転段階	設計及び工事の方法の認可	−	16の2	27	43の8	45	51の7	−
	使用前検査等	−	16の3	28	43の9	46	51の8	55の2（施設検査）
	保安規定の認可	12①,②	22①,②	37①,②	43の20①,②	50①,②	51の18①,②	56の3①,②
	主任技術者等保安監督者の選任	−	22の2	40	43の22	50の2	51の20	−
	核物質防護規定の認可	12の2	22の6	43の2	43の25	50の3	51の23	57の2
	核物質防護管理者の選任	12の3	22の7	43の3	43の26	50の4	51の24	57の3
	施設定期検査	−	16の5	29	43の11	46の2の2	51の10	−
	記録の作成	11	21	34	43の17	47	51の15	56の2
	保安のために講ずべき措置	−	21の2①	35①	43の18①	48①	51の16①,②,③	57①
	保安検査	12⑤-⑧	22⑤,⑥	37⑤,⑥	43の20⑤,⑥	50⑤,⑥	51の18⑤,⑥	56の3⑤,⑥
運転段階	特定核物質防護のために講ずべき措置	11の2	21の2②	35②	43の18②	48②	51の16④	57②
	施設の使用の停止等の命令	−	21の3	36	43の19	49	51の17	−
	事故届	63	63	63	63	63	63	63
	危険時の措置	64	64	64	64	64	64	64
	報告徴収	67	67	67	67	67	67	67
	立入検査等	68	68	68	68	68	68	68

* 本表は、原子力データベース ATOMICA <http://219.109.2.236/atomica/index.html> (last visited March. 26, 2008) における「原子炉等規制法の規制体系概要」を改変・加筆したもの。
* 表中の数字は、原子炉等規制法の条文番号をあらわす。[例]「43の5①2」⇒「第43条の5 第1項 第2号」、「53 1」⇒「第53条 第1号」

同様に事業規制方式を中心に据えている)。

　先述のように,現行の原子炉等規制法は,「製錬の事業」「加工の事業」「原子炉の設置,運転等」「貯蔵の事業」「再処理の事業」「廃棄の事業」の6つの事業の規制枠組みを用意しているが,これらの事業のいずれにも属さない核燃料物質等の利用行為に関しては,それを一般包括的な使用許可制(第52条以下)の対象にすることによって,規制を加えている(第6章「核燃料物質等の使用等に関する規制」)。本使用許可制の下では,主として大学・研究所等における核燃料物質の研究開発利用が規制対象として想定されているが,実際には,反復的な事業活動として行われない核燃料物質の極めて多種多様な利用がこの許可を得て実施されている。

　塩野(1980)は,この使用許可制を行為規制(表9-1参照)として位置づけている(塩野1980, 5)が,藤原(1984)が指摘するように,実質的には,事業規制の枠組みから外れた核燃料物質の利用に対する物質規制としての役割が与えられている(藤原1984, 157)。もっとも,後述のように,この使用許可制を通じた規制は,規制内容及び運用の両面において物質規制としての役割を必ずしも十分に果たしていない。

　また,成田(1980)は,使用の許可の基準の規定振り(第53条)に見られるように,その許可基準が原子炉の設置等他原子力諸事業の基準とほぼ同様であることを指摘している(成田1980, 96)。

　以上から,原子炉等規制法における「核燃料物質等の使用等に関する規制」は,広い意味での事業規制枠組みを通じた規制,すなわち,使用行為を一種の事業と見立てた規制であると評価することも不可能ではないと考える。

　この「核燃料物質等の使用等に関する規制」に加えて,条約その他の国際約束に基づく保障措置の適用等を受ける「国際規制物資」(第2条第9項)の利用についても,使用許可制(第61条の3以下)の対象とすることにより規制を加えている(第6章の2「国際規制物資の使用等に関する規制」)。国際規制物資に関する使用許可制もまた,先述の「核燃料物質等の使用等に関する規制」と同じく,規制の仕組みとしては各原子力事業者が

国際規制物資を当該事業に供する場合を適用除外としていることから（第61条の3第1項），事業枠組みから外れた国際規制物資の使用を本使用許可制の下で捕捉しているかのように見える。しかし実際には，適用除外となる各原子力事業者等を含める形で，計量管理規定の遵守を事業横断的に要求しており（第61条の8等），法定事業のいずれにも属さず，そのままでは規制の対象から外れてしまう核燃料物質等の利用行為を，一般包括的な規制によってあらためて規制対象に据えようとする「核燃料物質等の使用等に関する規制」とは，その目的・性質が異なっているといえる。

なお，各事業者間等における核燃料物質等の工場外運搬（例えば，加工施設から原子炉への核燃料物質の輸送等）については，原子炉等規制法は，これを一つの独立した事業として位置づけるのではなく，各事業者自身によって実施される，あるいは各事業者等からの運搬の「委託」に基づき実施されるという位置づけで規制の対象としている（第59条の2）。この第59条の2自体は，核燃料物質等の工場外運搬に関する一般包括的な規定ではあるものの，このように事業を柱とする規制枠組みは本規定においても貫徹されているといえる。

3.2 施設の設置運転に先行する事前規制の重視（「入口」規制方式）

原子炉等規制法の「原子炉の設置，運転等に関する規制」（第4章）における安全規制は，施設の設置運転に先行する事前規制と運転開始後の事後規制とに区別することができる。そして，前者の事前規制として，原子炉設置の許可（第23条），設計及び工事の方法の認可（第27条），使用前検査（第28条）等が規定されており，これらを受けた上で，実際の運転が開始されることとなる。このように，これら各行政処分によって段階的に安全面のチェックがなされる方法のことを，「段階的安全規制」方式と呼ぶ（高橋1998, 80）。

この段階的安全規制において注目すべき特色は，事前規制の中でも特に工事に至るまでの，原子炉設置の許可，並びに設計及び工事の方法の認可が，原子炉の安全性の事前チェックとして重要な役割を担っている点であ

る。すなわち，原子炉施設は，設置・運転のプロセスの中でも特に初期段階において，これら許認可プロセスを通じて厳格な規制を受けることが予定されており，運転直前の段階において（原子炉施設の工事及び性能について主務大臣の検査を受けることが予定されているものの）「運転認可」等の形で厳格なチェックを受けるという方式には拠っていない。下山（2007）は，我が国における安全性事前チェック体制が工事に至るまでの初期段階に据えられている点に着目してこれを「入口規制」方式と呼び，運転直前の段階で事前チェックがなされる体制を「出口規制」と呼んでいる（下山 2007, 18-19）。

　このような「入口規制」による安全性の事前チェック体制は，チェック対象となる原子力技術に関する知見が，工事着工前の段階において規制者及び被規制者に備わっていてはじめて可能となる規制システムである。すなわち，これは，確立された技術についてとられる安全チェック体制である。下山（2007）は，我が国でこうした安全チェック体制がとられた理由を，我が国の原子力技術がもともと海外からの導入ベースの技術であったこと，すなわち海外で確立された技術の輸入であった点に求めている（下山 2007, 19）。

4 │ 原子炉等規制法を取り巻く情勢の変化

　原子力技術とリスクとを熟知し，それを適切な形で管理・運営できる者（事業者等）を法的に同定し，それらの者に対して厳しい安全性の事前チェックと保安責任を課すという規制方法を通じて，原子炉等規制法はこれまで我が国における原子力研究開発利用行為を適正に規制し，その健全な発展を側面から支援してきた。その意味において，原子炉等規制法が我が国の原子力の発展の中で果たしてきた役割は大きい。

　しかしながら，原子力を取り巻く内外の情勢は日々刻々変化しており，原子炉等規制法もまた，これらの変化に的確かつ迅速に対応することが求められる。

4.1 これまで原子炉等規制法が情勢の変化に対応できていた理由

中村（2005）によると，原子炉等規制法はその制定（昭和32年6月10日）から平成17年5月20日までに，34回の法改正を経ている。しかし，先述のとおり，同法はこれら幾多の法改正を経つつも，その規制の仕組みの大枠に変更を加えることなく，今日に至っている。

原子炉等規制法が制定されたのは，我が国初の原子力発電が日本原子力研究所（当時）試験動力炉 JPDR によってなされた昭和38年よりも前であり，また，同法が規制対象として据えていた原子力開発利用行為も主として原子炉の設置・運転であった。加えて，同法の制定時点には，核不拡散条約（NPT）（我が国は1970年2月署名，1976年6月批准）や核物質防護条約（1987年2月発効，我が国は1988年10月に加入）等の国際条約は制定されていなかった。

その後，我が国の原子力産業は発電施設中心から再処理，貯蔵，廃棄等を含めた燃料サイクル産業へとその産業の裾野を大きく広げた。また，核不拡散や核物質防護，さらには（近年では）テロ課題への対応等，国際対応への必要性が増大した。原子炉等規制法は，こうした内外の情勢の変化に対応して，その都度法改正を繰り返すことによって，新規事業を規制対象に取り込むとともに，条約等の国際約束の内容を国内規制へと反映させてきた。

このように原子炉等規制法が規制の仕組みの大枠を変えることなく，内外の情勢の変化に応じて，いわば「パッチワーク」的に規制対応を図ることが可能であったのには，幾つかの理由がある。

第一の理由は，原子炉等規制法の規制の枠内で対応可能なものであれば，法律本体を改正することなく，政省令や告示などの行政立法の改正である程度柔軟に対応することができたことである。原子力安全に関わる技術的要請については，その専門性ゆえに，法律本体では実施すべき施策の目的・内容等の枠組みを定めるにとどめ，細部事項は専門的な知見を有する行政に命令定立の権限を委ねている。技術を規制する法律のこのような性質が柔軟な規制対応を可能にしたと言って良い。

第二は，実務において規制運用の「妙」が成立していたと考えられることである。すなわち，非合理的あるいは形骸化したとみられるルール，また不明瞭な基準が「放置」されていたとしても，ある程度解釈・運用や裁量によって問題を生じさせることなく対応することが可能であった。

　第三は，立法府の「55年体制」が原子炉等規制法のパッチワーク的な改正・修正を比較的容易にしていたことである。すなわち，「55年体制」の下では，原子力開発利用に対して理解のある長期安定政権与党等が政府提出の法改正案に賛成票を投じることがほぼ確実に期待できた。このため，原子力産業の裾野が広がっても，その都度法改正を実施し，新規事業を規制に取り込むことが比較的容易であった。

　第四は，とりわけ原子力開発利用の初期段階においては，原子力政策・事業経営の重点課題が，施設の立地・建設の段階に置かれていたことである。すなわち，ここでは，海外からの導入ベースの「完成された」技術を利用した原子炉施設を，地域や自治体の協力を得ながらどのように立地・建設を進めていくか，が重要課題であり，先述の，原子炉等規制法における厳格な「入口規制」方式（原子炉設置の許可，並びに設計及び工事の方法の認可を通じて，特に工事に至るまでの初期の段階において厳格な安全性事前チェックを行う方法。先述第3節参照のこと）で対応が可能であった。

　そして第五は，過去の我が国においては，テロや核物質防護対策の緊急性が相対的に低かった，あるいは社会一般において低いと認識されていたことである。このため，テロや核物質防護対策の観点から規制の仕組みを抜本的に変えなくとも，社会問題とされることはなかった。また，原子力産業の発展の初期段階にあっては，核物質を取り扱いまた利用することができる事業者の数が非常に限定されていたことも，規制の抜本的改正を不要としていた。

4.2　原子炉等規制法を取り巻く情勢の変化

　しかし，以上述べてきた，微修正的法改正による情勢変化への対応を可能としてきた諸要因は，その成立条件を覆しかねないような大きな変化に

直面しつつある。

　第一に，規制機関による規制運用等に対して透明性・説明責任や適正手続が以前よりも増して強く求められるようになった。これは，原子力行政に対する国民の信頼性確保，規制行政の一貫性確保を通じた事業者の予測可能性の向上等といった面で，好ましい変化である一方で，「運用の妙」による柔軟な規制運用に制約を課すことにも繋がる。また，このような変化の中で，政省令や告示などの行政立法の制定・改定においても，事前に国民の意見を求めるなどの慎重な対応がとられることがこれまで以上に強まるものと予想される。そうなれば，これまで可能であった，行政立法の制定・改正を通じた即応的・柔軟な対応も一定の範囲内で制約を受ける可能性がある。

　第二に，立法府の「55年体制」が瓦解しつつある。原子力開発利用に批判的な旧勢力がその政治的影響力を著しく減衰させたとはいえ，「55年体制」の国会内勢力構図の下で可能であった，原子力関連諸法の即応的改正・修正が将来的にも可能であるという保証はない。むしろ，近年の二大政党制による政党間の競争・駆け引きは，ともすれば国益に関わるような重大事項を「政争の具」としてしまう政治リスクを内包しており，我が国の原子力政策や原子力関連諸法がこうした「政争の具」とされてしまう潜在的危険性も否定できない。

　第三に，原子力政策・事業経営の重点課題が施設の立地・建設のフェイズから運転・保守のフェイズへと相対的に移行するとともに，技術開発の重要性が増すようになった。このため，工事に至るまでの初期の段階において厳格な安全性事前チェックを行うという，導入ベース技術の立地・建設の促進を主眼に据えた従前の方法（「入口規制」）では，この変化に必ずしも十分に対応できなくなってきている。

　そして第四に，テロ・核物質防護対策の緊急性が高まりつつある。2001年に米国で発生した9.11同時多発テロは，我が国を含む国際社会に対して，テロの脅威が現実性を帯びていることと，新たなテロの脅威に対して国際レベル・国家レベルの両面での対策を講じることが必要であることを

強く認識させた。事実，原子力開発利用行為に対するテロの脅威は海外では現実のものとなっており，例えば2007年11月には，南アフリカにあるペリンダバ原子力研究施設が武装集団によって襲撃されるという事件が発生している。また，我が国においてもテロ行為までには至らなかったものの，一民間人が所有していたモナザイト鉱石が北朝鮮に輸出されそうになる事件（後述）が報告されている。

これらの変化に加え，原子力産業の国際再編など，原子力を巡る国際化の動向も，「世界標準」の規制システムの採用を我が国に迫る可能性があるという意味で，微修正的法改正を通じた対応を難しくする可能性がある。

5 原子炉等規制法の課題

前節では，原子力開発利用を取り巻く内外の情勢が，原子炉等規制法が制定された当時と現在とでは大きく異なっていること，そして，この情勢変化への同法の微修正的法改正を通じた従前の対応方法が取りにくくなってきていること，について述べた。

本節では，この内外情勢の変化が，原子炉等規制法にどのような課題を新たに生じさせつつあるか，また生じさせる可能性があるか，について，幾つかの具体例を挙げながら論述する。

5.1 新規ビジネス等への対応

先述のとおり，我が国の原子炉等規制法は，予め法律で定められた原子力開発利用行為（事業等）毎に，その実施者に保安上の責任等を課すことによって規制を加える，という縦割りの事業規制枠組みを基本に据えた規制方法を採用している。この規制方法の下では，新たに原子力ビジネスを展開しようとする場合には，その指定又は許可を受ける前段階として，そのビジネスを原子炉等規制法における規制対象事業として位置づけるべく，法改正をその都度実施しなければならない。もっとも，その新規ビジネスが，「核燃料物質等の使用等」の認可基準（第53条）を満たすならば，

法改正を経ることなくそれを実施することも不可能ではない。しかしながら，実際には，この使用許可制は，既存の事業行為から外れた「軽微な使用形態か，または非継続的なもの」を規制対象とするものと考えられている（塩野 1980, 5）ことから，新規ビジネスを同規定の下で実施することは難しいと考えられる。

1990年代の後半に，各原子力発電所にある使用済燃料貯蔵プールでの貯蔵容量が幾つかのサイトで逼迫する事態が発生したこと等から，使用済燃料の敷地外貯蔵を求める機運が原子炉設置者等を中心に高まったことがある。このとき，敷地外貯蔵を実現するためにどのような法的対応が求められるか，について様々な議論が行われたが，最終的には原子炉等規制法に新たに「貯蔵の事業に関する規制」（第4章の2）を設ける（平成11年）という形で，立法的解決が図られた。

新規原子力ビジネスを展開する度に，法改正が必要とされる，という我が国の規制方式は，新規事業開始の遅延や原子力事業者のアウトソーシングの阻害等の形で，事業者に大きな経済的負担を強いる可能性がある他，一般企業等の原子力ビジネスの新参入の機会を狭める一要因にもなり得る。

例えば，下山（1976）は，現行規定の下では，核燃料物質の流通移転の過程に介在する様々な関連事業や企業が原子炉等規制法上の核燃料物質の使用許可を取得することができず，天然ウランの海外からの輸入について商社輸入が認められない等の規制上の阻害要因が存在することを指摘した上で，このような核燃料物質関連ビジネスは原子力発電事業を成り立たせる重要なセクターであり，それを核燃料サイクルを構成する産業システムの中に制度的に組み入れることが，その経済性の向上に資すると論じている（下山 1976, 510）。

現在，中国等での原子力開発利用の進展や国際的なエネルギー資源の需給逼迫等を背景に，ウラン資源の安定確保戦略が我が国において重要なエネルギー課題の一つとなっている。しかし，上述のような原子力に関わる重要ビジネスの参入障壁は，結果として国家のウラン資源確保と安定供給

政策の潜在的な阻害要因となっている。

5.2 重複する施設投資を招く可能性

　第二に，現行の原子炉等規制法は，同一サイト内で複数の法定原子力事業を経営している事業体に対して，重複する施設投資を強いる可能性がある。そして，そのことは事業者等の規制遵守コストと規制機関の行政コストとを肥大化させることに繋がる。

　現行原子炉等規制法の事業規制枠組みを通じた規制の下では，同様の性質を有する行為であっても，それが実施される各事業毎にその許認可の体系が異なる。すなわち，各事業等に付随して当該事業所内で実施される「運搬」，「貯蔵」及び「廃棄」は，それが実施される場所（事業）毎にその許認可体系が異なってくる（表9-3参照）[3]。このような事情から，ある事業体が同一敷地内で複数の事業を行うような場合には，現行の法規定を厳格に解釈・運用する限り，事業毎に独立して「廃棄」及び「貯蔵」のための施設を複数用意しなければならず，それらを共用の施設とすることが困難となる。

　ここでは，ある研究開発機関の事業所で実際に問題となったケースをもとに，仮想事例を紹介しよう。

　例えば，ある事業体が，（イ）「加工の事業」の許可（原子炉等規制法第13条），（ロ）「再処理の事業」の指定（第44条），及び（ハ）「核燃料物質等の使用等」の許可（第52条）を受け，それぞれの事業行為を同一事業所内において実施していたと仮定する。このとき，それぞれの事業から生じる放射性廃棄物については，事業毎に個別に中間貯蔵施設が設置されることとなる。

　これは，原子炉等規制法が，事業毎に当該設備及び附属施設の許可又は指定を受けさせ，それを設置・運営させることを基本に据えた規制方法で

---

3) なお，平成13年1月の省庁再編に伴って，核燃料物質等の使用等の許可を除く，原子力利用に係る許認可の殆どの部分が経済産業大臣に一本化される以前は，事業毎に細かくその許認可主体が異なる例も少なくなかった。

表9-3 ●事業所内で実施される，核燃料物質等の「運搬」，「貯蔵」及び「廃棄」に関する許認可体系

場所			許認可主体	根拠条文
加工事業所内			経済産業大臣	第13条，第14条，第21条の2，第21条の3
原子炉設置事業所内	「実用発電原子炉」		経済産業大臣	第23条（第1項第1号），第24条，第35条，第36条
	「実用舶原子炉」		国土交通大臣	第23条（第1項第2号），第24条，第35条，第36条
	「試験研究の用に供する原子炉」		文部科学大臣	第23条（第1項第3号），第24条，第35条，第36条
	「研究開発段階にある原子炉」	発電用	経済産業大臣	第23条（第1項第4号），第24条，第35条，第36条
		発電用以外	文部科学大臣	第23条（第1項第5号），第24条，第35条，第36条
貯蔵事業所内			経済産業大臣	第43条の4，第43条の5，第43条の18，第43条の19
再処理事業所内			経済産業大臣	第44条，第44条の2，第48条，第49条
廃棄事業所内			経済産業大臣	第51条の2，第51条の3，第51条の16，第51条の17
使用事業所内			文部科学大臣	第52条，第53条，第57条（「貯蔵」），第57条の4（「廃棄」），第57条の5（「運搬」）

あり（例えば，「加工の事業」については第13条第2項第2号，「再処理の事業」については第44条第2項第2号，「核燃料物質等の使用等」については第52条第2項第9号），廃棄物貯蔵施設等の附属施設を同一会社により同一施設内で実施する場合を想定した規定を持たないことに起因する。このため，このような事業所では，（イ）の貯蔵は，「加工の事業」に付随する貯蔵行為（第21条の2第1項第3号）として第13条の規定する「加工の事業」の許可の下で，（ロ）の貯蔵は，「再処理の事業」に付随する貯蔵行為（第48条第1項第3号）として，第44条の規定する「再処理の事業」の指定の下で，そして（ハ）の貯蔵は，「核燃料物質等の使用等」に付随する貯蔵行為（第57条）として，第52条の規定する「核燃料物質等の使用等」の許可の下で，それぞれ施設が用意されることとなる。

さらに、この事業所において、中間貯蔵されている放射性廃棄物を、発生事業別ではなく、その性状別ごとに廃棄体化処理（最終処分の基準に適合させるためにコンディショニング）するための総合的な処理施設を同じ事業所内に設置しようとした場合、現行法の下では、制度的困難に直面することが予想される。

例えば、仮に、同処理施設を再処理施設に付随するものとして設置（第48条第1項第3号）し、加工施設及び使用施設から発生する廃棄物については、原子炉等規制法第58条を根拠に、同規定が引用する「核燃料物質等の工場又は事業所の外における廃棄に関する規則」第2条第1項に基づく「工場又は事業所の外において行われる放射性廃棄物の廃棄」（いわゆる"外廃棄"）として受け入れようとしても、使用と再処理・加工とでは主務官庁が異なる（前者は文部科学大臣、後者は経済産業大臣）ことや、加工施設及び使用施設から発生する廃棄物の量が再処理施設から発生する廃棄物の量を超えてしまった場合どうするか（その場合であっても当該処理施設を再処理施設に付随する施設として認めるか）、等について明確な法令や指針等が定められていないため、こうした方針に対して行政機関がどのような判断を下すか、について定かではない。

このような制度的不透明性を確実に回避しようとするならば、現行規定を杓子定規に適用し、中間貯蔵施設の場合と同じく、発生事業別に三つの同様の処理施設を設置する他はないが、これは事業体に大きな負担を強いることに繋がる。

5.3 最新技術・設備採用への対応

先述のとおり、現行原子炉等規制法の下で、原子炉を設置・運転する場合には、原子炉設置の許可（第23条）、設計及び工事の方法の認可（第27条）、使用前検査（第28条）といった事前の安全チェックを受けることが必要となる。ところが、現行法の下では、原子炉を新たに設置する場合のみならず、新たな設備の採用や改造（改良）等を行う際にも、原子炉設置申請書本文の変更が生じる場合には、あらためてこれらの事前チェックを順

次受けなければならない。このため、設置者（事業者）は、これらの採用に要する期間（行政手続にかかるコスト）を回避するために、最新の技術や設備の採用を断念し、従前と同じ設備等を採用するケースが多々あると報告されている（原子力法制研究会「技術と法の構造分科会」2008, 46）。

　これは、直接的には、設置（変更）許可対象の事項が画一的に規定されていることに起因する問題である（原子力法制研究会「技術と法の構造分科会」2008, 46）が、その背景には、先述のとおり、我が国原子炉等規制法が、海外からの導入技術をベースとした、「完成された」技術に対する「入口規制」（設置・運転の一連の過程の中でもとりわけ初期の段階において厳格な事前チェックを受ける）を採用しているという要因もある。すなわち、完成され認められた技術でなければ、安全設計上影響のない材料変更・改良、同等品への代替であっても、一連の事前チェックを一から受け直さなければならないのである。

　このような規制は、新技術の導入、改善・改良に対するディス・インセンティブとなり、ともすれば安全性向上にとっての阻害要因にもなり得る。設置（変更）許可申請が必要とされる事項の再検討ももちろん必要であるが、国内における原子力技術開発の重要性が増しつつある現況において、従前の導入ベース技術の採用を前提とした規制システム（「入口規制」）のあり方自体も再考されるべきであろう。

5.4　事業別許可制度と事業分類に関わる課題

　現行原子炉等規制法の事業規制枠組みを通じた規制の下では、核物質等の利用行為は、何らかの既存事業あるいは使用行為として分類された上でその事業等の許可あるいは指定を受けることとなる。このため、その利用行為が必ずしも適正ではない事業に分類されたり、またそうして分類された後にあっては、行為の特性に合わない規制がなされたりする可能性もなくはない。

　この点に関して、例えばJCO臨界事故に関し「ウラン加工工場臨界事故調査委員会報告」が、「濃縮度20%のウランを溶液系で扱うという事業

内容の特殊性を考えると，加工施設であっても，むしろ使用施設的な特別な施設として審査することもありえた。使用施設の場合は科学技術庁（当時）の審査のみであるのに対して，通常の加工施設と同様に取り扱えば原子力安全委員会の審査とのいわゆるダブルチェックが行われ，より確実に審査できると考えられたが，このことは，しかし，事業の特殊性を重点的に審査することを必ずしも意味していない。」と指摘していることは注目に値する（原子力安全委員会ウラン加工工場臨界事故調査委員会 1999, iii-45）。すなわち，同報告書の記述は，前半の部分で施設の内容だけに着目し（事業規制枠組みの下で）形式的な施設規制を及ぼすことの問題点を指摘し，後半の部分で，事業の内容に応じた規制（審査）を及ぼすことのほうが，形式的には厳格な規制を及ぼすことよりもはるかに重要であることを示している。

　JCO 臨界事故のケースでは，事故施設に対して使用施設としての規制を及ばせていたならば事故を未然防止することができたかどうか，については定かではない。しかし，上の報告書の指摘は，事業毎の縦割りの規制枠組みの下では，そこで実際に行われている行為の特性に着目したきめ細かな規制が選択されることよりも，「先ず事業ありき」といった形式的な規制が選択されてしまう可能性があることを示唆しており，これが安全規制の実効性確保を阻害する危険性を孕んでいることを暗に示していると言える。

　また，事業分類に関わる，これとは別の課題として，事業者がその事業目的に関わる研究開発を行うために，核燃料物質を取り扱おうとする場合，当該事業行為の一環として行うべきであるか，それとも別途使用許可を得た上で行うべきであるか，判断に迷うケースがあることも報告されている。もしも使用許可の下でこうした研究開発行為を実施しなければならないとなると，当該事業において利用されている設備を共用することは困難となり，別途同様の機能を有する設備を設置しなければならなくなる（原子力法制研究会「技術と法の構造分科会」2008, 63）。このことは，事業者に負担を強いるという面のみならず，事業者による当該事業の円滑な遂行

を目的とした自主的な研究開発利用行為を阻害するという点からも問題であると言える。

5.5 核物質利用に対する規制の不徹底

現行の原子炉等規制法は，6つの既存事業（「製錬の事業」，「加工の事業」，「原子炉の設置，運転等」，「貯蔵の事業」，「再処理の事業」及び「廃棄の事業」）の枠組みに含まれない核燃料物質の利用行為を「核燃料物質等の使用等」として，一般包括的な使用許可制（第52条以下）に服せしめることによって規制を加えている（第5章の3「核燃料物質等の使用等に関する規制」）。しかしながら，先述のとおり，この「核燃料物質等の使用等に関する規制」は，その許可の基準が原子炉の設置等他原子力事業の基準とほぼ同様の規定振りとなっている等，使用行為を一種の事業と見立てた規制の仕方となっている。

このため，既存の事業規制に該当しない形での核燃料物質の保持・利用について許可を求める者に対しても，「核燃料物質を使用しようとする」という行為意思が他事業と同様に要求されることとなる（第52条第1項）。そして，このことは，この行為意思を伴わない核燃料物質の保持・利用（例えば，単純所持等）に規制が及ばない，という問題を引き起こすこととなる。

この問題については，我が国で核燃料物質等を取り扱っているのは，実際問題として，原子炉等規制法の下で事業あるいは使用等の指定・許可を受けた者や放射線障害防止法の下で許可を受けた者（使用者，販売業者，賃貸業者，廃棄業者等）に限定されるため，現実に，核燃料物質等がこれらの者以外により保持・利用されることは想定し難く，また，万が一仮に保持・利用されていたとしても，後から許可申請を要求すること等により（これに違反した場合には罰則が科せられる），現行の規制枠組みの中で対応することが十分可能である，といった反論が想定される。しかしながら，現実にはこれに反し，現行規制の及ばない核燃料物質等の保持の事案が近年多数報告されており，中には社会問題化したものもあった。

例えば，平成12年6月に発覚した，一個人が明確な使用意思を持たずモナザイト鉱石を大量に保管していた事案では，当時の処分庁（科学技術庁）が，所持者に対して使用許可の前提となる「使用しようとする」（原子炉等規制法第52条第1項）と使用許可（同法第52条）の申請を求めるにとどまり，その結果，首相官邸等の政府機関に告発文書がモナザイトとともに郵送され，警視庁公安部が捜査に着手するまで有効な対策がとられなかった。しかもこの事案では，平成12年のはじめに北朝鮮関係者から同国へのモナザイトの輸出話が持ちかけられており，実際に新潟港から荷積みする段取りまで決められていたことが，後日新聞報道等によって明らかにされている（平成12年6月15日付毎日新聞夕刊）。

　原子炉等規制法における使用許可制の規制の仕方に伴う核燃料物質利用に対する規制の不徹底は，現実問題として上述の問題を実際に生じさせているのみならず，核不拡散や核テロ対策の国際協調の重要性が増しつつある現状の中でこの問題を放置しつづけることは，将来的に，我が国の核不拡散，核物質防護体制に対する国際的な信頼性に暗い影を落とすことにも繋がりかねない。とりわけ，再処理施設の本格稼働や MOX 燃料を利用したプルサーマルの実現を間近に控え，我が国に対する核不拡散等に関わる国際的関心が向けられる中で，この問題に関する対策を講じないことは，再処理事業及び MOX 燃料利用の円滑な実施を阻害する潜在的危険性を有しているとも言い得る。

6 これからの我が国の原子力法規制体系のあり方

　前節（第5節）で指摘した，原子炉等規制法が現在直面している（あるいは直面するであろう）諸課題は，いずれも第3節で述べた，現行原子炉等規制法の特色に起因している。

　すなわち，原子力開発利用行為が法定の事業等に限定されているため新規ビジネス等の参入が円滑に行われない点や，同一サイト内で複数事業を経営している事業体に対して重複する施設投資を強いる可能性がある点，さらには核物質等の利用行為が適正ではない事業に分類される潜在的可能

性がある点等は，現行原子炉等規制法が縦割り型の事業規制を基本とする規制方式を採用していることに起因している。また，核物質利用に対する規制の不徹底もまた，同法の使用許可制に関する諸規定が，使用行為を一種の事業と見立てた規制の仕方になっていることが原因である。一方，最新技術・設備採用に対するディス・インセンティブは，導入ベースの「完成された」技術の採用を前提とした，施設設置運転に先行する事前安全性チェックを極度に重視する規制の仕方に起因していると見ることができる。

したがって，前節で指摘したような諸課題を克服するためには，原子炉等規制法の持つこれらの特色を修正する形での何らかの法改正が必要になるものと思われる。そして，第4節で述べたように，原子炉等規制法の微修正的法改正を通じた対応に限界が生じつつあることを勘案するならば，場合によっては，法規制の仕方そのものの変更をも視野に入れた，大幅な法改正も一つの選択肢として検討すべき段階にあるのではないかと考える。

6.1　事業別許可制の修正と包括的な物質許可制の導入

原子炉等規制法が縦割り型の事業規制を基本とする規制方式を採用していることに起因する諸課題を克服する方法には，(イ) 既存原子力法規制体系の再編をも視野に入れた現行原子炉等規制法の「全面的改定」と(ロ) 現行原子炉等規制法の規制の仕組みは温存しつつも，従前の微修正的法改正よりも踏み込む形で，各課題に対応する法改正や法整備を戦略的に実施するという「部分的補強」の二つのアプローチがある。この二つには，それぞれ一長一短がある。

(イ) 第一の「全面的改定」アプローチは，原子炉等規制法を含む現行の原子力法規制体系を (i) 原子力施設の設置・利用に関する許可制を定めた法律と，(ii) 原子力利用行為の過程で核物質の内容・性質が大きく変化しないもの，又は核物質そのものを規制したほうが施設を通じて規制す

るよりも合理的であるものを，単純所持をも含めて規制する，包括的な物質許可制を定めた法律の二つの法規制に整理・再編する等の形で，従前の事業別許可制に変わる規制体系を導入し，事業別許可制に起因する制度的課題の抜本的解決を図ろうとするものである。このアプローチは，特に後者（ii）に着目して「物質規制」アプローチと紹介されることも多く，韓国を除く多くの原子力開発利用先進諸国がこうした規制アプローチをとっていることが知られている（田邉（2005b, 8-16）等）。

このアプローチによれば，施設を事業毎の規制枠組みの中ではなく，全ての原子力利用者を対象とする包括的な施設許可制の下で規制することとなるため，同一サイト内の同一内容の施設をその事業毎に複数用意しなければならないという規制上の制約は無くなり，重複施設の設置が制度的に「強制」されるといった問題を回避することができる。また，包括的な物質許可制の導入によって，核物質の流通移転の過程に存在する様々な関連事業や企業を法律上の主体に据えることが可能となり，新規原子力ビジネスの展開や資源問題等への寄与が期待できる他，事業規制枠組みから外れる核物質の所持を規制対象とすることによって核物質防護や核不拡散に関する国際的な期待に応えることもできる。

付け加えて，このアプローチの下では，施設許可制における法定事項を適正化し，詳細な安全規制については政省令に委ねることによって，新規事業展開への即応的な法的対応と国会での法改正に伴う「政治問題化」を回避することが可能となる。例えば，包括的な施設許可制を採用するドイツでは，我が国の場合とは異なり，特段の法改正を行うことなく使用済燃料の敷地外中間貯蔵を実施することができた（田邉 1998, 31）。

もっともこのアプローチは，制度改変に関して，規制サイドと被規制サイドの双方に多大な制度移行コストを強いてしまうという欠点がある。また，施設の立地の段階にあっては，事業認可の取得が「お墨付き」として地域理解を促進する面を持っているため，制度改革により事業規制の枠組みを外すことに対して懸念を示す者もいる（鈴木 2007, 32）。加えて，施設許可制の詳細規制を政省令に委任し，法改正を経ない即応的対応を可能と

することに対しては，国民の合意の下に慎重に原子力開発利用をすすめる（あるいはコントロールする）べきであるとする立場等からの批判がある。さらに，政省令等の行政立法の制定・改正を通じた即応的・柔軟な対応が，今後一定の範囲内で制約を受ける可能性があることについては，既に指摘したとおりである。

（ロ）他方，第二の「部分的補強」アプローチは，資源備蓄や（核拡散やテロの潜在的脅威にもなり得る）核物質の単純所持へ対応を図るために包括的な物質許可制に相当する規定を現行原子炉等規制法の中に盛り込みつつ（これを別法とすることも考えられる）も，その他の諸課題については，その内容毎に特例規定等を導入する等して対応を図るという方法である。特例規定の例としては，一定の要件を満たす場合における重複施設設置回避の規定等が考えられる。

　このアプローチによれば，漸進的な制度改革が可能となるため，「全面的改定」アプローチのように「瞬間風速的」に多大な制度移行コストが発生しない。また，従前の事業規制枠組みがそのまま残るため，その撤廃に伴い懸念される問題，すなわち（先述の）施設立地の促進や民意を反映した原子力事業の展開に対する懸念を回避することができる。

　しかし，このアプローチは，原子炉等規制法における従前の事業規制枠組みを温存するため，それに起因する課題を抜本的に解決することはできない。その意味で，これまで採られてきた同法の微修正的法改正と同根のジレンマを持つこととなる。とりわけ，先述のように，立法府の「55年体制」の瓦解により，従来のような即応的・パッチワーク的な法改正が今後とも可能であるという保証は必ずしもなく，課題克服のための即応的な法改正が可能かどうか，については疑問が残る。

　また，個別課題の内容毎に法改正を通じた対応を今後もとり続けるならば，原子炉等規制法の規制内容は，現行規定よりもさらに複雑かつ理解しにくいものとなる。そうなれば，原子炉等規制法の全体像をつかむことは，現場はおろか，国民にとってもますます理解しがたい内容となる可能

性がある。複雑・理解困難なルールが，原子力施設を抱える自治体との関係や原子力推進体制に対する国民の信頼にマイナスの影響を与える可能性もないわけではない。

　以上述べたように，これら二つのアプローチにはそれぞれ長短があり，その優劣を判断することは容易ではない。しかし私見では，どちらのアプローチを採用するにせよ，包括的な物質許可制あるいはそれに相当する規制システムを導入することが，我が国の原子力法制改革の一つの要諦になるのではないかと考える。国家の資源確保戦略，外部脅威（先述のモナザイト輸出未遂事案）等からの国民の保護，という国益に繋がる重要な問題への対応を可能とする意味でも，物質規制アプローチの規制システムの導入は大きな意義を持つ。また，このような規制システムは，「物質の特性，物質利用・管理の特質に応じた規制」という視点を法により強く反映させることにも繋がるため，現在懸案となっている，複数事業に伴う放射性廃棄物処理（貯蔵）の共有化に向けた特例規定の導入等を容易にする効果も期待できる。さらに，将来的には，放射線障害防止法との調整や一元化の検討も視野に入ることが期待される。

6.2　施設の設置運転に先行する事前規制の適正化

　原子炉の設置・運転の一連の過程の中でもとりわけ初期の段階で厳しい事前チェックを敷くという，原子炉等規制法における「入口規制」は，チェック対象となる原子力技術に関する知見が，工事着工前の段階で規制者及び被規制者に備わっていて初めて可能となる規制システムであり，我が国での技術開発を指向する規制ではない（第3節第2項参照）。このため，第5節第3項で述べたように，新技術の導入，改善・改良に対するディス・インセンティブとなり，ともすれば安全性向上にとっての阻害要因にもなり得る。

　したがって，この「入口規制」の内容を，新技術の導入，改善・改良を促進，あるいは少なくとも阻害しないよう，適正化することが必要である

と考える。具体的には，変更申請の要否に係る判断を，当該変更事項が設置許可申請書本文に記載ある内容かどうかといった形式的な基準に拠るのではなく，安全に影響を及ぼす内容であるかどうかを，リスク情報を勘案しながら判断する，といった形に変えていく必要がある（原子力法制研究会「技術と法の構造分科会」2008, 54）。こうした形で，立地・建設が決定してから（運転段階を含めて）蓄積された技術的知見を実際の技術に反映させていくことが望まれる。

また，現行規制においては，既に許可を受けている形式の設備についても，新規設置時においてその都度厳格な「入口規制」を受けることとなるが，この規制方式は，事業者と行政の双方に無駄なコストを強いることにも繋がりかねない。米国等で導入されているようなプラントの型式認定制度や個別設計事項に対する事前認証制度等を我が国でも採用することによって（原子力法制研究会「技術と法の構造分科会」2008, 54），「入口規制」の適正化を図ることが不可欠であると考える。

7 おわりに

本章でこれまで論じてきたように，我が国原子力法規制体系の中核をなす原子炉等規制法は，これまで，我が国の原子力研究開発利用の健全な発展に寄与してきた一方で，様々な今日的課題を抱えている。本章で取り上げた課題は，それらのほんの一部であり，実際には，この他にも様々な課題に現場実務は直面している（詳細については，原子力法制研究会「技術と法の構造分科会」(2008) 等を参照のこと）。

我が国原子力法規制体系のあり方を政策論として論じようとする場合，現場実務が抱える個別具体的な課題を精査・分析し，それへの個別対応（具体的な処方箋）を示すことが極めて重要であることは言を俟たないが，それと同時に，原子力法規制体系のあり得るべき姿・理想像を，国家的視野，あるいは産業政策的視野から「先ずは書き下してみる」ことも同様に重要であると考える。もちろん，現場実務から乖離した抽象論に終始することは望ましくなく避けるべきであると考えるが，「我が国の原子力研究

開発利用はいかにあるべきか」という視点から原子力法規制体系のあり方を大所高所から論じてみることは，個別課題対応における議論で見落とされがちな視点や考え方を想起させ，議論に幅と深さを与える等の効用があり，決して軽視されるべきではない。

本章における内容がこうした議論を誘発する一助となれば，筆者としてこれ以上の喜びはない。

[田邉朋行]

参考文献

赤塚洋・小川明雄（2003）「放射線管理区域跡地の再開発を規制する法令の不備」『日本原子力学会和文論文誌』第 2 巻第 3 号, pp.215-229.

原子力安全委員会ウラン加工工場臨界事故調査委員会（1999）『ウラン加工工場臨界事故調査委員会報告』。

塩野宏（1980）「核燃料サイクルを中心とする原子力法制の特色――概要」塩野宏編著『核燃料サイクルと法規制』第一法規, pp. 1 - 8.

下山俊次（1976）「原子力」山本草二・塩野宏・奥平康弘・下山俊次編『未来社会と法』筑摩書房, pp.413-560.

下山俊次（2007）「原子力法制のうつりかわり」原子力法制研究会「技術と法の構造分科会」『第 1 回原子力法工学ワークショップ報告書――原子力と法規制の諸問題』pp. 7 - 24.

鈴木孝寛（2007）「サイクル施設・輸送に対する規制の体系」『原子力 eye』Vol.53 No.10, pp.30-33.

高橋滋（1998）『先端技術の行政法理』岩波書店。

田邉朋行（1998）「わが国の原子力法制の特色と課題――物質規制方式への一試論」電力中央研究所報告：Y97011.

田邉朋行（2005a）『原子力安全性維持向上のための規制と企業コンプライアンス活動との協働に関する研究』京都大学大学院エネルギー科学研究科博士学位論文。

田邉朋行（2005b）「原子炉等規制法の規制的問題と改善のための立法試案」電力中央研究所報告：Y04006.

田邉朋行・下山俊次（2008）「原子力立国にふさわしい原子力法制を――原子炉等規制法の問題点」『日本原子力学会誌「アトモス」』第50巻第 3 号, pp.30-34.

原子力法制研究会「技術と法の構造分科会」（2008）『平成19年度研究報告』東京大学大学院工学研究科原子力国際専攻。

中村進（2005）「安全規制改革の現状と課題」『日本機械学会2005年度年次大会講演資料集』第 8 巻, pp.449-450.

成田公明（1980）「日本における放射線防護法の体系」金沢良雄編『放射線防護法の体系と新たな展開――第 2 回日独原子力法シンポジウム』第一法規, pp.91-109.

藤原淳一郎（1984）「原子力と立法」『ジュリスト』No.805, pp.156-160.

第10章
放射線防護政策

1 はじめに

　放射線は宇宙の創成期から自然界に存在しているが，人間の感覚機能では捉えることができないので，人類がその存在を知ってからまだ一世紀しか経っていない。人類はまだ空気や水のごとく，放射線に馴れ親しんでいるわけではないのである。放射線を発見した人類は，放射線を用いることで物理学，医学，工学，農学など幅広い学問分野で有用な知見を得ることができ，さらに人間が生活する様々な分野で放射線を活用できることを知った。一方，放射線の利用を進める過程で，多量になると有用な放射線であっても，人体に悪影響を与えることも知った。この功罪半ばする放射線から人体をいかに防護するかは重要な課題である。
　公共政策とは政府または公共部門が行う公共的な政策全般を指す総称である。原子力安全に係わる政策は，公共政策の中でも特に，労働，雇用，社会福祉等を含む社会政策，学術等を含む文化政策，エネルギー政策などに深く関わりを持ち，横断的な政策分野に属している。放射線防護政策は，原子力利用及び放射線利用の様々な分野で従事する人々の安全確保と施設の放射線防護，さらに環境への影響防止を政策目的としており，安全に係わる政策の中核的地位を占めている。本章では，放射線防護法体系に注目し，我が国の放射線防護政策の柱の一つである従事者の放射線防護政

策に内在する政策的諸課題を明らかにする。

2 放射線防護政策における放射線

2.1 放射線

　ここで，放射線防護政策について論を進める前に，放射線について言及しておく。放射線は地中，地表，地上の全てに存在している。自然界のほとんどの物質には微量の放射性同位元素が含まれており，これらからアルファ線，ベータ線，ガンマ線が放出される。同じ放射性同位元素から2種類以上の放射線が出てくることもある。また，自然界にはウランよりも原子番号の大きな放射性同位元素もわずかではあるが存在し，自然に核分裂して中性子が放出される。自発核分裂してできた新しい原子核には不安定なものも多く，引き続いてアルファ線，ベータ線，ガンマ線が放出される。宇宙線は地球に降り注ぐ放射線であるが，その主なものは陽子線である。

　代表的な放射線として知られるアルファ線，ベータ線，ガンマ線は，いずれも放射性同位元素から発生し，アルファ線はヘリウム原子核，ベータ線は電子，ガンマ線は電磁波の一種である。これらの放射線はどれもエネルギーが大きく，原子や分子を電離する能力を持っているので電離放射線といわれている。通常，放射線はこの電離放射線を指している。電離放射線には，アルファ線，ベータ線，ガンマ線の他に，ガンマ線と同じ電磁波の一種のエックス線，さらに中性子線などがある。肉眼で感じることのできる可視光や熱を感じる赤外線，電子レンジで使われている極超短波，携帯電話やPHSから出る電波などは，広い意味で全て放射線である。電波はほとんど電離を起こさないので，非電離放射線といわれている。非電離放射線の人体への影響が懸念されるとして，放射線防護規制に非電離放射線を取り入れるべきとの議論もあるが，現時点の放射線防護政策が構築する法体系は，電離放射線を対象としている。そこで放射線防護政策で論じる場合も，特に断らない限り電離放射線を放射線と呼ぶこととする。

2.2 放射線被ばく

一般的に，放射線被ばくは，「職業被ばく」，「医療被ばく」，「公衆被ばく」に分類される。しかし，「職業被ばく」を職業人の放射線被ばく，「医療被ばく」を治療中の被ばく，「公衆被ばく」を一般人の被ばくと単純に分けて考えてはならない。放射線業務に従事する職業人の個人被ばく線量の総和には，放射線業務に就業中の「職業被ばく」，患者として治療を受ける際の「医療被ばく」，放射線業務から離職中の「公衆被ばく」が含まれる。

放射線は測定及び計測が可能であり，測定器により計測された個人被ばく線量は，あらゆる「職業被ばく」について客観的かつ公正な管理情報を提供することができる。この管理情報は，主に，放射線業務従事者の作業管理情報として用いられるが，被ばくした個人にとっては，計測可能な健康管理情報でもある。

放射線防護政策上，法令により規制が行われているのは「職業被ばく」だけである。したがって，放射線防護政策について論じる場合には，「職業被ばく」を検討対象とし，法で事業者を規制する防護規制と規制を受ける事業者が行う放射線被ばく管理との係わりについて考えることになる。

次に，「職業被ばく」で取り扱う放射線は，どの範囲までとするのかという問題である。我が国の放射線防護法令は，人工的に生じさせた放射線を規制の対象としている。唯一の例外として，鉱山保安法が対象とする核原料物質の採掘における自然放射線による「職業被ばく」がある。世界の専門家が集まって検討を行い，放射線の防護基準についての勧告を出している国際放射線防護委員会（ICRP）は，自然に存在する放射線源を人為的に集積させた場合の被ばくについても，それが職業的に行われた場合には「職業被ばく」とすることで検討を進めている。具体的には，航空機を運航する乗務員，客室乗務員，さらに人工衛星など宇宙空間で働く宇宙飛行士の自然放射線による被ばくがこれに相当するとしている。さらに，地球内部から地表に出てくるラドンが人工建築物の内部に滞留することによる被ばくも検討されているが，これを「職業被ばく」に含むかどうかは定か

第Ⅲ部
原子力安全政策

ではない。

また，ICRPは，「職業被ばく」と「医療被ばく」との区分けについて，当該個人の健康診断における被ばくは医療被ばくに含め，職業被ばくとしては取り扱わないこととしている。しかし，我が国における放射線障害の認定基準（基発第810号）では白血病の認定に際し，労働安全衛生法等の法令で事業者に義務付けられている労働者の健康診断で，本人が被ばくした医療上の被ばく線量も，業務上の被ばく線量に加味して取り扱うこととしている。この結果，健康管理上の「医療被ばく」のデータも一部分，放射線業務従事者に係る「職業被ばく」のデータの範疇に含める必要が生じる場合がある。

2.3 放射線影響

放射線の人体への影響は，受けた放射線の種類や量，全身に受けたのか，体のごく一部に受けたのかによって異なりさまざまである。放射線影響は，大きく二つに分けられ，一つは受けた本人の体に現れる身体的影響，もうひとつは本人の精子や卵子の遺伝子が放射線によって変化し，それが子や孫に伝えられて障害を持つ子ができるという遺伝的影響である。遺伝的影響は動物実験で確かめられた例はあるが，人間の場合ではこれまでの調査では認められていない。

身体的影響は症状の出方によって，放射線を受けて数週間以内に症状が出る急性障害，数ヶ月から数年後になって症状が出てくる晩発障害，人が胎内で被ばくしたときに現れる胎児発生の障害に分けられる。なお，胎児発生の障害にも急性障害と晩発障害とがある。晩発障害には白内障のように被ばくした身体の部分と放射線量によって数ヶ月から数年後に確実に症状が現れるものと，がんのように潜伏期を経て確率的に症状が現れるものがある。

放射線の人体への影響を，遺伝的影響と身体的影響に，区分する上記の区分とは異なり，線量によって，ある線量以上になると確実に症状が現れる確定的影響と，線量によって必ず症状が現れるというのでなく確率的に

症状が現れる確率的影響の二つに区分する方法がある。確定的影響は低線量の放射線では影響が現れないことがはっきりとしていて、閾値が存在する影響である。閾値を超えると症状があらわれ、その重篤度は線量が多くなると高くなる。確定的影響の中でもっとも低線量で発症することが確認されているのは、末梢血中のリンパ球の減少とされているが、閾値の線量レベルは100ないし200ミリシーベルト（mSv）のレベルから500mSvのレベルまで幅広く報告されている。ICRPは勧告 ICRP. Pub.60で500mSvを閾値としている。一方、確率的影響は線量が多いからといって症状が重くなるのではなく、線量が多くなるほど症状が現れる確率が高まる性質を持っている。放射線影響のうち、がんと遺伝的障害が確率的影響に該当するとされている。

　放射線防護の基本政策は、この確定的影響と確率的影響を対象に、確定的影響の発症を確実に阻止し、確率的影響の発症を可能な限り低く抑制することにある。確率的影響に閾値があるのか、それともないのかという議論が盛んに行われているが、放射線防護政策から考えると、この問題はまだ研究レベルの課題であると言えよう。

2.4　放射線量

　ここで被ばく線量の持つ2つの側面、即ち作業管理情報と健康管理情報について、ここでもう少し詳しく述べる。被ばく線量は一般的に放射線を受けたその量と考えてよいが、影響を与える側と影響を受ける側の応答関係から捉えると、放射線が生物を含めた対象物に与える影響の量と、対象物が放射線によって受けた影響の量とは区別して考えなければならない。しかし、これを常に区別して考えることは実用上不便であるので、放射線が対象物に与える影響と対象物が放射線によって受けた影響を共通の尺度で記述できるように工夫がなされている。他方、影響そのものをより明確な量で表わすために、放射線が対象物に与える影響を物理量で表現する場合がある。

　作業管理情報及び健康管理情報は前者に属する情報であり、尺度の単位

にはシーベルト (Sv) が用いられ，線量当量と呼ばれている。放射線防護は放射線による人体への影響を防護することを目的としているので，線量当量は人体への影響を表わす単位と言い換えてもよい。一方後者の物理量単位にはグレイが用いられて吸収線量と呼ばれ，放射線によってもたらされたエネルギーの量を示している。

　人体への影響については既に，確定的影響と確率的影響に分ける考え方を示した。これに対応して線量当量も二つに区分した名称が与えられている。放射線防護上，確定的影響の発生の防止を目標とする場合には，組織線量当量が，確率的影響の発生の制限を目標とする場合には実効線量当量が用いられ，それぞれ次式で与えられる。実効線量当量は全身被ばく，部分被ばくと言った被ばくの形態に係わらず用いることができる。

　　組織線量当量（シーベルト）＝臓器または組織の吸収線量×該当する放射線
　　　　　　　　　　　　　　　荷重係数
　　放射線荷重係数：放射線の種類（線質）によって異なる影響を同じ尺度で評価するために決められた係数。β 線および γ 線に対しては1，α 線に対しては20など，放射線荷重係数が与えられている。組織線量当量の名称は，ICRPの1990年勧告で，線質係数が放射線荷重係数に変更となったため，組織の「等価線量」と名称が変更になっている。

　　実効線量当量（シーベルト）＝（臓器または組織の組織荷重係数×臓器又は
　　　　　　　　　　　　　　　組織の組織線量当量）の総和
　　組織荷重係数：各組織・臓器の等価線量（組織線量当量）に掛ける係数。
　　　　　　　　　放射線被ばくによる各組織・臓器の確率的影響の損害割合を身体の全損害に対して算定されたもの。

通常，線量当量を放射線防護の現場では次のように用いている。仕事をする人の能力は人によって変わらず一定と仮定することが多いので，同じ仕事であれば，一人の仕事量は仕事をした時間数に比例し，比例定数は無次

第10章
放射線防護政策

元である。一人の人間がある放射線環境下の場所で，仕事をした結果被ばくした被ばく線量（線量当量）は仕事量に比例し，仕事をした時間数と時間当たりの被ばくの程度をあらわす係数の積で表わすことができる。この係数を空間線量率と呼ぶ。仕事中に作業者が被ばくする線量当量は空間線量率を用い，仕事を行った時間との積で表わされる。空間線量率は時間当たりの作業場所の線量当量で場所の関数であり，これは作業管理情報のひとつである。

　法令により限られた期間内の被ばく線量限度が与えられるので，作業管理の場で，被ばく線量限度は，仕事をした時間と空間線量率の積を限られた期間で積算した総和の上限値であると言い換えることができる。この中で，空間線量率と仕事の時間とはトレードオフの関係にあり，空間線量率が大きければ，仕事をする時間を制限することになる。そのため，放射線業務従事者及び管理者にとって，空間線量率は仕事をする場所の危険度（リスク）の指標であり，仕事を消化するためのスピードメータの役割も持っている。また，積である各線量当量は，放射線業務に内在するリスクを表わしている。作業管理情報である線量当量に基づく放射線防護政策の研究は，原子力の労働政策，労働安全政策の分野に発展・展開が可能である。

　次に，法令が定める各管理期間内の被ばく線量を順次加算した累積被ばく線量について考える。各管理期間内の全範囲について積算された累積被ばく線量は，法令限度値以下であることが確認されているので，作業管理情報としての価値は失っている。しかし，産業医が放射線業務従事者の放射線業務への従事について，その可否の判断を行う際，電離健康診断時の情報とともに，累積被ばく線量情報が重要な情報として扱われている。この場合，累積被ばく線量は，むしろ健康管理情報と呼んだほうが適切である。

3 放射線防護政策の基本

3.1 被ばく線量限度

ICRPは，長期間にわたり被ばくし続けたときの個人の放射線リスクが「容認できない」レベルの下限値であると判断できる線量を，限度設定の根拠とすべきであるとしている。さらに，職業被ばくの線量限度は，確率的影響の生涯リスクに基づいて設定すべきとの基本原則に基づき，被ばく管理のための線量限度を5年間で100mSv，いかなる1年間にも50mSv以下とすることを1990年に勧告した。19歳から65歳まで，年に20mSvの被ばくを47年間連続して受ける放射線業務に従事したと仮定すると，生涯に1000mSvの被ばくによって生ずる確率的影響に起因して，18歳の人の平均余命が0.5年縮減すると評価されるが，これが「容認できない」レベルの下限値であるとの判断によるものである。また，本来は生涯の累積被ばく線量について線量限度を定めるべきであるが，生涯線量のみで被ばく管理を行うことは，短期間に1000mSvを被ばくしてしまうような誤用の可能性があること及び管理にある程度の融通性を持たせることを考慮して，具体的には，管理期間として5年間を選択し，実効線量限度として「5年間で1000mSv，ただし，いかなる1年間にも50mSvを超えない」ことを勧告したものである（原子力審議会編 1998）。

放射線防護法令を定めるに当たり，ICRPの勧告を尊重する立場をとる我が国としては，法令上従事者の生涯にわたる累積線量の限度を定め，これを遵守することを基本原則とするのが理想である。しかし，生涯線量の概念を念頭に置いたではあろうが，現行法令は，適切な管理期間だけを設定し，その期間における線量限度を定め，その遵守を図っている。これは，各人で異なるであろう全従事期間に対応して生涯線量限度を明文規定することは困難であるとの立場を取ったものであろう。

管理の現場でも被ばく線量限度について論議する場合，生涯線量限度の視点を欠いてはならないが，その実態を見ると，規制，被規制のいずれも末端に至るまで，それが浸透しているとは考えにくい。しかし，現行法令

による規制を遵守し，その枠の中で被ばく管理を具体的に実施するとの立場を取るならば，先ず優先すべき限度値は，5年間線量限度である。管理期間を短縮できるという管理の容易さと，可能な限り被ばくを低減するとの観点から1年を管理期間とし，単年度線量限度を20mSvとしているケースも見受けられるが，これは規制に基づく限度値ではなく，事業者の自主管理基準である。事業者が，20mSvから50mSvの範囲で自主的限度値をどう設定するかに際しては，事前に正当化の論議が関係者の間で十分に行われていることが大切である。

3.2 放射線防護基準と規制

国際原子力機関（IAEA）は，ICRP勧告による放射線防護の基本理念と基本的な基準（線量限度など）に基づき，国際基本安全基準（BSS）[1]を定めており，加盟している各国の中には，BSSを自国の法令にとりいれている国もある。BSSがICRP勧告と異なる部分は，ICRPは線量限度を勧告するものの，具体的な法令取り入れは各国の判断に委ねるとする立場を取っているのに対し，IAEAはBSSで放射線防護の規制の執行に関し，政府，規制機関の責任，法人の責任など，線量限度の範囲を超えた国際基準を定めているところにある。

BSSは，放射線被ばくを伴う行為を行う者には，規制機関にその行為を届けさせ，登録又は免許を得た法人は，防護と安全のために必要な技術的措置，組織的措置を行うよう定めている。また，作業者の職業被ばくの防護責任は，雇用主と線源責任者（登録者，免許所有者）にあるとし，雇用主と線源責任者と間の相互協力と責任分担についても記載している。具体的には，線源責任者には行為責任（行為の正当化の責任）を，また雇用主には従業員の防護責任を負わせ，従業員の防護措置については，雇用主と線源責任者の双方に，相互協力の義務を負わせている。

---

1) 電離放射線に対する防護及び放射線源の安全のための国際基本安全基準 "Safety Series No.115"。BSSはInternational Basic Safety Standards for Protection against Ionizing Radiation and for Safety of Radiation Sourcesの略。最新のBSSは1996年に発行され，2008年10月にIAEA安全基準委員会の承認を目指して改定作業が進められている。

我が国は放射線防護法令に，BSS を部分的に取り入れはしているものの，政府の要件，事業者間の責任分担など，我が国の規制体系の根幹にまで踏み込んだ法令への取り入れについての検討は行っていない。各法令は，BSS が示しているような放射線防護体系の根幹を明らかに示す規定振りをしていないので，被ばく管理の現場では，事業者間の責任分担と協力について，統一された運用が行われていない。我が国では今後，ICRP勧告の法令取り入れの議論もさることながら，BSS を管理の現場でどう適用していくかについての議論が必要であり，これを国主導で行う必要がある。

3.3　我が国の放射線防護規制に内在する課題

(1) 規制の枠組み

表10-1 に我が国の主な放射線防護関連法令をまとめた。施設を管理する事業者（線源責任者）には，目的ごとに独立した複数の法令が制定されている。一方，民間の事業者を対象に，従事者に関する規制は，電離放射線障害防止規則（電離則）が，公務員に関する規則は人事院規則がそれぞれ整備されているが，従事者とは必ずしも区分し切れない学生について，彼等が研究，研修等で被ばくした場合に適用すべき放射線防護法令は制定されていない。

適用施設別にみると，原子力については，昭和30年に成立した原子力基本法体系下の核原料物質，核燃料物質及び原子炉の規制に関する法律（原子炉等規制法）が，放射性同位元素使用施設等については，放射性同位元素等による放射線障害防止に関する法律（障害防止法）が整備された。また，医療については，これらに先立ち，昭和23年に医療法が整備されている。一方，昭和38年に電離則（昭和47年に労働安全衛生法の体系下に組み入れられた）により，従事者を雇用する事業者（雇用責任者）の放射線防護に関する規制が整備された。

一般的にわが国の規制体系は，事業者規制をその基盤としており，放射線防護規制においても同様で，線源責任者と雇用責任者を規制する法令

第10章
放射線防護政策

表10-1 ● わが国の主な放射線防護関係法令（太字は職業被ばく関連法令）

法律名	制定日	法律番号
健康保険法	大正11年 4月22日	法律第 70号
労働者災害補償保険法	昭和22年 4月 7日	法律第 50号
国家公務員法	昭和22年10月21日	法律第120号
医師法	昭和23年 7月30日	法律第201号
医療法	昭和23年 7月30日	法律第205号
鉱山保安法	昭和24年	法律第 70号
診療放射線技師法	昭和26年 6月11日	法律第226号
原子力基本法	昭和30年12月19日	法律第186号
核原料物質，核燃料物質及び原子炉の規制に関する法律	昭和32年 6月10日	法律第166号
放射性同位元素等による放射線障害の防止に関する法律	昭和32年 6月10日	法律第167号
原子爆弾被爆者の医療等に関する法律	昭和32年 3月31日 平成 6年12月16日	法律第 41号 廃止
国民健康保険法	昭和33年12月27日	法律第192号
薬事法	昭和35年 8月10日	法律第145号
原子力損害の賠償に関する法律	昭和36年 6月17日	法律第147号
電離放射線障害防止規則	昭和38年 昭和47年 6月 8日	労働省令第21号 廃止
原子爆弾被爆者に対する特別措置に関する法律	昭和43年 5月20日 平成 6年12月16日	法律第 53号 廃止
労働安全衛生法	昭和47年 6月 8日	法律第 57号
船員法	昭和53年	法律第 27号
老人保健法	昭和57年 8月17日	法律第 80号
獣医療法	平成 4年 5月20日	法律第 46号
原子爆弾被爆者に対する援護に関する法律	平成 6年12月16日	法律第117号
行政機関の保有する情報の公開に関する法律	平成11年 5月14日	法律第 42号
個人情報の保護に関する法律	平成15年 5月30日	法律第 57号

が，双方独立した形で運用されている。個人被ばく線量限度については，いずれの法令も同一の線量限度を設定し，線源責任者と雇用責任者の双方にこの線量限度を遵守させている。しかし，法令が独立して制定されているので，線源責任者と雇用責任者の責任分担と協力の明文規定は，いずれの法令にも見出せない。その結果，各法令が同一の従事者に対し同一の規制限度を設けるという，一見すると二重の規制が掛かったような状態になっている。ところが電離則では事業者本人が放射線業務従事者となった場合は，規制の対象外に置かれ，規制体系から漏れてしまう。この点だけに注目すると二重の規制が掛かる仕組みは，電離則のもつ弱点を補う役目

243

を果たしている。

　医療法は，線源責任者の防護責任を，従事者の被ばく線量測定義務だけに限定している。そこで医療法と電離則とを組み合わせ，従事者の放射線防護に関する規定を1つの枠組みとして見ると，雇用責任者と線源責任者で防護責任を分担した形となっている。しかし，独立して施行される両法令には相互協力の義務規定が定められていないため，被ばく管理の線源責任者の実施した測定結果が雇用責任者に確実に継承される保証は無い。

　通常，雇用責任者が電離則に基づき測定した結果は，雇用責任者自身が線源責任者でない限り，線源責任者に継承されることはない。また，一人事業者の本人が自己の事業所で従事した場合には，本人に余程の放射線防護意識が無い限り，何処にも継承されず，放射線防護体系から漏れてしまう恐れがある。以上，原子力分野，医療分野を総合すると，我が国の放射線防護規制は，その法体系枠組みの中に重畳性と欠落性が併存しており，規制体系に脆弱性を内包している。

(2) 被ばく前歴確認義務

　我が国の放射線防護規制は，個人被ばく線量に法令限度を設け，線源責任者と雇用責任者の双方に，従事者の被ばく前歴の把握義務と被ばく前歴を踏まえた法令限度遵守義務を賦課し，その実効性の確保を図ろうとしている。ただし，医療法は線源責任者に被ばく前歴確認義務を課していないので例外である。現行法令は，前歴確認を行う時点を，従事者が放射線業務に従事する時とする法令（原子炉等規制法），従事者が放射線業務に従事できるかどうか判定する健康診断の受診時点とする法令（障害防止法），前歴確認の定めが無い法令（医療法），さらに従事する時点と健康診断の受診時点の両方を規定する法令（電離則）が混在しており，斉一ではない。

　原子炉等規制法と電離則との枠組みの場合，従事する時点には電離則と原子炉等規制法の両方が，更に健康診断時点には電離則が規制していることになる。二重となる規制について，果たして電離則と原子炉等規制法のどちらが優先するのかは法文上では明確ではない。そこで管理の現場では，雇用責任者が実施した被ばく歴の確認を，線源責任者がその記録を確

認する方法を採っている。次に，障害防止法と電離則の枠組みでは，健康診断の時点には電離則と障害防止法の両方が，従事時点には電離則が規制をしている。この場合，被ばく前歴確認に関する事業者責任は，健康診断の時点で二重となる。通常，健康診断は雇用責任者が実施するので，障害防止法の規定は，健康診断時に雇用責任者が集積した被ばく線量記録を，線源責任者がその記録の確認をすることを示している。医療法と電離則の枠組みでは，健康診断の時点，従事の時点のいずれにも電離則が規制をしている。

これらの事実を踏まえると，被ばく前歴を確認する第一責任は，雇用責任者にあると電離則によって規定されていると結論できそうである。

(3) 被ばく限度遵守に関する事業者の法的責任

前歴被ばくにミスがあり，結果として法令限度を超えた場合，前歴を報告した事業者または本人に責任があるのか，法令限度を超えさせた事業者に責任があるのかという問題が生じる。大阪地裁判決（『判例時報』1032号）に見るように，本人に被ばく前歴記録の立証責任を賦課させないとすれば，それは事業者のうち，雇用主である事業者なのか，施設管理を行う事業者なのかという問題もある。現行法令では，こうした問題についての規定は設けておらず，法制度上事業者責任の所在が不明確となっている。

事業者に被ばく線量が分散している場合，累積された被ばく前歴の線量記録に不備があった場合も含めて考えると，放射線業務従事者個人に関する放射線被ばく防護の責任を1つの事業者に特定し，法令限度遵守義務の過失を問うのは，現実として困難である。

(4) 被ばく前歴確認による法令限度遵守の担保

我が国の放射線業務従事者の放射線防護規制が，各法令共，作業着手前の累積被ばく線量と当該作業における計画被ばく線量の二つを用いて，個人線量限度を遵守する考え方を基本としていることは既に述べた。しかし，法令限度義務がどのようにして担保されているのかについてはもう少し詳細に考察を深める必要がある。

原子力発電所では線源責任者が個人線量計を準備し，入域時に携帯さ

せ，従事場所から退出する時点で計測が行われて記録が本人に渡される。同時に線源責任者の管理台帳にも電子的に記録が記入される。従来，線源責任者が準備する計測器は防護用アラームメータであり，副測定器として用いられ，雇用責任者が別に準備する評価用フィルムバッジ計測器を主測定器として区分していた。ガンマ線とベータ線の測定に限った話であるが，線量計の進歩によって両方の機能を兼ねる測定器が開発され，日本電気協会の技術基準で定められていた主測定器と副測定器の区分も撤廃されたため，現在は線源責任者の準備する電子式個人線量測定器が両方を兼ねた線量計として用いられている。被ばく記録は線源責任者が計測記録し，従事者本人に開示したその記録を，雇用責任者が台帳に保管管理する考え方を取っている。

　線源施設あるいは雇用者を変更した場合，次の雇用者は前に作業した線源責任者あるいは，雇用責任者を探しだし，前歴記録を入手しなければならない。そこで，原子力発電所では，被ばく作業を終え作業者が退出するときに，雇用責任者が台帳記録から該当記録を放射線管理手帳に転記し，次の作業のために入域する本人に携帯させて，雇用責任者が行う被ばく前歴確認時に記録を提示する仕組みを採用している。また，雇用責任者は，自己の従事者を原子力以外の場所で従事させた場合の記録も放射線管理手帳に記入することで，個人被ばくの全記録の確認を可能にしている。しかし，被ばく前歴の内容である具体的な線量値については，法令では本人の自己申告も可としているので，別途何らかの方法によって，以前雇用した雇用責任者，あるいは以前従事した線源責任者の保管する記録との照合がなされない限り一抹の不安は残る。

　医療法と電離則の枠組にある医療施設では，測定の義務が賦課されている線源責任者は大抵，線量測定サービス会社から測定器の貸与を受けて，使用後に再び線量測定サービス会社から線量測定結果，線量記録を受領している。また，雇用責任者の多くも同様のサービスを受けている。しかし，線源責任者，雇用責任者のいずれも従事者の個人被ばく記録を保管管理する対象は，自施設で従事する自従事者が次の作業に従事するために行

う被ばく前歴確認のための記録であって，他施設，他雇用主の下で従事する場合のために保管管理しているわけではない。したがって原子力のように放射線管理手帳制度を持たない医療分野では，次の雇用責任者が被ばく前歴確認のために記録を収集するには，記録保管元の探索を始めとする雇用責任者自身の努力によるか，当該従事者の被ばく前歴申告を鵜呑みにするかのどちらかとなるが，現在の法令にはどちらを優先するかの定めはない。後者の場合には，当該従事者本人には自己記録保管について大きな負担が強いられることになる。

　放射線障害防止法と電離則の枠組みにある放射線同位元素使用施設などでは，線量測定サービスを利用せず，自分自身で測定，記録，保管まで全てを行う線源責任者もあって，次の雇用責任者が行う被ばく前歴確認のために，線量測定サービス会社のサービスを活用することだけでは万全ではないので，線量記録収集には一層負担が掛かることになる。

　以上これらのことから，被ばく前歴確認のため従事者の個人被ばく線量記録を収集するには雇用責任者に多くの負担が必要となることを踏まえると，原子力において行われているような放射線管理手帳制度という，雇用責任者の互助手段がその他の分野でも発達しない限り，被ばく前歴確認のための被ばく記録が本人の自己申告に全て委ねられてしまう恐れがある。しかし，互助手段は雇用責任者の互いの立場が同等であることに加え，負担内容も均質で量的にもほぼ同じでなければその成立は難しく，全てを網羅するには，強制力がない限りなかなか発達しない。医療分野には，放射線医療従事者の職表被ばくと同時に，防護規制を受けない治療のための大線量を伴う医療被ばくも併存しており，このことも低線量の職業被ばくのみを対象とする互助手段の発達を妨げる要因の一つと言えよう。

(5) 入口規制と出口規制

　BSSでは線源責任者には行為責任を，雇用主には従業員の防護責任を負わせ，放射線防護義務は線源責任者と雇用責任者の双方に，相互協力の義務を負わせている。この趣旨に基づくならば医療法と電離則の枠組みは，大筋でBSSに則っていると言っても間違いではなく，むしろ原子炉

等規制法,障害防止法と電離則の枠組みの方がBSSと不整合であるとの認識が必要であろう。

しかし,現行の他法令に合わせ医療法に線量限度遵守義務を賦課しても被ばく前歴確認が有効に機能する保証がないことは前述したとおり明らかである。むしろ強制的に法令による手段を講じるのであれば,事前許可制を建前とする法令に多く見るような,入口規制方式とも言うべき被ばく前歴の事前確認だけでなく,被ばく前歴確認義務を賦課された雇用主に協力を促す目的で,全ての線源責任者と雇用責任者に,本人への記録通知義務に加え,個人被ばく線量記録の保管義務と雇用責任者からの問い合わせに対する開示義務を課す,出口規制方式の追加が有効と思われる。しかし,後述するように記録情報の多重化問題はこの措置だけで解決するものではない。

(6) 国際動向との整合性

我が国が基本とする事業者規制方式において,BSSを法文規定で明記するには,事業者の一義的責任規定の見直し,法令間の優先規定と相互協力規定の記載という大きなハードルがある。

世界には,米国の規制体系に見るように,複数の放射線防護規制を一箇所の規制当局に集中させる規制体系や,欧州の例に見るように,放射線防護基本法の制定を行うといった規制体系があるが,これを踏襲しようとすると,我が国が基本とする事業者規制方式の否定にも繋がりかねない。しかし,事業者規制方式を温存しつつ,被ばく前歴確認に関する問題を法文規定の見直しという規制の是正措置だけで対処しようとすると現実的な課題解決の方策はなさそうである。

我が国の放射線防護規制を法体系の構築という観点から考えると,各放射線防護規制法令のうち,施設を横断して規制する法令を主軸とし,各施設を規制する法令を副次的な軸として副次的法令間の法文の整合を図る方法がまず考えられる。しかし,これだけでは,各法令の定める同一の被ばく限度値に対し,主軸となる法令と副次的な軸に置かれる法令間のどちらを優先するかという問題については解決策とならない。

90年のICRP勧告で登場した線量拘束値の導入も，規制体系に当てはめて考えると，副次的な法令に線量拘束値，主軸的な法令に線量限度を導入する案がまず思い浮かぶが，事業者規制が前提となる我が国の法令体系では，いずれも法令限度値として扱うことになり，ICRPの目指す方向とは異なることになりかねない。

4 規制の現場における被ばく管理の現状と課題

4.1 放射線防護関連規制法令の対象区分

我が国の放射線防護に関する代表的な法令を整理し，結果を表10-2，表10-3に示した。線量測定の義務については，概ね全ての法令に規定があるが，測定記録とその管理についての義務規定は法令によってまちまちである。規制対象は基本的には放射線利用分野で分けられているが，放射線のエネルギー1Mevで放射線発生装置を区分し，それぞれ適用法令を定めるという，世界には他に例を見ない規制の棲み分けが行われている。また，主として雇用責任者を規制する電離則が，1Mev未満の放射線発

表10-2 ●我が国の規制体系（主要法令のみ）

用途	医用			一般工業，研究教育，原子力			
施設区分	放射線発生施設		RI施設	RI施設	放射線発生施設		原子力施設
	（1 MeV以上）	（1 MeV未満）			（1 MeV以上）	（1 MeV未満）	
医療法（管理者）	測定	測定	測定				
障害防止法（管理者）	測定,記録,管理			測定,記録,管理	測定,記録,管理		
原子炉等規制法（管理者）							測定,記録,管理
電離則（管理者）						×（届出のみで使用可）	
電離則（雇用主）	測定,記録,管理	測定,記録,管理	測定,記録,管理	測定,記録,管理	測定,記録,管理	測定,記録,管理	測定,記録,管理

表10-3 ●我が国の主要規制体系における線量情報の取扱い

法令・規則・告示等	記録作成保存義務規定	線量報告義務規定	個人線量の開示義務規定	被ばく前歴確認義務規定
医療法（管理者）	なし	なし	なし	なし
障害防止法（管理者）	有り	有り，所轄担当大臣	有り，本人宛	有り，健診時
原子炉等規制法（管理者）	有り	有り，所轄担当大臣	有り，本人宛	有り，就業時，
電離則（雇用主）	有り	有り，所轄労働基準監督署	有り，本人宛	有り，就業時，健診時

生装置の施設管理者も規制（ただし，装置の届出のみ）している。法令の成立過程と規制される分野の個別の事情を反映したものであるが，放射線発生装置の規制が放射線エネルギー 1 Mev 以上と，1 Mev 未満とで相違することなど，放射線防護上必ずしも区分する必要のない規制区分がある。

4.2 放射線業務及び放射線業務従事者

放射線業務に従事する作業者は，放射線業務従事者に指定され，他の一般産業の作業者と区別される。我が国では，労働安全衛生法施行令にて放射線業務の一般的な規定がなされ，電離則にて放射線業務従事者の定義と放射線業務を危険業務に指定がされている。なお，国家公務員については人事院規則によっている。これに加えて，施設管理事業者を対象とする規制毎に，放射線業務は細分化されて定義付けられている。

医療法は，他の法令と異なり，放射線業務の細分規定は無いが，放射線業務従事者を放射線診療従事者と呼び，医療法施行規則で「放射線診療従事者等」の定義をしている。具体的には放射線診療に従事若しくは放射性医薬品を取り扱う医師，歯科医師，診療放射線技師，看護師，准看護師，歯科衛生士，臨床検査技師，薬剤師等を「放射線診療従事者等」といい，営繕職員，事務職員，管理区域に立ち入ることのない准看護師等は含まない。医療施設には，医療法で定める施設と障害防止法で定めた施設が含ま

れるため，法令で別々に規定された放射線業務従事者と放射線診療従事者等の両方の従事者が立ち入ることになる。加えて障害防止法の適用を受けない医療施設には，「放射線診療従事者等」に該当しないが電離則の適用を受ける放射線業務従事者も立ち入る場合がある。この定義の異なる従事者の登録指定をどのようにして行い管理するか，すべての医療施設で同様に行えるかどうかなどは，線源責任者の判断によることになる。そのため，従事者の指定・登録の判断に不均衡が生じる可能性があるので，医療分野においては，従事者の指定，登録について一定のガイドラインの制定が必要であろう。

4.3 放射線業務従事者総数の把握

表10-4，表10-5 に放射線業務従事者数と法令限度を超過した放射線業務従事者を整理しまとめた。我が国の放射線業務従事者は，確認できる者で約40万人，そのうち約半数の20万人が医療分野で働いており，原子力分野は6万人と，医療分野の約3分の1と言われている。医療，工業，研究教育に区分したデータは，個人線量測定機関協議会加盟会社の集計データ，原子力に区分したデータは被ばく線量登録管理制度による集計によっている。

表10-4 ●放射線業務従事者数の年度推移（単位：万人）

	10年度	11年度	12年度	13年度	14年度	5 m Sv を超える従事者の割合
医療	17.9 (2.4)	18.3 (－)	19.0 (2.3)	19.8 (2.2)	20.8 (2.2)	1.4%
一般工業	6.6	6.5	6.6	6.8	6.6	
研究教育	6.0	6.0	6.0	6.2	6.3	
原子力	6.4	6.4	6.3	6.4	6.1	8.2%

注1：医療欄の括弧内数字は放射線障害防止法に基づく報告。
注2：医療，工業，研究教育は個人線量測定機関協議会加盟会社の集計データ。
注3：原子力は被ばく線量登録管理制度による集計データ。
注4：目安として，5 m S v（年間線量限度50m Svの10分の1）を超える従事者の割合を示した。

表10-5 年間線量限度（50mSv）超過者の年度推移（単位：人）

	10年度	11年度	12年度	13年度	14年度
医療	34 （0）	27 （－）	32 （0）	26 （0）	21 （1）
一般工業	4	3	3	4	5
研究教育	0	0	1	0	0
原子力	0	1	0	0	0

注1：医療欄の括弧内数字は放射線障害防止法に基づく報告。
注2：医療，工業，研究教育は個人線量測定機関協議会加盟会社の集計データ。
注3：原子力は被ばく線量登録管理制度による集計データ。

　現状，規制官庁には1年に一度，規制を受ける各事業者から線量データが報告されているが，それぞれの事業者の線量を集計した統計データであって個人の被ばく記録ではない。また，作業従事者数は事業者間に重複して従事する放射線業務従事者が多数あり，延べ数である。さらに法令の中には医療法のように施設事業者に対し，個人被ばく記録の報告を求めていない法令もある。このように法令ごとに報告先が様々で，国において一元的には集約されていない。個人毎に被ばく記録を集計するには，なによりも，数多く全ての事業者から生のデータを収集しなければならず，このことが，こうした記録の統計の難しさに拍車をかけている。加えて，規制当局の全てが集まったところで，わが国の現状では，個人の放射線被ばく防護に直接責任のある一元的な行政担当部署が存在しない。

　このような状況では，名寄せ作業を伴う個人被ばく線量の集計は事実上不可能であり，結果として国では放射線業務従事者の実数の把握ができていない。個人被ばく線量を個人ごとに把握できていないことは，国としての放射線防護政策を遂行する上でデータベースがないということであり，これは政策基盤の根幹に係わる問題であると言えよう。

4.4　測定記録の多重性

　被ばく前歴確認行為に必要な情報は，従事者本人の確認と放射線業務への従事履歴，及び従事した際の線量の測定，測定記録とその管理，記録情

報の報告と開示等，ならびに一連の作業管理情報からなる。一方，放射線業務従事者を雇用する事業者には，個人線量限度の遵守状況のほかに，就業可否の判断において電離健康診断を行い，健康状態を確認する義務が課せられている。累積被ばく線量記録は，産業医が行う就業可否の判断において重要な健康管理情報である。

　測定記録とその管理義務についてもう少し詳細に見たのが表10-3である。記録作成保存義務，線量報告義務，個人線量の開示義務，被ばく前歴確認義務について，主要法令を対象として表にまとめた。線源責任者は，施設に立ち入る放射線業務従事者の線量履歴を残らず記録管理しなければならず，雇用責任者は雇用した放射線業務従事者の線量履歴を残らず記録管理しなければならない。

　通常，線源責任者と雇用責任者は同一の事業者ではなく，大規模な施設となると線源責任者と雇用責任者の組み合わせの枠組みは数多い。これに放射線業務従事者の数，規制する法律の数をパラメータとして考慮するとケースの数は膨大な量となる。各事業者はその責任分担に従って測定記録とその管理を行わねばならないが，逆に言うと膨大な測定記録が各事業者に分散し，それぞれ独立に管理されることになる。さらに，現行法令では線源責任者にも，雇用責任者にも等しく個人被ばく線量の測定義務が賦課されている。そのため，各事業者が法令義務に基づき測定を行うので，二重の測定記録が発生し，この二重のデータが各事業者に分散することとなる。

4.5　現行の線量記録登録

　我が国全体から見れば一部の放射線業務従事者であるが，全ての原子力施設で働く放射線業務従事者の個人被ばく線量記録については，財団法人放射線影響協会の中央登録センターで名寄せが行われている（放射線影響協会編 1997）。原子力以外でも近年，個人線量計を製作し販売する企業及び放射線作業の現場で放射線管理業務を行う企業などが，個人線量計を施設管理事業者に貸与し，事業者が従事者に携帯させて後，作業に伴う被ば

く線量を測定し，線量記録を報告するサービスを行うようになった。

その結果，膨大な事業者によって管理される従事者被ばく線量記録が，わずかな数の線量測定サービス会社に集積されることになった（放射線影響協会編 2004）。しかし，線量測定サービス会社のデータは民間契約に基づくものであるため，データの名寄せは範囲が限られ，また個人情報保護法の制約から，サービス会社間同士で情報の交換はできず，全ての個人線量記録の名寄せは，行政措置が無いままでは実施できない。

5 被ばく前歴確認規制方式の補強

5.1 被ばく前歴確認規制方式の課題

被ばく前歴の確認を事業者に義務付け，線量限度の遵守を確保する規制方法は，放射線業務従事者の働く施設及び雇用の関係がひとつに固定されている限り，被ばく管理責任を有する事業者が特定できるので有効に機能すると考えられる。しかし，施設及び雇用関係に変更が生じた場合は，雇用主である事業者，施設管理者である事業者，及び本人の間の責任関係が大変複雑になる。さらに既述した現行法令間の不整合により，複雑さは一層増し，それにより前歴被ばくデータの信頼性が低下している。この結果，放射線業務従事者の個人被ばく防護に関し，事業者に一義的責任を課している現行の諸規制の有効性に疑義が生じることになる。

5.2 個人被ばく線量登録制度の必要性

事業者規制を基本とする被ばく前歴確認による放射線防護規制方式の最大の弱点は，放射線業務従事者が施設及び雇用を変更する雇用の流動スピードに対し，事業者を通じて行う間接規制が，適確に反応し追尾することができないところにある。また各法令が並立的に無秩序に林立し，二重規制の状態となることが避けられず，結果的に被ばく管理情報が二重，三重に存在し，法令間の不整合によって必要な被ばく管理情報が重複・欠測することも大きな原因である。

被ばく前歴管理の規制は，放射線業務に従事する際，当該従事者に関す

る個人被ばく線量情報の確認を前提としている。したがって上述した二重，三重のデータは，そのままでは被ばく前歴の確認には役に立たず，なんらかの方法で個人毎にデータが集約されていなければならない。被ばく前歴管理による規制において規制の有効性をもっとも左右する点が，この個人被ばく線量を個人毎にいかにして確定させるかという課題である。そのためには，各事業者から従事者の個人被ばく線量記録を1つの機関に登録させ，そこで多重化している個人被ばく線量記録を名寄せし，個人毎に確定する仕組みが必要となる。

5.3　一元的線量登録制度がもたらす効用

これまでに明らかとなった我が国の放射線防護規制に内在する課題とその対応策の実現を図るには，その目的，内容，実現する上で予想される問題点とその解決策等を明らかにする必要がある。しかし，政策実現の方策を示すことは本書の目的とするところではないので，ここでは対応策をとることによってもたらされる効用について検討する。

(1)　従事者個人被ばく線量の把握

一元化することで施設の管理者及び雇用主である事業者が，施設に立ち入る放射線業務従事者並びに雇用する従業員の個人被ばく線量限度を守ることが容易になる以外に，放射線業務従事者自身にとっても，別の施設で従事する際の被ばく前歴が自己の責任のみとされず，第三者機関に問い合わせることで必要なデータが得られること，労災問題が生じた場合には客観的なデータの提供を受けられること，またそれが自分自身の安心にも繋がることが可能となる。

(2)　被ばく前歴確認における個人被ばく履歴の開示

既に我が国において，施設，雇用を超えて従事者は，流動化現象を起こしているとの認識が必要である。放射線業務においても，従業員がA会社からB会社に移ることを容易とし，阻害要因を除去する工夫が必要である。医療の分野でも医師，診療放射線技師，看護師等医療従事者が，病院，事業所を移動することが挙げられている。受け入れ先の事業者には，

被ばく前歴の確認義務が課せられているが，その被ばく前歴の保証が第三者機関によって担保できるならば，被ばく前歴確認のための被ばく情報は，基本的には当該個人によって開示されることが望ましい。これによる効用は雇用事業者，施設管理事業者の全てに共通する。

(3) 事業者による個人被ばく線量情報の分散防止

我が国の規制では施設管理事業者，雇用事業者のいずれにも，記録の保存期間として30年を要求している。個人被ばく線量を一ヶ所に登録して，引き渡しすることで事業者の負担を軽減できる効用がある。

(4) 事業者の放射線従事者の健康管理

事業者には放射線業務従事者の健康管理の義務が課せられているために，従事に伴う被ばく線量の記録はそのための基本データとされている。産業医が労働安全衛生法にしたがって従業員の放射線業務への就業の可否を判断する際にも重要参考情報として扱われている。一元化システムが機能することにより，自身の被ばく線量を知ることが可能となり，健康上有意な被ばくではなかったことが判れば本人及び家族の安心に繋がることになる。さらに，労災補償の問題に遭遇した場合にも客観的なデータが入手でき，使用できるという効用がある。

(5) 国民的立場からみた健康影響

放射線の健康影響については，放射線による分子生物学的な影響についての研究が世界の各所で実施され，研究レベルの向上が図られているが，まだ十分究明されたとは言えない。放射線業務従事者を対象とする疫学研究は，被ばく線量と個人あるいは集団的影響の研究を通じて，放射線の国民への健康影響を調べることを目的としている。これには膨大なデータの収集努力が必要であるが，収集のための負担が軽減できる。

(6) 国による被ばく線量の統計

原子力白書等法令に基づく国のデータは，施設を規制する法令に基づき施設毎に徴集したものであるため，複数の施設で従事する放射線業務従事者については人数のダブルカウントがなされている。法律毎では重複があることを認めた上で，日本全体にわたって一ヶ所にデータを蓄積すれば，

重複を排除し，結果として合理的な統計が得られる．また，放射線業務従事者がどの事業所で働いているかも知ることができるので，それによっても実態の把握が可能となる．

(7) 被ばく線量の年限度の管理

現行法令による放射線業務従事者の個人被ばく線量の年限度値は5年間で100ミリシーベルト（ただし，年限度は50ミリシーベルト）である．これにより，放射線管理の現場では，個人被ばく線量の管理期間が1年から5年に拡大し，放射線管理担当者の業務が複雑化して負担が増大することになった．

しかし，個人被ばく線量記録の一元化によって，法令上の限度値である5年間線量も個人毎に示すことができるようになる．毎年の累積個人線量データは5年間限度の遵守のための管理情報として被ばく限度管理に用いることができる．

(8) 国際比較被ばく線量統計

国連科学委員会（UNSCEAR）による世界調査（Global Survey）に対しては，我が国からも被ばく線量統計データを提出している．現在我が国のデータは項目によって，あるデータは記載されているが，あるデータは大部分が欠落しており，結果として国際社会では，信頼性が極めて低いと評価されている．個人被ばく線量記録の一元化システムを稼動させることで，かなりの水準まで質的な向上が図られたデータの提供が可能となる．

(9) 国民への広報

現状，国民の間に放射線被ばくに対する知識が十分でないことに起因して，原子力平和利用についても過度の不安感を示すことがないわけでもない．

これに対応するため個人被ばく線量記録の一元化システムを稼動させることにより，国民への原子力および放射線利用の広報を充実させることが可能となる．他方，一元化した情報については，個人情報保護法に抵触しない限り，公開に努める必要がある．

5 おわりに

　我が国の放射線防護規制体系は，事業者規制を基本とし，施設を縦糸に，雇用主を横糸にして，規制の網目を網羅しているが，法令の細部の規定には不整合が残っており，これに起因して防護規制が基本におく被ばく前歴把握規制と被ばく限度遵守規制の有効性に不安を残していることを指摘した。

　一元登録管理制度は，我が国の特徴である事業者規制方式に特有の，多重化の随伴，総合化の不徹底といった被ばく線量記録収集に内在する問題を解決し，現行規制体系を補強する有力な手段である。

　一元登録管理制度の採用に加えて，規制上の措置としては，出口規制を追加するだけで，現行の規制体法を大きく変更することなく，BSSの要求する水準を確保できる。

　むろん，上記のような一元的制度化は行政システムの大きな改変を伴い，その改革は容易ではない。しかし，被ばく線量をより体系的かつ客観的に把握することで，結果として重複登録の弊害を解決し，規制と作業管理の効率化をはかることができよう。何よりも初めに指摘したように，放射線から人体が被る被害を最小限に抑えるうえでも，本章の提案は有効であるといえるだろう。

[中川晴夫]

参考文献

『判例時報』1032号「大阪地裁昭和56年3月30日判決」(1981)，p.87.
(財) 放射線影響協会 (編) (1997)『被ばく線量登録管理制度20年の歩み』。
(財) 放射線影響協会 (編) (2004)『我が国の全放射線業務従事者の被ばく線量の実態調査報告書』。
放射線審議会 (編) (1998)「ICRP1990年勧告 (Pub.60) の国内制度等への取り入れについて (意見具申)」。
科学技術庁 (編) (1965)『原子力事業従業員災害補償専門部会報告書 (第1次我妻報告)』。
科学技術庁 (編) (1973)『個人被ばく登録管理調査検討会報告書』。
科学技術庁 (編) (1975)『原子力事業従業員災害補償専門部会報告書 (第2次我妻報告)』。
科学技術庁 (編) (1977)『原子力事業従業員被ばく線量登録管理制度検討会報告書』。

(社)日本アイソトープ協会(編)(1994)『国際放射線防護委員会の1990年勧告』丸善,p.42.
中川晴夫(2008)「我が国の放射線防護体系に内在する政策的諸課題」『保健物理』第43巻第1号,pp.41-49.
中川晴夫,神田啓治(1999)「放射線業務従事者被ばく線量記録の公的登録管理制度に関する研究」『保健物理』第34巻第2号,pp.171-177.
労働省(編)(1976)「放射線障害の業務上外の認定基準について(基発第810号)」。

章末資料

(放射線障害防止法)

第二十条

2　許可届出使用者及び許可廃棄業者は，文部科学省令で定めるところにより，使用施設，廃棄物詰替施設，貯蔵施設，廃棄物貯蔵施設又は廃棄施設に立ち入つた者について，その者の受けた放射線の量及び放射性同位元素による汚染の状況を測定しなければならない。

3　許可届出使用者及び許可廃棄業者は，前二項の測定の結果について記録の作成，保存その他の文部科学省令で定める措置を講じなければならない。

第二十三条　許可届出使用者及び許可廃棄業者は，文部科学省令で定めるところにより，使用施設，廃棄物詰替施設，貯蔵施設，廃棄物貯蔵施設又は廃棄施設に立ち入る者に対し，健康診断を行わなければならない。

第四十二条　文部科学大臣，国土交通大臣又は都道府県公安委員会は，この法律（国土交通大臣にあつては第十八条第一項，第二項及び第四項並びに第三十三条第一項及び第四項の規定，都道府県公安委員会にあつては第十八条第六項の規定）の施行に必要な限度で，文部科学省令，国土交通省令又は内閣府令で定めるところにより，許可届出使用者（表示付認証機器届出使用者を含む。），届出販売業者，届出賃貸業者若しくは許可廃棄業者又はこれらの者から運搬を委託された者に対し，報告をさせることができる。

(放射線障害防止規則)

第二十条

4　法第二十条第三項の文部科学省令で定める措置は，次のとおりとする。
六　当該測定の対象者に対し，第二号から前号までの記録の写しを記録のつど交付すること。

第二十二条　法第二十三条第一項の規定による健康診断は，次の各号に定めるところによる。
　五　問診は，次の事項について行うこと。
　　イ　放射線（一メガ電子ボルト未満のエネルギーを有する電子線及びエックス線を含む。次のロ及び第二十三条第一号において同じ。）の被ばく歴の有無
　　ロ　被ばく歴を有する者については，作業の場所，内容，期間，線量，放射線障害の有無その他放射線による被ばくの状況

第三十九条　許可届出使用者，表示付認証機器届出使用者，届出販売業者，届出賃貸業者若しくは許可廃棄業者又はこれらの者から運搬を委託された者は，次のいずれかに該当するときは，その旨を直ちに，その状況及びそれに対する処置を十日以内に文部科学大臣に報告しなければならない。
3　許可届出使用者，届出販売業者，届出賃貸業者又は許可廃棄業者は，事業所等ごとに別記様式第五十による報告書を毎年四月一日からその翌年の三月三十一日までの期間について作成し，当該期間の経過後三月以内に文部科学大臣に提出しなければならない。

(原子炉等規制法)

第三十四条　原子炉設置者は，主務省令で定めるところにより，原子炉の運転その他原子炉施設の使用に関し主務省令で定める事項を記録し，これをその工場又は事業所（原子炉を船舶に設置する場合にあつては，その船舶又は原子炉設置者の事務所）に備えて置かなければならない。

第五十六条の二　使用者は，文部科学省令で定めるところにより，核燃料物質の使用に関し文部科学省令で定める事項を記録し，これをその工場又は事業所に備えて置かなければならない。

第五十七条の八

6 核原料物質使用者は，文部科学省令で定めるところにより，核原料物質の使用に関し文部科学省令で定める事項を記録し，これをその工場又は事業所に備えて置かなければならない。

第六十七条　文部科学大臣，経済産業大臣，国土交通大臣又は都道府県公安委員会は，この法律（都道府県公安委員会にあつては，第五十九条第六項の規定）の施行に必要な限度において，原子力事業者等（核原料物質使用者，国際規制物資を使用している者及び国際特定活動実施者を含む。）に対し，第六十四条第三項各号に掲げる原子力事業者等の区分（同項各号の当該区分にかかわらず，核原料物質使用者，国際規制物資を使用している者及び国際特定活動実施者については文部科学大臣とし，第五十九条第五項に規定する届出をした場合については都道府県公安委員会とする。）に応じ，その業務に関し報告をさせることができる。

（実用発電用原子炉の設置，運転等に関する規則）

第七条　法第三十四条の規定による記録は，原子炉ごとに，次表の上欄に掲げる事項について，それぞれ同表中欄に掲げるところに従つて記録し，それぞれ同表下欄に掲げる期間これを保存しておかなければならない。
　　四　放射線管理記録
　　　ニ　放射線業務従事者の四月一日を始期とする一年間の線量，女子（妊娠不能と診断された者及び妊娠の意思のない旨を原子炉設置者に書面で申し出た者を除く。）の放射線業務従事者の四月一日，七月一日，十月一日及び一月一日を始期とする各三月間の線量並びに本人の申出等により原子炉設置者が妊娠の事実を知ることとなつた女子の放射線業務従事者にあつては出産までの間毎月一日を始期とする一月間の線量
　　　ホ　四月一日を始期とする一年間の線量が二十ミリシーベルトを超えた放射線業務従事者の当該一年間を含む経済産業大臣が定める五年間の線

量
　　ヘ　放射線業務従事者が当該業務に就く日の属する年度における当該日以前の放射線被ばくの経歴及び経済産業大臣が定める五年間における当該年度の前年度までの放射線被ばくの経歴
　　　　6　原子炉設置者は，第一項の表第四号ニ及びホの記録に係る放射線業務従事者に，その記録の写しをその者が当該業務を離れる時に交付しなければならない。

第二十四条　原子炉設置者は，工場又は事業所ごとに様式第二による報告書を，放射線業務従事者の一年間の線量に係るものにあつては毎年四月一日からその翌年の三月三十一日までの期間について，その他のものにあつては毎年四月一日から九月三十日までの期間及び十月一日からその翌年の三月三十一日までの期間について作成し，それぞれ当該期間の経過後一月以内に経済産業大臣に提出しなければならない。

（核燃料物質の使用等に関する規則）

第二条の十一　法第五十六条の二の規定による記録は，工場又は事業所ごとに，次表の上欄に掲げる事項について，それぞれ同表中欄に掲げるところに従つて記録し，それぞれ同表下欄に掲げる期間これを保存して置かなければならない。
　二　放射線管理記録
　　ニ　放射線業務従事者の四月一日を始期とする一年間の線量，女子（妊娠不能と診断された者及び妊娠の意思のない旨を使用者に書面で申し出た者を除く。）の放射線業務従事者の四月一日，七月一日，十月一日及び一月一日を始期とする各三月間の線量並びに本人の申出等により使用者が妊娠の事実を知ることとなつた女子の放射線業務従事者にあつては出産までの間毎月一日を始期とする一月間の線量
　　ホ　四月一日を始期とする一年間の線量が二十ミリシーベルトを超えた

放射線業務従事者の当該一年間を含む文部科学大臣が定める五年間の線量
ヘ　放射線業務従事者が当該業務に就く日の属する年度における当該日以前の放射線被ばくの経歴及び文部科学大臣が定める五年間における当該年度の前年度までの放射線被ばくの経歴
　　6　使用者は，第一項の表第二号ニの記録に係る放射線業務従事者に，その記録の写しをその者が当該業務を離れる時に交付しなければならない。

第七条　令第四十一条各号に掲げる核燃料物質を使用する使用者は，工場又は事業所ごとに，別記様式第一による報告書を，放射線業務従事者の一年間の線量に係るものにあつては毎年四月一日からその翌年の三月三十一日までの期間について，その他のものにあつては毎年四月一日から九月三十日までの期間及び十月一日からその翌年の三月三十一日までの期間について作成し，それぞれ当該期間の経過後一月以内に文部科学大臣に提出しなければならない。

(核原料物質の使用に関する規則)

第三条　法第五十七条の八第六項の規定による記録は，工場又は事業所ごとに，次表の上欄に掲げる事項について，それぞれ同表中欄に掲げるところに従つて記録し，それぞれ同表下欄に掲げる期間これを保存して置かなければならない。
　二　放射線管理記録
　　ハ　放射線業務従事者の四月一日を始期とする一年間の線量，女子（妊娠不能と診断された者及び妊娠の意思のない旨を，核原料物質使用者及び国際規制物資使用者等（国際規制物資である核原料物質（法第五十七条の八第一項第三号の核原料物質を除く。）を使用する国際規制物資使用者及び旧国際規制物資使用者等をいう。以下同じ。）に書面で申し出た者を除く。）

の放射線業務従事者の四月一日，七月一日，十月一日及び一月一日を始期とする各三月間の線量並びに本人の申出等により核原料物質使用者及び国際規制物資使用者等が妊娠の事実を知ることとなつた女子の放射線業務従事者にあつては出産までの間毎月一日を始期とする一月間の線量
ニ　四月一日を始期とする一年間の線量が二十ミリシーベルトを超えた放射線業務従事者の当該一年間を含む文部科学大臣が定める五年間の線量
ホ　放射線業務従事者が当該業務に就く日の属する年度における当該日以前の放射線被ばくの経歴及び文部科学大臣が定める五年間における当該年度の前年度までの放射線被ばくの経歴
　　　6 核原料物質使用者は，第一項の表第二号ハの記録に係る放射線業務従事者に，その記録の写しをその者が当該業務を離れるときに交付しなければならない。

（原子力安全・保安院指示文書）「放射線業務従事者の線量等に関する報告について」

（電離則）

第九条
2　事業者は，前条第三項又は第五項の規定による測定又は計算の結果に基づき，次の各号に掲げる放射線業務従事者の線量を，遅滞なく，厚生労働大臣が定める方法により算定し，これを記録し，これを三十年間保存しなければならない。ただし，当該記録を五年間保存した後において，厚生労働大臣が指定する機関に引き渡すときは，この限りでない。
3　事業者は，前項の規定による記録に基づき，放射線業務従事者に同項各号に掲げる線量を，遅滞なく，知らせなければならない。

第五十六条　事業者は，放射線業務に常時従事する労働者で管理区域に立ち

入るものに対し，雇入れ又は当該業務に配置替えの際及びその後六月以内ごとに一回，定期に，次の項目について医師による健康診断を行わなければならない。
　一　被ばく歴の有無（被ばく歴を有する者については，作業の場所，内容及び期間，放射線障害の有無，自覚症状の有無その他放射線による被ばくに関する事項）の調査及びその評価

第五十八条　事業者は，第五十六条第一項の健康診断（定期のものに限る。）を行なつたときは，遅滞なく，電離放射線健康診断結果報告書（様式第二号）を所轄労働基準監督署長に提出しなければならない。

第11章
原子力損害賠償制度

1 はじめに

　1950年代以降，原子力の平和利用に取り組んできた世界各国は，万一の事故に備えた原子力損害賠償制度の整備を併せて進めてきた。その後の世界の原子力損害賠償制度は，緩やかながらも着実な発展の道をたどってきた。しかし，旧ソ連国内のみならず周辺各国を震撼させた1986年のチェルノブイリ事故の発生によって，あらためて原子力損害賠償制度の意義が問い直され，国際的な枠組みの強化が図られてきた。このような世界の動向を踏まえつつ，我が国の原子力損害賠償制度は，着実に充実・強化が図られてきている。

2 原子力損害賠償制度の特徴

　原子力損害賠償制度の特徴として，第一に挙げられることは，この制度が，相当期間の具体的な経験の蓄積の上にたって作られたものではなく，万一に備えるものとして，本格的な原子力開発が始められるとともに築き上げられてきたということである。具体的には，世界の先頭にたって原子力開発を進めてきた米国において，最初に原子力損害賠償制度の整備が着手された。米国では，1950年代に半ばに至って，原子力技術の開発に民間企業の参入が期待されるようになったが，民間企業は，大規模な原子力事

故が発生した場合の損害は巨大な額に達する恐れがあり，その賠償は困難であるとして，政府に対して特別の制度を作ることを強く求めた。なお，当時の原子力損害の見積もりについては，1957年の米国原子力委員会の報告書「大型原子力発電炉における主要な理論的可能性と結果」があり，ここでは，原子力事故による損害は70億ドルにも及ぶだろうと見積もっている。

これに対し，米国政府は，事故の際に，原子力事業者を保護するとともに国民の権利を守ることが必要であるとの判断から，原子力損害賠償制度の確立を進めることとし，1957年に原子力損害賠償に関する法律であるプライス・アンダーソン法を成立させた。その後，1950年代から1960年代にかけて，米国に引き続き，スイス（1959年），旧西ドイツ（1960年），日本（1961年），英国（1965年），フランス（1969年）と相次いで，国内法が整備されていった。

第二の特徴は，世界的な原子力損害賠償制度は，各国の国内法と併せて国際条約においても同時に整備されてきたということである。原子力損害賠償制度の確立に取り組む先進諸国は，越境損害の問題に対応するためには国際条約が必要であると考え，国際条約の整備についても原子力開発初期の段階から着手した。この結果，1960年には経済協力開発機構（OECD）において「原子力の分野における第三者責任に関するパリ条約」（パリ条約）が採択された（発効は1968年）のに引き続き，1963年には国際原子力機関（IAEA）において「原子力損害の民事責任に関するウィーン条約」（ウィーン条約）が採択された（発効は1977年）。

第三の特徴は，原子力損害賠償制度の内容自体が一般の不法行為責任と比べて特別なものになっているということである。原子力損害賠償制度の目的は，①被害者の保護と②原子力産業の健全な発達の2つに置かれているが，この2つの目的を同時に満たすために，制度の内容は，原子力事業者の厳格な責任，原子力事業者への責任の集中，国家による支援・補償等の特別な枠組みが取り入れられたものとなっている。

3 原子力損害賠償制度の基本的枠組み

3.1 原子力損害賠償制度の目的

原子力損害賠償制度の目的は，前述のこの制度の成立の経緯から，各国の国内法においても国際条約においても，基本的には，①被害者の保護，②原子力産業の健全な発達の2つに置かれている。

3.2 基本的枠組み

原子力損害賠償制度は，上述の2つの目的を満たすため，①原子力事業者の責任のあり方を明確にすること，②原子力事業者に損害賠償措置の義務を課すこと，③国家の支援・補償を位置づけることの3つの柱からなる基本的枠組みを有している。

(1) 原子力事業者の責任

a) 責任の性質

原子力損害の発生の原因に原子力事業者の故意や過失がなかった場合でも，原子力事業者は原子力損害の賠償責任を持たなければならない。これによって，被害者が損害賠償の請求を容易に行うことができる。

b) 責任の集中

賠償責任を原子力損害の原因の如何にかかわらず，原子力事業者に集中させる。これによって，被害者は損害賠償の求償の相手方を容易に確認することができ，また，原子力事業者以外のメーカー等の原子力産業の関係者は予測可能性と地位の安定を確保することができる。

c) 免責事由

原子力事業者に無過失責任を課し，責任を集中するが，戦争・内戦等による原子力損害まで原子力事業者の責任として課すことは適当ではなく，これを免責する。これによって，原子力事業者は一定の不可抗力による賠償責任から免責されるとともに，免責事由を限定することにより被害者の保護を図ることができる。

d) 責任の有限又は無限

原子力事業者の賠償責任を無限とする制度と賠償責任に限度を設ける制度の2つに分かれている（日本やスイス，ドイツにおける制度は無限責任であり，原子力損害賠償制度に係る初期の国際条約の想定する制度は有限責任である）。被害者の保護の観点からは無限責任の方が，また，原子力産業の健全な発達の観点からは有限責任の方が，それぞれ望ましいことにはなるが，責任の制限の有無については，損害賠償措置の義務の内容や国家による支援・補償の内容等を含めた制度全体として考える必要がある。

(2) 原子力事業者の損害賠償措置の義務

a) 損害賠償措置の方法

原子力損害が発生した場合に原子力事業者が賠償義務を確実に履行できるようにするため，原子力事業者に損害賠償責任保険の締結等の損害賠償措置を講じる義務を課す。

これ以外の方法としては，原子力事業者同士による責任共済，政府補償契約等がある。

これによって，被害者に対する賠償は確実なものとなり，また，原子力事業者も巨額の損害賠償額を一挙に支出するという損害を負うリスクを，経常的支出により手当てすることができる。

b) 損害賠償措置による金額

原子力事業者の損害賠償措置は損害賠償のための原資を一定額まで確実に確保するものである。迅速かつ確実な賠償の履行のための基礎的資金を確保することにより，被害者の保護を図ることができ，また，原子力事業者が計画的に損害賠償措置に取り組めることにより，原子力産業の健全な発達を図ることができる。なお，前述（1）におけるd）の無限責任の制度では，損害額が損害賠償措置による金額（以下「賠償措置額」という）を超えた場合でもなお原子力事業者に責任があるが，有限責任の制度の多くは，賠償措置額を原子力事業者の賠償責任の限度とする。

(3) 国家による支援・補償

原子力事業者の損害賠償措置によるだけでは対応できない原子力損害に対しては，国がその差額や対応できない部分を支援・補償する。これに

よって，被害者に対する賠償はより確実なものとなり，また，原子力事業者は保護されることになる。

4 我が国の原子力損害賠償制度

4.1 「原子力損害の賠償に関する法律」の内容

(1) 成立及び目的

我が国の原子力損害賠償制度に係る法律は，「原子力損害の賠償に関する法律」（以下「原賠法」という）と「原子力損害賠償補償契約に関する法律」（以下「補償契約法」という）であり，いずれも昭和36（1961）年6月8日に成立し，同年6月17日に公布され，昭和37（1962）年3月15日に施行された。

原子力損害賠償制度の全般的枠組みを定めているものは，前者の原賠法であり，全般的枠組みのうち，特に原子力事業者と国との間の補償契約に関する事項を定めているものが，後者の補償契約法である。

原賠法の目的については，第1条において，「この法律は，原子炉の運転等により原子力損害が生じた場合における損害賠償に関する基本的制度を定め，もつて被害者の保護を図り，及び原子力事業の健全な発達に資することを目的とする」として，被害者の保護と原子力産業の健全な発達という2つの目的を明白にしている。

(2) 基本的枠組み

原賠法は，前述した原子力損害賠償制度の基本的枠組みの要件をすべて有するものとなっており，その内容は次の通りである。

a) 原子力事業者の責任

ⅰ) 責任の性質

第3条において，「原子炉の運転等により原子力損害を与えたときは，当該原子炉の運転等に係る原子力事業者がその損害を賠償する責めに任ずる」として，原子力事業者の無過失責任を定めている。

ⅱ) 責任の集中

上記第3条において原子力事業者へ無過失責任を負わせるとともに，第

4条において、「前条の場合においては、同条の規定により損害を賠償する責めに任ずべき原子力事業者以外の者は、その損害を賠償する責めに任じない」として、原子力事業者への責任の集中を明白に定めている。

iii）免責事由

第3条ただし書において、「ただし、その損害が異常に巨大な天災地変又は社会的動乱によって生じたものであるときは、この限りでない」として、原子力事業者の免責事由を定めている。

iv）無限責任

原賠法では、原子力事業者の責任の限度は特に定められておらず、無限責任となっている。

b）原子力事業者の損害賠償措置の義務

i）損害賠償措置の方法

第6条において、「原子力事業者は、原子力損害を賠償するための措置を講じていなければ、原子炉の運転等をしてはならない」として、事前に損害賠償措置を講ずべき義務を定めている。

続く第7条においては、損害賠償措置の内容を「原子力損害賠償責任保険契約及び原子力損害賠償補償契約の締結若しくは供託」と定めている。現在、原子力事業者は、損害賠償措置として、民間保険会社との間で原子力損害賠償責任保険契約を、国との間で原子力損害賠償補償契約を締結しており、いずれの契約も、原子力事業者の原子力損害の賠償の責任が発生した場合に賠償により生じる損失を填補するものである。

両者の役割分担は、第10条において、「原子力損害賠償補償契約は、原子力事業者の原子力損害の賠償の責任が発生した場合において、責任保険契約その他の原子力損害を賠償するための措置によってはうめることができない原子力損害を原子力事業者が賠償することにより生ずる損失を政府が補償することを約し、原子力事業者が補償料を納付することを約する契約とする」とされ、原子力損害賠償補償契約が担う原子力損害の対象については、補償契約法の第3条において、

・地震または噴火によって生じた原子力損害
・正常運転によって生じた原子力損害
・事故発生後，10年を経過した後に被害者から賠償の請求のなされた原子力損害

などが挙げられている．

ii）損害賠償措置による金額

我が国の原賠法では，原子力事業者の責任の限度は無限責任となっているが，損害賠償措置として損害賠償に充てられる額の最低限度を設けており，第7条において，「損害賠償措置は，……原子力損害責任保険契約及び原子力損害賠償補償契約の締結若しくは供託であつて，その措置により，一工場若しくは一事業者当たり若しくは一原子力船当たり千二百億円（政令で定める原子炉の運転等については，千二百億円以内で政令で定める金額とする．以下「損害賠償額」という）を原子力損害の賠償に充てることができるもの……」として，賠償措置額を1200億円と定めている．ただし，標準的な規模に達しない原子炉や核燃料サイクル施設等については，特例的に賠償措置額として1200億円以内の金額を政令で定めることができるものとされている（金額は平成22年1月1日以降の値）．

(3) 国家による支援・補償

第16条において，「政府は，原子力損害が生じた場合において，原子力事業者が第3条の規定により損害を賠償する責めに任ずべき額が賠償措置額をこえ，かつ，この法律の目的を達成するために必要があると認めるときは，原子力事業者に対し，原子力事業者が損害を賠償するために必要な援助を行なうものとする」と定めており，原子力事業者に対する国の援助としては，補助金の交付，低利融資，利子補給等が考えられる．

なお，第17条において，原子力事業者の免責事由とされた異常に巨大な天災地変または社会動乱によって生じた原子力損害などの場合は，「政府は，……被災者の救助及び被害の拡大の防止のため必要な措置を講ずるようにするものとする」として，国の措置を定めている．

国家による支援・補償を含めた原子力損害賠償の対応の概要を表11-1

に示す。

4.2 法律改正の経緯

我が国の原賠法は，現在までに昭和46（1971）年，昭和54（1979）年，平成元（1989）年，平成11（1999）年および平成21（2009）年の計5回にわたり法改正されている。これらの5回の法改正に共通しているのは，国の補償契約制度（第10条第1項）と国の援助（第16条第1項）に関する規定の適用期限の延長及び賠償措置額（第7条第1項）の改正である。現在までの法改正の経緯を表11-2にまとめる。

原賠法では，国の補償契約制度と国の援助を一定期限までに運転等を開始した原子力施設に適用する規定としているが（第20条），これは，責任保険契約が将来，充実・拡大するような状況になった場合には，その分，国の補完部分の必要性がなくなること等に鑑みて，立法当初に一応10年の期限を設けたものである。

この仕組みは，米国のプライス・アンダーソン法の影響を受けている。この期限は，ほぼ10年ごとの4回の法改正において，10年間ずつ延長されてきている。

賠償措置額については，損害保険会社と保険引受け能力や原子力損害賠償制度に係る国際動向を踏まえ，5回の法改正において，それぞれ増額されてきている。

その他の点については，昭和46年のときに，原子力船に係る制度を整備すること，運搬の際の責任者を原則として受取人から発送人へ変更することおよび原子力事業者の求償権を故意ある第三者にのみ限定することの3点について，また，昭和54年のときに，従業員が業務上受けた損害も対象とすることの1点について，それぞれ合わせて法改正がなされた。なお，最近では，平成20年5月に保険業法が全部改正されたことに伴い，保険業法との整合性を確保する観点から，補償契約法のうち，消滅時効及び請求権代位に関する規定が保険法の整備法において改正されるとともに，平成21年の補償契約法改正により，政府の補償契約の対象事案が発生した場合

第11章 原子力損害賠償制度

表11-1 ●我が国の原子力損害賠償の対応の概要

責任を負う者	損害の原因，損害賠償額の大きさ	損害賠償の対応
原子力事業者	損害賠償額が損害賠償措置額の範囲内の場合 (1)原因が下記免責事由以外の場合 (2)原因が地震又は噴火，正常運転中，10年以後の請求の場合	(1)原子力損害賠償責任保険契約による（第7条） (2)原子力損害賠償補償契約による（第7条，第10条）
	損害賠償額が損害賠償措置額を超える場合	必要と認めるとき，国の援助がなされる（第16条）
国	異常に巨大な天災地変，社会動乱	国の措置がとられる（第17条）

表11-2 ●我が国の原賠法等の改正の経緯

内　　容	賠償措置額	国の補償契約制度と国の援助に関する規定の適用期限の延長	その他の主な改正点
昭和36年制定当時	50億円	昭和46年12月31日まで（10年延長）	
昭和46年の改正	60億円	昭和56年12月31日まで（10年延長）	・原子力船に係る制度の整備 ・運搬の際の責任者を原則として受取人から発送人に変更 ・原子力事業者の求償権を故意ある第三者にのみ限定
昭和54年の改正	100億円	昭和64年12月31日まで（10年延長）	・従業員が業務上受けた損害も対象
平成元年の改正	300億円	平成11年12月31日まで（10年延長）	
平成11年の改正	600億円	平成21年12月31日まで（10年延長）	
平成21年の改正(注)	1200億円	平成31年12月31日まで（10年延長）	・原子力損害賠償紛争審査会の業務の追加

注：施行日は平成22年1月1日。

の事務の遂行を確保するため,補償契約に基づく政府の業務のうち,損害の査定や保険支払いの実務など業務の一部を,損害保険会社に委託することができることとされた。

4.3 責任保険契約及び補償契約の状況

(1) 責任保険契約

原子力事業者は,原賠法に基づき,損害保険会社との間で原子力損害賠償責任保険契約を締結しているが,原子力損害賠償責任保険契約は,原子力施設内で発生した事故による損害に係る原子力施設賠償責任保険契約と核燃料物質等の輸送中に発生した原子力損害に係る原子力輸送賠償責任保険契約とに分かれている。

損害保険会社の側は,昭和35(1960)年2月に,20社が大蔵大臣(当時)から原子力保険事業の免許を受け,これらの保険会社は,外国の例にもならい,原子力損害賠償責任保険という大規模な保険に対する引受能力を最大化するため,保険プールを結成して,保険の引受けに当たることとして,同年3月に日本原子力保険プールを結成した。

日本原子力保険プールには,日本の損害保険会社(元受),日本の再保険専門保険会社および海外保険会社が参加している。そこから,国内及び海外で再保険契約が締結される。国内の再保険契約は,元受会社を含めた日本原子力保険プールの会員会社との間で締結され,海外との再保険契約は,各国の原子力保険プールとの間で締結されている。

なお,日本原子力保険プールの損害保険会社は,原子力事業者との間で原子力財産保険も締結しているが,これは任意の保険であり,原子力事故,火災,台風等による原子力施設の物的損害を填補するものである。

(2) 補償契約

原子力事業者が国との間で締結している原子力損害賠償補償契約については,補償契約金額は賠償措置額とし(補償契約法第4条),補償料は補償契約金額に政令で定める料率を乗じたものとすること(同法第6条)になっている。この補償料率は,政令で万分の5(大学または高等専門学校に

表11-3 ●原子力損害賠償関係の契約の種類

分類	契約の種類		被保険者	保険者
強制	原子力損害賠償責任保険契約			
		原子力施設損害賠償責任保険契約	原子力事業者	損害保険会社
		原子力輸送賠償責任保険契約	原子力事業者	損害保険会社
	原子力損害賠償補償契約		原子力事業者	国
任意	原子力財産保険契約		原子力事業者	損害保険会社

おける原子炉の運転等に係る補償契約については，万分の2.5）とされている。原子力事業者の締結する原子力損害賠償関係の契約の種類を表11-3に示す。

5 国際的な原子力損害賠償制度

5.1 種類

　原子力損害賠償制度に係る国際条約としては，パリ条約とウィーン条約があり，これらが世界的な原子力損害賠償制度の全体の枠組みを形作っている。

　経済協力開発機構（OECD）のパリ条約，すなわち，「原子力の分野における第三者責任に関するパリ条約」は，1960年7月29日に採択され，1968年4月1日に発効した。パリ条約の採択の後，1963年1月31日にブラッセル条約が採択されたが，これは，パリ条約を充実・強化するためのもので，1974年12月4日に発効した。

　国際原子力機関（IAEA）のウィーン条約，すなわち，「原子力損害の民事責任に関するウィーン条約」は，1963年5月21日に採択され，1977年11月12日に発効した。

　パリ条約とウィーン条約のほかに，「核物質の海上輸送における民事責任に関する条約」が1971年12月に採択され，1975年7月15日に発効した。この条約では，パリ条約とウィーン条約の規定と合わせ，核物質の海上輸送の際に生じた原子力事故によって引き起こされた損害については，原則としてその核物質に係る原子力設備の所持者（核物質の発送人または受取り

人）だけに責任があることが定められている。

また,「原子力船運航者の責任に関する条約」は,1962年5月25日に採択された。この条約では,原子力船の運航者だけがその運航によって生じた損害について無過失責任を負うことが定められている。ただし,この条約はまだ発効していない。

以下,パリ条約とウィーン条約を中心にとりあげる。

5.2 パリ条約とウィーン条約の基本的枠組み

パリ条約とウィーン条約の基本的枠組みは,大きく,

（イ）各国の原子力損害賠償制度を一定水準以上のものとするためのもの

（ロ）越境損害に対する賠償処理の枠組みを作るためのもの

の2つからなっている。（イ）については,原子力事業者の責任,原子力事業者の損害賠償措置の義務,国家による支援・補償等を内容としており,（ロ）については,裁判管轄権,準拠法等を内容としている。パリ条約とウィーン条約の概要を表11-4に示す。

5.3 両条約の差異

パリ条約とウィーン条約の基本的枠組みはほぼ同じであるが,詳細にはいくつかの差異もみられる。

パリ条約は,加盟対象国がOECD加盟国という一定水準の国力を有する先進諸国に限られている。このことを反映して,損害賠償責任金額については,一定範囲内の金額を確保する締約国の損害賠償措置を求めており,また,パリ条約を補足するブラッセル条約においては,損害賠償責任金額を大幅に引き上げるとともに,加盟国間の相互扶助による賠償措置も取り入れている。このように,パリ条約は,均質で水準が高く,また,相互の連携まで求める内容の条約となっている。

これに対し,ウィーン条約は国連に加盟している世界のすべての国が加盟できるものとなっている。このため,例えば,損害賠償措置の義務については,損害賠償措置は求めるが,その金額が低いなど,多くの国が加盟

表11-4 ●パリ条約とウィーン条約の概要

		パリ条約	ウィーン条約
機関		経済協力開発機構（OECD）	国際原子力機関（IAEA）
発効日		1968年4月1日発効	1977年11月12日発効
加盟国数		15ヵ国	36ヵ国
原子力事業者の責任	責任の性質	無過失責任	無過失責任
	責任の集中	運転者に集中	運転者に集中
	免責事由	戦闘行為等，異常に巨大な自然災害	戦闘行為等，異常に巨大な天災地変
	責任の有限又は無限	有限責任	有限責任
損害賠償措置の義務	損害賠償措置の方法	保険等	保険等
	損害賠償措置の金額	1事故当たり7億ユーロを限度として，締約国で決められる。（金額は改正パリ条約のもの）	1事故当たり3億SDRを下回らない金額までに制限できる。（金額は改正ウィーン条約のもの）
国家の支援・補償		締約国は賠償金額を増加するために必要な措置をとる。	責任制限額と賠償措置額の差額を補償。
裁判管轄権		原則として，原子力事故の発生した領域の締約国のみが裁判権をもつ。原子力事故が締約国の領域外で生じた場合又は原子力事故の場所が明確に決定できない場合の裁判管轄権は責任を負うべき運転者の原子力施設が領域内に設置されている締約国の裁判所にある。	原則として，原子力事故の発生した領域の締約国のみが裁判権をもつ。原子力事故が締約国の領域外で生じた場合又は原子力事故の場所が明確に決定できない場合の裁判管轄権は責任を負うべき運転者の施設国の裁判所にある。
準拠法		裁判管轄権をもつ裁判所の国内法	裁判管轄権をもつ裁判所の国内法
無差別適用		条約及び条約に基づいて適用される国内法は，国籍，住所又は居所による差別なく適用される。	条約及び条約に基づいて適用される国内法は，国籍，住所又は居所による差別なく適用される。

しやすいように，ウィーン条約の方がパリ条約に比べて条約の規定としてはやや緩やかなものとなっている。

5.4　条約としての普遍性

パリ条約には，OECD加盟国のうちの15ヵ国が加盟している。これらの

15ヵ国はすべてヨーロッパ大陸の諸国であるので，OECD加盟国の条約であるとはいえ，現在のところ，パリ条約は結果的にはヨーロッパ諸国の条約となっている。また，ウィーン条約には36ヵ国が加盟しているが，そのほとんどが発展途上国である。

世界の主要な原子力開発国のうち，英国，フランス，ドイツ，スウェーデン等がパリ条約に加盟しており，ロシア，ウクライナ，チェコ等の中東欧・中南米諸国がウィーン条約に加盟している。世界の商業用発電炉の約45％が両条約によってカバーされており，条約としての普遍性はまだ十分ではない。なお，米国，日本，中国，韓国，カナダ等は両条約のいずれにも加盟していない。

5.5　両条約と我が国の原子力損害賠償制度

両条約と我が国の原賠法は，ともに，原子力損害賠償制度としての基本的枠組みは共通しているが，大きく異なるのは，損害賠償の責任の限度に関して，両条約は有限責任であるのに対して，我が国の原賠法は無限責任である点である。なお，各国の国内法においては，米国，英国，フランス，カナダ等が有限責任をとっており，ドイツ，スイスは無限責任をとっている。

6 ｜ 国内外の原子力事故とその後の対応

6.1　チェルノブイリ事故

1986年の旧ソ連のチェルノブイリ事故は，世界の原子力損害賠償制度のあり方について問題を投げかけることとなった。米国のプライス・アンダーソン法の成立に始まり，30数年かけて整備が図られてきた世界の原子力損害賠償制度は，チェルノブイリ事故に対しては機能しない結果となった。これは，旧ソ連が原子力損害賠償に係る国際条約に加盟していなかったためであるが，チェルノブイリ事故以降，各国や国際機関において，原子力損害賠償制度の充実・強化に向けて様々な努力がなされることとなった。国際条約については，1988年に，締約国の地理的な広がりの範囲を拡

大することを目的として，パリ条約とウィーン条約を連結するジョイント・プロトコルが策定された。また，国際条約の内容そのものを強化するため，ウィーン条約の改正が行われ（2003年10月発効），責任限度額が3億SDRを下回らない額とされ，大幅に引き上げられた。ただし，改正ウィーン条約は，元のウィーン条約とは別に採択・発効となっており，現在，改正ウィーン条約に加盟しているのは，ウィーン条約加盟国のうち，アルゼンチン等の5ヵ国にとどまっている。さらに，改正ウィーン条約とパリ条約を補完するものとして，締約国の賠償措置額を超える損害に対して，各締約国の拠出金による基金によって補塡する仕組みを作ることを目的とした原子力損害の補完的補償に関する条約（CSC）が1997年9月に採択され，米国，アルゼンチン等の4ヵ国が批准しているが，まだ発効には至っていない。

6.2　ジェーシーオー（JCO）臨界事故

平成11（1999）年9月に発生したジェーシーオー（JCO）臨界事故においては，損害賠償のために責任保険から10億円が支払われた。この金額は，平成11年当時，JCOが該当する核燃料物質の加工施設に対する賠償措置額が10億円に設定されていたためである。

現実には，請求のあった損害額は10億円を大幅に超えたが，JCOは，自らの資金に加え親会社の資金援助により賠償のための支払いを行った。

この事故を契機として，賠償措置額の引き上げが平成11年に行われ，濃縮度5％以上の濃縮ウランを扱う加工事業者には，120億円（平成22年1月からは240億円）の賠償措置が義務づけられている。

7 | 今後に向けて

世界的には，今後，原子力開発の発展に取り組もうとしている国々に対して，原子力損害賠償制度の整備を進めてきた原子力先進国や国際機関は，発展途上国の原子力損害賠償制度の構築に向けてきめ細かい支援をしていくことが期待される。これとの関係において，原子力損害賠償に関す

る国際的枠組みに我が国が直ちに参加しなければならない状況にはないが、世界的な原子力産業の連携・再編やアジア周辺地域における原子力導入の活発化等の情勢を踏まえ、我が国にとっての現実的な選択肢である原子力損害の補完的補償に関する条約（CSC）について、具体的な論点整理を進め、将来の本格的検討に備えていくことが重要となっている。

[広瀬研吉]

第Ⅳ部
原子力平和利用・核不拡散政策

第12章
原子力の平和利用と保障措置

1 保障措置とは

　原子力エネルギーの源である核物質は平和目的としても，また，核兵器の原材料としての軍事目的としても利用可能であるという二面性を有している。原子力，核分裂エネルギーの利用は，目に見える形では，不幸にして1945年に原子爆弾という兵器としての利用からその歴史の幕を開けた。その後，核兵器は，米国，ソ連などにおいて，安全保障上・軍事上大きな意味を持つ兵器としてその拡大が図られる一方，世界の多くの国では，原子力発電を中心として平和利用目的の原子力エネルギー利用が拡大してきている。このような核物質の二面性を踏まえて，平和利用の原子力活動を，核兵器などの軍事利用を目的とした原子力活動と区別し，平和利用目的の核物質などが核兵器などの軍事利用に転用されないようにするための国際的な制度の必要性が認識され，「保障措置（safeguards）」と呼ばれるシステムが構築されることとなった。

　原子力に関して「safeguards」という言葉が初めて用いられたのは，広島・長崎への原子爆弾投下という形で原子力エネルギーが利用された年と同じ1945年11月に，米国のトルーマン大統領，英国のアトリー首相，カナダのキング首相が共同で発表した「原子力に関する三ヵ国合意宣言」であるとされている。そこでは「十分に見返りを提供するどんな国とも平和目

的のための基本的な科学文献の交換を進める用意があるが，それは，破壊目的の利用に反対する，すべての国が受入れ可能な，効果的で相互的で強制的な保障措置を考え出すことが可能な場合に限る」とされていた。

その後，すべての原子力活動の管理権限や所有権が委任される国際機関の設立というような内容を含む，米国のアチソン・リリエンソール委員会の報告書（1946年3月）や，バルーク・プラン（米国が1946年6月に国連原子力委員会に提出）の構想が出されたが，これらの構想は結局は実現せず，1953年12月の米国アイゼンハワー大統領の国連総会での，いわゆる「平和のための原子力（Atoms for peace）」演説を経て，国際原子力機関（IAEA）設立に向けての検討が進められ，1956年にIAEA憲章が合意されて1957年にIAEA（本部：ウィーン）が設立された。

IAEAは，その重要な任務のひとつとして保障措置の実施機関としての役割を有している。保障措置は，当初は，二国間原子力協力協定（以下「二国間協定」という）に基づいて移転された核物質などの平和利用担保の手段として活用されたが，その後，核兵器の不拡散に関する条約（NPT）の発効（1970年）に伴い，非核兵器国が核兵器を開発・所有しないことの担保措置としての手段として，非核兵器国には原子力活動に係る全ての核物質に対する保障措置，すなわち包括的保障措置（「フルスコープ保障措置」ともいう）が義務づけられるようになり，現在に至っている。

NPTは現在，インド，パキスタン，イスラエルが未加盟（北朝鮮は加盟したものの脱退を表明）であるものの，締約国は190ヵ国（2007年5月現在）という極めて多数の締約国を有する条約である。さらに，1995年の締約国会議で，条約の無期限延長に合意しており，これは，NPTに基づくIAEA保障措置についても，恒久的に必要なシステムになったことを意味する。IAEAの保障措置は，国際政治面においては，核不拡散上，重要な役割を果たしていると認識されているが，恒久的に必要なシステムであるためには，それが受入れ国にとって合理的なものであると認識されることが重要である。

また，現在のIAEA保障措置を要求している枠組みであるNPTは，締

約国を「核兵器国」(1967年1月1日以前に核兵器その他の核爆発装置を製造しかつ爆発させた国：米, ソ連(露), 英, 仏, 中国)と「非核兵器国」に区別し, その上, 非核兵器国にのみIAEA保障措置を要求していることから, このような点をとらえて, 不均衡性, 不平等性の問題が指摘される。核兵器国もこの点を考慮して, 自主的に保障措置協定をIAEAと締結し, 限定的な施設に保障措置を受け入れているが, それは非核兵器国の視点からすると十分なものとはいえない。核兵器国における平和利用目的の原子力活動に係る核物質への保障措置の適用を含めて, 可能な限り不均衡・不平等のない, 普遍的な保障措置とすることも, 保障措置の恒久性維持のためには重要になっている。

一方, NPTに加盟し, IAEAの包括的保障措置を受けていたはずのイラクにおける核開発計画が明らかになったことや, 北朝鮮の核疑惑を契機として, IAEA保障措置の強化・効率化方策が検討され, 未申告核物質・活動の探知能力をIAEA保障措置に与えるための追加議定書のモデルが1997年のIAEA理事会で認められた。この追加議定書では, 従来の保障措置活動に, 拡大申告, 拡大アクセス, 情報分析という新たな要素が追加されたが, これらの措置全体を活用して, 有効性を確保しつつ最大限の効率性を求める統合保障措置の検討がIAEAにおいて進められ, 順次, 実施に移されてきている。

また, 冷戦の終焉に伴い, 米露間などで核軍縮交渉の進展が図られるようになり, 解体核兵器からの余剰核物質の検証措置や, 兵器用核分裂性核物質生産禁止条約(FMCT)の検証措置の必要性が検討されるようになっている。これらの新たな検証措置の受け手は主に核兵器国などであり, このような新たな状況を, 保障措置の普遍化という視点から活用していくことが可能になっていると考えられる。特に, FMCTの検証措置の目的は, NPTに基づく保障措置の目的に包含されるものであり, また, FMCTの検証措置の手法は, IAEA保障措置の手法と整合性をとったものであるべきであるとすることにより, FMCTの検証措置がIAEA保障措置にフィードバックされることで, IAEA保障措置の合理化に資する可能性がある。

原子力エネルギーの源となる核物質に着目した場合，世界の安全保障システムにおいて核兵器が重要な意味を持ち続ける一方，もはや核兵器設計・製造技術という知識そのものを無くすことはできないことを考慮すると，核物質について核兵器などの核爆発装置への転用防止のための国際的・制度的な管理・検認メカニズムである保障措置は，無期限に延長されたNPTが求めるからということにとどまらず，本来的にも恒久的に必要であると考えられる。また，国際政治的には，このような国際的な保障措置の安定性が，原子力平和利用の大前提と判断されている。

したがって，このような保障措置が恒久的かつ安定的に存続するためには，そのメカニズムを世界中のより多くの国が，というよりはむしろ全ての国が受け入れるような普遍性を持つべきであるとともに，保障措置の受入れ国にとって合理的であると理解・納得できるものであることが必要である。

2 保障措置の進化と世代区分

IAEA保障措置は，これまで変化を遂げてきており，また，核兵器国における核軍縮の検証措置としての役割をも包含するような次世代の普遍的な保障措置をも視野に入れることができるようになっている。

2.1 IAEA保障措置の誕生まで

IAEA設立までの保障措置の経緯は前述のとおりであり，IAEA憲章では，第3条の任務の「機関は，次のことを行う権限を有する」という事項のひとつに，保障措置の適用が規定されている。すなわち「機関がみずから提供し，その要請により提供され，又はその監督下若しくは管理下において提供された特殊核分裂性物質その他の物質，役務，設備，施設及び情報がいずれかの軍事的目的を助長するような方法で利用されないことを確保するための保障措置を設定し，かつ，実施すること並びに，いずれかの二国間若しくは多数国間の取極の当事国の要請を受けたときは，その取極に対し，又はいずれかの国の要請を受けたときは，その国の原子力の分野

第12章
原子力の平和利用と保障措置

におけるいずれかの活動に対して保障措置を適用すること」との規定である。

しかしながら，このIAEA憲章の規定のみでは，実際にIAEAが保障措置活動を行うには不十分であり，保障措置の具体的な活動内容，手続きなどを規定する文書の検討が進められていった。実際には，保障措置は，保障措置を要請する協定・条約の変化などを踏まえ，保障措置の内容を規定する文書の変更に伴い，連続的な変化というよりは，「世代」とも呼べるような段階的な発展・進化を遂げてきた。

2.2 部分的保障措置（第一世代）：INFCIRC/66型保障措置

最初にIAEA保障措置の具体的実施が求められたのは，IAEAみずからが供給した核物質や二国間原子力協力協定に基づいて移転された核物質などに対する保障措置であった。前者の代表例は，我が国がIAEAから購入した，日本原子力研究所（当時）の研究炉JRR-3用の天然ウラン燃料であり，日本とIAEAとの間の協定において保障措置の適用が規定されている。後者は，二国間原子力協力協定の両締約国とIAEAとの間で締結した三者間保障措置移管協定（以下「保障措置移管協定」という）に基づき実施される保障措置であった。

IAEAでは，この保障措置移管協定などに基づく保障措置の実施方法の基本となるものとして，まず1961年に，熱出力10万キロワット未満の原子炉を対象とした保障措置活動を規定した最初の保障措置文書である「機関の保障措置」（INFCIRC/26）を作成した。また，1965年にはそれを発展させ，あらゆる規模の原子炉に適用される保障措置を規定するものとして「機関の保障措置システム」（INFCIRC/66）をとりまとめ，その後，1966年に再処理施設を追加したものがそのRev. 1，1968年に燃料製造施設を追加したものがRev. 2である。

INFCIRC/26やINFCIRC/66は，IAEA保障措置の具体的活動，手続きなどを文書で規定したという点で意義がある。しかしながら，実際に運用されるにあたっては，解釈に幅があるなどの課題もあり，それらの反省が，

次に述べる第二世代のIAEA保障措置を規定する文書であるINFCIRC/153に反映されていった。INFCIRC/66型の保障措置は、現在でもインドなど一部の国において実施されているが、IAEA保障措置にとってはごく一部にすぎないものになっている。

2.3　包括的保障措置（第二世代）：INFCIRC/153型保障措置

非核兵器国に対して、その全ての核物質にIAEAの保障措置を要求するNPTが1970年に発効した。このような保障措置のあり方を規定する保障措置協定のモデルは、IAEA加盟国の専門家の参加を得てIAEAに設置された保障措置委員会での検討を経て「NPTに関連して要求されるIAEAと国の間の保障措置協定の構造と内容」(INFCIRC/153) としてとりまとめられた。

このINFCIRC/153型保障措置は、その国における全ての原子力活動に係る核物質を対象とするということで、INFCIRC/66型保障措置と大きく異なるものであるとともに、INFCIRC/66/Rev.2を実施した際の問題点の解決という観点も配慮してとりまとめられたものであり、保障措置の目的を達成するため、申告された核物質の計量管理を基本とし、封じ込め・監視を補助的手段と規定するとともに、施設の設計情報検認、査察による現場での検認などが、主要な措置として規定されている。また、査察のクライテリアがIAEA事務局において定められ、計量検認目標と適時性目標というパラメータを基本として、保障措置の実施と評価が行われている。我が国においては、1977年に、このINFCIRC/153に基づいた日IAEA保障措置協定が発効して以来、このINFCIRC/153型の保障措置が適用されてきている。

現在実施されている実際の保障措置の関係を整理すると表12-1のようになる。

第12章
原子力の平和利用と保障措置

表12-1 ●IAEA憲章に基づく保障措置の分類

IAEA憲章の規定による分類	実際の保障措置協定	保障措置の手法	具体例
(a) IAEAみずからが提供する核物質などに対する保障措置	プロジェクト保障措置協定	INFCIRC/66型	JRR-3用ウランの供給に関する日IAEA間の協定((c)の日IAEA保障措置協定発効に伴い停止)
(b) 二国間の取極の当事国からの要請を受けて適用する保障措置	三者間保障措置移管協定	INFCIRC/66型	日本と二国間原子力協力協定締結国とIAEA間の三者間保障措置移管協定(現在は終了又は停止)
(c) 多数国間の取極の当事国からの要請を受けて適用する保障措置	包括的保障措置協定	INFCIRC/153型	NPTに基づく日IAEA保障措置協定
(d) いずれかの国からの要請を受けて適用する保障措置	ボランタリー保障措置協定(核兵器国)	INFCIRC/153型を部分的に適用	5核兵器国それぞれとIAEAの保障措置協定
	ユニラテラル保障措置協定など	INFCIRC/66型	個別国とIAEAとの間の保障措置協定(二国間の技術援助などに伴うものが多い)

注:INFCIRC/66型とは,特定の指定された核物質などに対する保障措置で,INFCIRC/66/Rev.2という文書で規定されている手法の保障措置。一方,INFCIRC/153型とは,NPTで規定される非核兵器国において,全ての核物質に対する保障措置で,INFCIRC/153という文書で規定されている手法。

2.4 強化・統合保障措置(第三世代):INFCIRC/153 + INFCIRC/540型保障措置

(1) IAEA保障措置の強化・効率化方策(93 + 2計画)

　NPTに加盟し,IAEAとINFCIRC/153に基づいた保障措置協定を締結してIAEAの包括的保障措置を受けていたイラクが,核物質の一部をIAEAに対して申告せずに秘密裏に核兵器開発計画を進めていたという事実が1991年の湾岸戦争後に発覚した。また,同じくNPTに加盟していた北朝鮮が,IAEAとの保障措置協定に基づき申告した情報に矛盾があったことから,IAEAが特別査察を要求したところ,北朝鮮がこれを拒否するという事態が発生した。このような核開発疑惑などを契機として,IAEA保障措置を強化すべきとの国際的な要求が高まった。

　具体的には,申告された核物質を中心とする従来の保障措置制度の限界

が認識され，未申告活動，未申告施設を探知するためにIAEAの機能を強化することとし，従来の包括的保障措置協定で可能な範囲内で保障措置制度の強化・効率化を図るとともに，核物質を用いない原子力活動や従来対象とされていない原子力活動にも保障措置の対象を拡大することとし，そのためにIAEAに新たな権限を付与することも踏まえて，IAEA保障措置の強化・効率化方策の検討が進められ，逐次，実行に移されてきている。この強化・効率化方策は，1993年から2年間で保障措置の強化・効率化のための一連の方策をまとめようとした計画であることから「93＋2計画」と呼ばれた。

(2) 追加議定書

IAEAに新たな権限を付与するための現行保障措置協定への追加議定書のモデルについては，IAEA理事会によって1996年7月に設置された，各国の代表も参加した委員会で検討され，その結果とりまとめられた追加議定書のモデルが，1997年5月のIAEA特別理事会で採択された。このモデル追加議定書（INFCIRC/540）は，これまでの核物質のみに対する保障措置から，核物質を用いない核燃料サイクル研究開発活動，原子力資機材の製作および輸出入などに関する情報提供，また，それらが行われている場所への立入といったような措置を規定しており，保障措置の適用範囲を大幅に拡大したものである。主目的は，その国の原子力活動全体を把握し，未申告活動を探知するということであり，主要な措置は，IAEAへの情報提供の拡大，IAEAの立入（補完的アクセス）対象の拡大，IAEAにおける情報分析の3点である（表12-2，表12-3参照）。

モデル追加議定書の採択後，ブリックスIAEA事務局長（当時）は，核兵器国およびNPTの非締約国を含む140ヵ国に書簡を送って，追加議定書の交渉・協議を呼びかけ，各国はモデル追加議定書をもとに，IAEAと個別の追加議定書締結のための交渉・協議を行うこととなった。既に追加議定書を署名した国は128ヵ国，発効させた国は119ヵ国（2009年1月時点）となっているが，追加議定書の締結・発効促進，すなわち追加議定書の普遍化は引き続き重要な課題である。

表12-2 ●モデル追加議定書の主要な措置

事　項	内　容
IAEAへの情報提供の拡大	保障措置協定に基づくIAEAへの報告事項は，基本的に核物質の計量管理情報と核物質を取扱う施設の設計情報であったが，追加議定書では，核物質に関係しない原子力活動（特定の原子力機器の製造・組立活動，核物質を使用しない核燃料サイクル関連研究開発 など）も報告対象に追加された。
IAEAの立入（補完的アクセス）対象の拡大	保障措置協定に基づく査察では，基本的に施設の中の核物質がある場所を枢要な点と定め，基本的にこの枢要な点に限って通常査察が行われていたが，追加議定書では，情報に疑義・不整合がある場合については，補完的アクセスとして事実上あらゆる場所に立入対象が拡大された（表12-3参照）。 （補足） 　補完的アクセスについては，これまでの核物質の検認のための査察とは異なり，情報の検認を機械的・系統的に行うことはしないとされている。また，施設側の情報保護に配慮した管理アクセスが実施できることも措置されている。なお，補完的アクセスでIAEA査察官が行いうる活動は，観察，環境試料の採取，放射線検出・測定用装置利用，核物質の員数勘定，非破壊測定・採取，核物質の量，原産地，処理記録の検査，補助取決めで定められた封印・その他の同定装置・開封表示装置の利用などである。一方，保障措置協定に基づく査察でIAEA査察官が行う活動は，a）報告が記録に合致していることの検認，b）保障措置協定に基づく保障措置の対象となるすべての核物質の所在箇所，同一性，量および組成の検認，c）不明物質量および受払間差異の発生原因と考えられるもの並びに帳簿在庫の不確かさの発生原因と考えられるものに関する情報の検認であり，査察と補完的アクセスとは活動の内容が異なる点に留意すべきである。
IAEAにおける情報分析	IAEA事務局では，保障措置協定や追加議定書に基づき各国から報告された情報に加え，公開情報（地球観測衛星の画像情報を含む）や第三国から提供された情報全体を分析して，疑義・不整合の分析を行うことで，未申告核物質・活動の探知の端緒とすることとなった。

　我が国の場合は，1998年12月に日IAEA保障措置協定の追加議定書への署名が行われた。その後，追加議定書の国内担保措置を確立することを目的のひとつとして核原料物質，核燃料物質及び原子炉の規制に関する法律（以下「原子炉等規制法」という）が改正され，1999年12月に，この改正原子炉等規制法の施行と合わせて追加議定書も発効の手続きがとられた。我が国は追加議定書に基づく最初の報告を2000年6月にIAEA事務局に提出し，151のサイトに関して，4,885の建屋に関する報告を行い，その後も定期的な報告や補完的アクセスの受入れなどを行ってきている。

(3) 強化・統合保障措置

INFCIRC/540に規定される措置は，IAEA が未申告の施設および活動を信頼できる保証をもって探知するという追加的な義務を遂行するのに十分な法的権限と権力を IAEA に与えていると考えられている。一方，INFCIRC/153および INFCIRC/540の両方の措置によって実施される保障措置は，単純に従来のシステムに新しいシステムが附加されたものと解釈されるべきではなく，ひとつの保障措置制度として，まとまりのあるシステムであるべきであるという問題提起がなされた。

この，INFCIRC/153に基づく包括的保障措置協定の保障措置と INFCIRC/540に基づく追加議定書の保障措置とを最適化された形で組み合わせて実施される保障措置を「強化・統合保障措置（Strengthened and Integrated Safeguards）」と呼ぶことができる。この強化・統合保障措置は，保障措置を要請する枠組みは引き続き NPT であるということでは INFCIRC/153型保障措置と同じであるが，強化・統合保障措置は，内容的に，第二世代の INFCIRC/153型保障措置とは区別され，第三世代の保障措置と呼ぶべきものである。

まず，追加議定書による強化保障措置により，その国に未申告核物質および活動がないと結論された場合には，従来からの査察の軽減が可能になり，この軽減化された保障措置が統合保障措置である。この考え方を図示すると図12-1のように表すことができる。具体的な査察の削減の例としては，未申告の再処理施設がないと結論されれば，使用済燃料の査察の適時性ゴール（頻度に相当）を 3ヵ月から12ヵ月に延長することが可能となり，査察の効率化を行うことができるということがある。我が国に関しては，2004年 6月，IAEA が，我が国に対して，保障措置下にある核物質の転用および未申告の核物質および原子力活動が存在しない旨の結論を導出し，同年 9月から統合保障措置の実施が開始された。また，2008年 8月からは，日本原子力研究開発機構東海研究開発センターの再処理工場，プルトニウム燃料製造施設他，計 6施設からなるサイトを対象に，世界で初めてプルトニウムを扱う施設を対象とした「サイト統合保障措置手法」が開

第12章
原子力の平和利用と保障措置

表12-3 ●保障措置協定に基づく査察の対象と追加議定書に基づく補完的アクセスの対象

	区分	内容		
査察の対象	A. 核物質のある場所（基本的には枢要な点）	サイト (151)	1) 製錬転換施設 2) ウラン濃縮施設 3) ウラン燃料加工施設 4) 原子炉 5) 再処理施設 6) プルトニウム燃料加工施設 7) 貯蔵施設 8) 研究開発施設 9) 施設外の場所（LOF）	(1) (2) (5) (76) (2) (2) (4) (19) (139)	(250)
	B. 核物質のある建屋の他の場所 核物質のない建屋 サイト内の土地			
	C. 少量の核燃料物質を使用する事業所など			
補完的アクセスの対象	D. ウラン鉱山・製錬工場，トリウム製錬工場			
	E. 原料物質のウラン10トン以上またはトリウム20トン以上が存在する場所 原料物質のウラン・トリウム1トン以上が存在する場所（IAEAが指定）			
	F. 原料物質で，非原子力目的のウラン10トンまたは年間10トン以上輸入する場所，同トリウム20トンまたは年間20トン以上輸入する場所			
	G. 量的条件で保障措置から免除された核物質が存在する場所			
	H. 未だ非原子力利用で最終形状になっていない，一定量以上の，保障措置から免除された核物質が存在する場所			
	J. 保障措置が終了した中・高レベル廃棄物が存在する場所			
	K. 廃止措置のとられた施設および施設外の場所			
	L. 国の資金，認可，管理などによる，核物質を使用しない核燃料サイクル関連研究開発の実施場所			
	M. 国の資金，認可，管理などによらない，核物質を使用しない核燃料サイクル関連研究開発の実施場所			
	N. 追加議定書附属書Iの特定の原子力関係設備などの製造・組立などの活動場所			
	P. 追加議定書附属書IIの特定の原子力関係設備・物質の輸入場所（IAEAが指定）			
	Q. サイト外でサイトの活動と機能的に関連している場所（IAEAが指定）			
	R. 環境試料採取のためにIAEAが特定する場所			

注：( ) 内の数字は，1999年12月末現在の我が国におけるサイト数および施設数。なお，各施設の合計が250であるにもかかわらず，サイト数が151なのは，ひとつのサイト内に複数の施設がある場合があるため。

発され，実施されることとなった。

2.5 普遍的保障措置（第四世代）

　第二世代および第三世代の保障措置は，基本的に保障措置の対象が非核兵器国であった。しかしながら冷戦終焉後の核軍縮交渉の進展に伴い，米露間の解体核兵器などからの余剰核物質に対する検証措置や，FMCTの検証措置が具体的に検討されるようになってきた。FMCTとは，核兵器その他の核爆発装置のための核分裂性核物質（高濃縮ウラン，プルトニウムなど）の新たな生産の禁止を基本的な目的として考えられている条約である。FMCTでは，核兵器国と非核兵器国を区別しているようなNPTとは異なり，締約国に対する検証措置に関する義務を，基本的には区別しないものにすることが想定される（但し，既存の核弾頭用のストックについては検証措置の枠外となる可能性が高い）。すなわち，FMCTの検証措置は，NPTに基づく核兵器国（米，露，英，仏，中国）および既に核実験を行ったインド，パキスタンなどのNPT非締約国を加えた国においても実施されることを前提として制度設計されるものと考えられる。

　このようなFMCTにおける核物質に対する検証措置は，我が国をはじめとする非核兵器国の平和利用原子力活動に対して実施されているIAEA保障措置のあり方にも大きな影響を与える可能性を有している。包括的保障措置協定と追加議定書を発効させている非核兵器国にはFMCTによって追加的な負担が課される必要はないし，また，課すべきではないと考えられる。このような点を考慮すると，この段階の保障措置は第四世代の保障措置，普遍的保障措置とも呼べるような，新しい保障措置となるべきである。

2.6 世代間の保障措置の変化

　以上のような四つの世代にわたる保障措置の進化は表12-4のように，保障措置の対象国と主要目的の関係は表12-5のようにとりまとめられる。第二世代と第三世代の保障措置には，ボランタリー保障措置協定およ

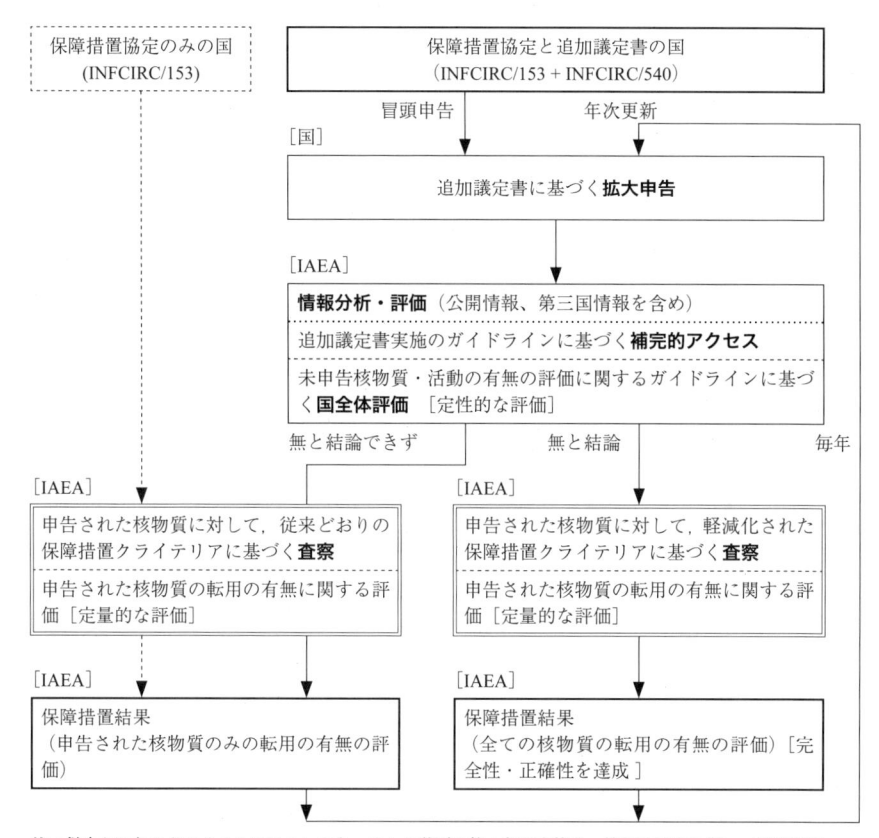

第12章
原子力の平和利用と保障措置

```
┌─────────────────┐         ┌──────────────────────────┐
│保障措置協定のみの国│         │保障措置協定と追加議定書の国│
│ (INFCIRC/153)   │         │(INFCIRC/153 + INFCIRC/540)│
└────────┬────────┘         └──────────────────────────┘
         ┊                     冒頭申告        年次更新
         ┊                           [国]
         ┊                  ┌──────────────────────┐
         ┊                  │追加議定書に基づく拡大申告│
         ┊                  └──────────────────────┘
         ┊                         [IAEA]
         ┊         ┌────────────────────────────────────┐
         ┊         │情報分析・評価（公開情報、第三国情報を含め）│
         ┊         │追加議定書実施のガイドラインに基づく補完的アクセス│
         ┊         │未申告核物質・活動の有無の評価に関するガイドラインに基づ│
         ┊         │く国全体評価　[定性的な評価]│
         ┊         └────────────────────────────────────┘
         ┊           無と結論できず    無と結論        毎年
```

注：従来どおりのクライテリアについても，93＋2計画の第1部の方策や，技術の進歩に伴い，適時見直しが行われる必要がある。

図12-1 ●統合保障措置の活動の流れの考え方

びその追加議定書に基づき，核兵器国において実施される保障措置があるが，この保障措置は義務として実施されるものではない。なお，我が国における保障措置の推移については，表12-6のように整理される。

保障措置は政治的な要請から生まれ，現在でも政治的な面から必要性が強く認識されている。一方，保障措置の内容は極めて技術的な側面が強く，また，技術的であることおよび論理的であることをもって，一定の政治的な信頼を獲得してきているといえる。したがって，保障措置の合理化

表12-4 ● 保障措置の世代別区分

	第一世代	第二世代	第三世代	第四世代
時期	1960年代〜	1970年代半ば〜	2000年代初頭〜	2010年代〜を想定
当該保障措置の通称	INFCIRC/66型保障措置（部分的保障措置）	INFCIRC/153型保障措置（包括的保障措置）（フルスコープ保障措置）	強化・統合保障措置	普遍的保障措置と呼べるようなものであるべき
保障措置を要請する枠組みの基本	二国間原子力協定（IAEA保障措置に言及したのは1958年の日米協定が最初）	核兵器不拡散条約（NPT）（1968年署名開放）（1970年発効）（1995年無期限延長決定）		兵器用核分裂性核物質生産禁止条約（FMCT）（条約交渉は未開始）
保障措置手法を規定するIAEAの基本文書など	当初、INFCIRC/26（1961年）その後、INFCIRC/66「機関の保障措置システム」（1965年、1968年に改訂）	INFCIRC/153「NPT包括的保障措置協定の構造・内容」（1972年）	INFCIRC/540「モデル追加議定書」（1997年）	FMCTの条約本体又は議定書と想定

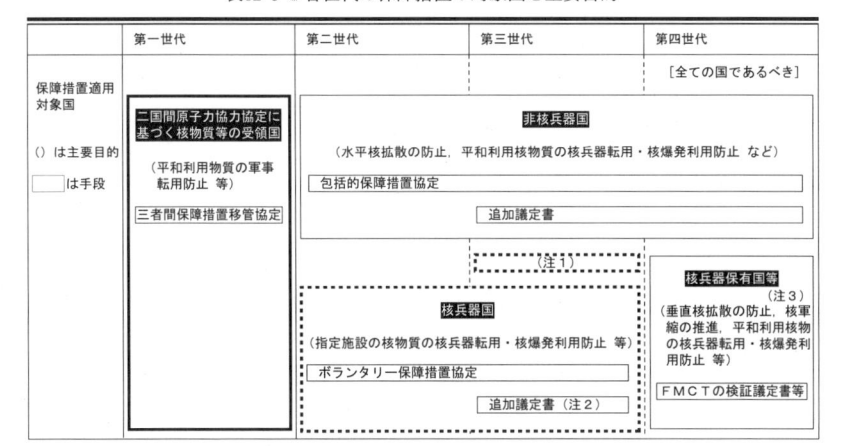

第12章
原子力の平和利用と保障措置

表12-5 ●各世代の保障措置の対象国と主要目的

保障措置適用対象国 ()は主要目的 □は手段	第一世代	第二世代	第三世代	第四世代
				[全ての国であるべき]
	二国間原子力協力協定に基づく核物質等の受領国 (平和利用物質の軍事転用防止 等)	非核兵器国 (水平核拡散の防止，平和利用核物質の核兵器転用・核爆発利用防止 など)		
		包括的保障措置協定		
			追加議定書	
	三者間保障措置移管協定			
			(注1)	核兵器保有国等 (注3) (垂直核拡散の防止，核軍縮の推進，平和利用核物質の核兵器転用・核爆発利用防止 等)
		核兵器国 (指定施設の核物質の核兵器転用・核爆発利用防止 等)		
		ボランタリー保障措置協定		FMCTの検証議定書等
			追加議定書 (注2)	

注1：NPT非締約国であるが核実験を行ったインドに関して，米印原子力協力協定に関連した特有の保障措置協定及び追加議定書が署名されている。
注2：モデル追加議定書 (INFCIRC/540) の前文には，普遍性の観点から核兵器国および包括的保障措置協定非締結国への追加議定書適用に関して言及がある。これに対し，包括的保障措置協定のモデルである (INFCIRC/153) には，このような言及はない。
注3：本表で「核兵器国」とはNPTの定義に基づく米，露，英，仏，中国の5ヵ国を意味し，「核兵器保有国等」とは，核兵器国に，既に核実験を実施したインドおよびパキスタンなどのNPT非加盟国を加えた国を意味するものとして用いている。

の検討にあたっても，技術的，論理的整合性を確立させながら検討を進めるべきであり，さもなければ政治的な信頼を失うことにもなりかねない。

多様な原子力活動の経験と施設を有する我が国としては，あらゆる機会をとらえて，保障措置の合理化に関する対応をとっていくことが必要である。また，FMCTの検証措置の検討にあたっては，常に現行のNPTに基づく保障措置との整合性の観点を念頭に置き，保障措置の運用の合理化へのフィードバックを考慮して対応を検討していくべきである。

3 核兵器国における保障措置・検証措置

3.1 核兵器国と保障措置の関係

NPTは，核兵器国の数を増やさないことで，核拡散防止を達成しようとする内容の条約である。NPTは非核兵器国に対しては，そのすべての

第Ⅳ部 原子力平和利用・核不拡散政策

表12-6 ● 我が国が締結した保障措置協定などの推移および保障措置の世代・型

暦年	日・米・IAEA 三者間保障措置移管協定	日・英・IAEA	日・加・IAEA	日・豪・IAEA	日・仏・IAEA	日・IAEA 保障措置協定	日・IAEA 追加議定書	保障措置の世代・型
1963								第一世代
1965	INFCIRC/47							INFCIRC/66型
1970	INFCIRC/119	INFCIRC/125	INFCIRC/85					
1975			加について停止	INFCIRC/170	INFCIRC/171			
1977				豪について停止				
1980	日本について停止	日本について停止	日本について停止し、双方について停止	日本について停止し、双方について停止	日本について停止	INFCIRC/255		第二世代 INFCIRC/153型
1985				82年日豪協定に伴い終了				
1990	88年日米協定に伴い終了							
1995					90年改正日仏協定において根拠規定消滅			
1999 2000		98年日英協定に伴い終了					INFCIRC/255/Add.1	第三世代 強化・統合保障措置
2005								

核物質にIAEAによる保障措置（包括的保障措置）を要求しているが、核兵器国に対しては、このようなIAEA保障措置の適用を義務づけていない。この点に関して、NPTの不均衡性、不平等性の問題のひとつとして指摘されることが多いが、実際には、5核兵器国は、NPT上の義務ではないものの、それぞれの自主的な判断により、IAEAの保障措置を受け入

れるための保障措置協定（ボランタリー保障措置協定）を締結している。

　一方，核兵器国である英，仏は，欧州原子力共同体（ユーラトム）の保障措置については，ユーラトム域内の他の非核兵器国と同様に，すべての民生用核物質に対して受け入れており，実際のユーラトム保障措置の査察人日では，実に7割以上が核兵器国である英，仏に対して適用されている。

　また，最近では，核兵器の解体から生じる余剰核物質が2度と核兵器用として用いられないようにするために，これらの核物質に対してIAEAの保障措置を適用することが，米・露・IAEAの三者間で検討されている。さらに，FMCTの検討においては，その検証メカニズムが重要な課題のひとつになっているなど，核不拡散というよりは，むしろ核軍縮としての面からの保障措置が検討されるようになってきている。

　核兵器という大量破壊兵器を究極的に廃絶していくことは重要である。しかしながら，核兵器技術という知識そのものを消し去ることはもはやできない。したがって，核兵器が廃絶された時代においても，核兵器に不可欠の原材料である核物質が核兵器などに用いられることのないように担保するための何らかの国際的なメカニズムは恒久的に必要である。

　恒久的な国際メカニズムとするためには普遍的なものであること，すなわち，すべての国が受け入れられるものであるべきであり，国によって実質的な不均衡，不平等がないメカニズムであるべきである。もちろん，一部の少数の国における核兵器の存在が，国家あるいは国家間の安全保障の観点から必要であるとして肯定されているのが現実である。しかし，いつまでそのような状態が維持され続けるかは予見しにくい。また，たとえ，まだ当面そのような状態が続く見通しだとしても，広い意味での核不拡散体制を安定的に維持するためには，少なくとも，保障措置の観点において，実質的な不均衡，不平等の解消のための努力が行われることが必要である。

3.2 ボランタリー保障措置

IAEA憲章第3条の任務の中において保障措置の適用が規定されているが，どのような協定などでIAEAに対して保障措置の実施を要請するかということが，保障措置の内容を決める重要な要素となる。現在では，NPTが非核兵器国に要求している，いわゆる包括的保障措置が最も一般的なIAEAの保障措置となっている。しかし，IAEA憲章がとりまとめられた時点（1956年）においては，保障措置の適用に関して，核兵器を保有するかどうかで差を設けるような，すなわち，NPTで定義されるような核兵器国と非核兵器国で差をつけるような考え方はなかった。

また，二国間協定に基づく保障措置移管協定に基づき実施される保障措置の特徴は，両締約国の間で，規定上の「双務性」が確保されている限り，NPTに基づく保障措置のような不均衡性，不平等性が問題にならないということである。あえていえば，保障措置の適用を受けるのは核物質の受領国であり，もっぱら核物質の供給を行う国は保障措置の適用を受けることはない，という意味での不均衡が存在する。しかし，当初の二国間協定では，供給国の政府職員が受領国に直接立入りが行えるような規定となっており，保障措置移管協定は，そのような規制の代替手段として発展していったものであるためか，これが不平等であるとして問題視されることはあまりなかった。

なお，NPT上の，非核兵器国と核兵器国の保障措置に関する不均衡性・不平等性については，NPTの条約起草段階から問題とされた事項であった。米国が，NPT条約案文の早期妥結のために，1967年12月にジョンソン大統領（当時）が「直接国家安全保障上重要なものに係わる活動のみを除外した全ての原子力活動に対し保障措置を適用することを認める」旨を表明し，英国も同様の提案を表明したことで，NPT交渉の妥結が進んだとされている。

わが国がNPT署名の際に発表した政府声明（1970年2月）においても「日本国政府は，核兵器国である米国および英国の政府が自国の安全保障に直接関係のないすべての原子力活動に国際原子力機関の保障措置適用を

表12-7 ●核兵器国の施設と IAEA 保障措置の関係

施設の分類			保障措置の対象の有無
民生用施設	適格施設	選択施設	実際上，この選択施設のみが IAEA 保障措置（査察）の対象
		選択施設でない適格施設	IAEA が選択すれば保障措置（査察）の対象とすること可能
	適格施設以外の民生用施設		IAEA 保障措置の対象外
軍事利用施設，安全保障関係施設 など			

注：仏および露は，適格施設の指定において，必ずしも安全保障と関係ない施設との方針を示していないので，適格施設が民生用施設に限られるというわけではなく，例外もありえるが，実態上，軍事利用施設などが適格施設として指定されることは考えにくいので，上記のように整理している。

受諾するとの意思表示を行なつたことを条約を補完する措置として高く評価し，この保証が忠実に実行されることに最大の関心を有する。また他の核兵器国が同様の措置をとることを強く希望する」とされている。

　このような保障措置の受諾は，核兵器国にとっては NPT 上の義務ではないとして，あくまでも自主的に IAEA と保障措置協定を締結して受け入れるものであるという意味が込められて，一般的にボランタリー保障措置協定と呼ばれている。現在では，5 核兵器国全てがこのようなボランタリー保障措置協定を IAEA と締結し，実際にそれぞれ一部の施設においてのみではあるが，保障措置が適用されている。

　当該国におけるすべての核物質に対して保障措置が適用される NPT 非核兵器国の包括的保障措置とは異なり，5 核兵器国では，それぞれにおいて若干の差はあるものの，基本的には，まず，民生用の原子力施設の中から，核兵器国が IAEA 保障措置を受け入れてもよいとする施設（「適格施設（eligible facility）」と呼ばれる）のリストが IAEA に提示される。IAEA はその施設リストの中から実際に保障措置を適用して査察を行う施設を選択する（「選択施設（selected facility）」と呼ばれる）という構造になっている（表12-7）。各国の適格施設のリストは公開されてはいないが，実際に IAEA

保障措置が適用された選択施設はIAEA年報等において公表されている。IAEA全体の保障措置対象施設数が900施設もあるにもかかわらず，そのうち5核兵器国の選択施設は合計でも11施設と約1.2％にすぎない。ちなみに，我が国の対象施設は259施設と約29％を占めている（2006年末時点）。

なお，ボランタリー保障措置協定においては，選択施設に対しては，基本的にその施設の全ての核物質に対し，非核兵器国の包括的保障措置と同様の計量管理や封じ込め・監視，査察などが行われるような規定ぶりになっている。

IAEA保障措置の強化・効率化方策の一環として作成されたモデル追加議定書の検討委員会において，ユニバーサリティ（普遍性）の観点から，追加議定書の措置がNPTに基づく包括的保障措置協定を締結している国に対してのみ行われるだけでなく，核兵器国などにおいても実施されることが必要とされ，モデル追加議定書の前言において，いわゆる包括的保障措置協定以外の，核兵器国のボランタリー保障措置協定やその他の（すなわちINFCIRC/66型の）保障措置協定の追加議定書としても用いられるべき旨が述べられている。包括的保障措置協定の国がモデル追加議定書にある全ての措置の受入れを求められていることに比べ，核兵器国などについては部分的な措置のみでもよいとされている。

2009年1月に，米の追加議定書が発効したことで，5核兵器国の追加議定書は全て発効した。

なお，NPT非締約国で核実験を行ったインドと米国の間の米印原子力協力協定に関連して，インドの民生用施設を広範に保障措置対象とするような，非核兵器国の包括的保障措置とも，核兵器国のボランタリー保障措置とも異なる，インド特有の保障措置協定が2009年2月に署名されたところであり，さらに2009年5月に，追加議定書も署名された。

3.3　核軍縮に関連する核物質の検証措置

原子力開発利用の推進にあたり，国際社会の中では，核不拡散の観点からの保障措置が重要であるとの認識が広く共有されている。一方，核兵器

第12章 原子力の平和利用と保障措置

表12-8 ●保障措置・検証措置の観点からの核物質の分類

生産時の目的	使用・貯蔵時の目的	具体例	区分
軍事用 (核兵器その他の核爆発装置用又はそれ以外の軍事用)	核兵器その他の核爆発装置用	核兵器の核弾頭、核実験などに用いられるもの(そのための在庫を含む)	軍事用核物質
	核兵器その他の核爆発装置以外の軍事用	軍事艦船推進用の燃料などに用いられるものの(そのための在庫を含む)	
	利用目的なし(余剰)	軍事用として生産されたものの、軍事用に不要になり、または、核兵器の解体の結果として発生したものであって、再び核兵器・核爆発装置用に使用されないものとして貯蔵・処分されるもの	余剰核物質 (注1)
	民生用(平和目的利用)	軍事用として生産されたものの、軍事用に不要とされた余剰核物質が、(プルトニウムであればMOX燃料に加工されて、高濃縮ウランであれば低濃縮化されて)民生用に転用されて利用されるもの	民生転用核物質
民生用 (平和目的利用)	民生用(平和目的利用)	民生用の、原子力発電を含む核燃料サイクル、科学研究などで利用されるもの	民生用核物質 (注2)

注1:余剰核物質は、さらに核物質の形状などに核兵器の技術情報が含まれているようなもの(機微な余剰核物質)とそうでないもの(機微でない余剰核物質)に分けられる。

注2:民生用として生産されたものの、民生用に不要とされたものがあれば、それも余剰な核物質としてとらえるという考え方もありうるが、現実的にはそのような核物質は当面想定しにくい。なお、民生用として生産されたものの、軍事用に転用されるようなものはあってはならない。

国などにおいて実施されることとなるであろう核軍縮の検証措置、特に核物質に対する検証措置は、我が国をはじめとする非核兵器国の平和利用原子力活動に対して実施されている保障措置のあり方にも大きな影響を与える可能性を有している。この影響に関しては、非核兵器国に対して、追加的な負担が課される可能性もあるというマイナス面と、一方、核兵器国における検証措置が、現在、非核兵器国において実施されている保障措置よりも、より効率的な手法でよいとされた場合には、その手法を非核兵器国における保障措置にフィードバックさせることで、我が国をはじめとする非核兵器国における保障措置の効率化に結びつけうる可能性もあるといっ

たプラス面の両方が考えられる。

当面の，核軍縮に関連する検証措置としては，主に，(a) 核兵器用に不要となった余剰核物質への保障措置，(b) 核兵器解体に伴う余剰核物質に対する検認措置，(c) FMCT とその検証措置の 3 つが考えられる。

また，今後，以上のような保障措置や検証措置を実施する際の対象としての観点からは，生産時の目的と，使用・貯蔵時の目的とに別々に着目してより細かく分類する必要性が生じてきており，表12-8のような分類（軍事用核物質，余剰核物質，民生転用核物質，民生用核物質）が考えられ，表12-9のような整理を行うことができる。

米露において余剰核物質という新たな区分の核物質に対する検証措置の具体化が進められているとともに，FMCT という，基本的に非核兵器国と核兵器国とを区別しない形で，しかも未申告活動の探知能力を有することが必要と考えられる検証措置が検討されようとしている。これらの検証措置は，特に核兵器国において，ボランタリー保障措置協定との関係を初めとして，非核兵器国の包括的保障措置との関係や，核物質の多様な区分など，かなり複雑な関係の中で，整合性を図っていくことが求められ，多面的な検討が求められる。

一方，従来の IAEA 保障措置の具体的実施のあり方に関しては，自らが保障措置を受ける義務のない米国の一部の核不拡散専門家の考え方が強く反映されるきらいがあったともいえる。しかしながら，核軍縮における核物質に関連する検証措置の主たる受け手は核兵器国になる。このような中で，米国などが，保障措置・検証措置の受け手としての立場からも，保障措置・検証措置の具体的な実施のあり方に関して，それら活動が，予算に制約のある国際機関によって実施されるという点も踏まえ，求められる役割と効率性の両面から最適な手法が何であるかについて，今まで以上に幅広い専門家の参画を得て，より現実的な判断をすることが期待される。そして，そのようなより効率的な手法の考え方が，非核兵器国に対する IAEA 保障措置のあり方にもフィードバックされることを期待したい。

米露余剰プルトニウム処分協定の検証措置に基づく米露 IAEA 三者イニ

表12-9 ● それぞれの核物質に適されている国際保障措置・検証措置

	NPT 締約国		NPT 非締約国
	非核兵器国	核兵器国（米、露、英、仏、中国）	（インド、パキスタン、イスラエル）
民生用核物質	NPTに基づくIAEAとの包括的保障措置協定に基づく保障措置が適用される。	IAEAとのボランタリー保障措置協定に基づき、それぞれの核兵器国側が指定した施設（適格施設）の一部の施設（選択施設）に保障措置が適用される。なお、英仏ではユーラトム保障措置も適用される。	包括的保障措置協定に基づく保障措置が適用されることはないが、三国間原子力協力協定に基づく三者間保障措置協定に基づき、一部の核物質などに保障措置が適用される場合がある。（インドに関しては、米印原子力協力協定に関連して、インドの民生用施設を広範に保障措置対象とするようなインド特有の保障措置協定が署名されている。）
民生転用核物質	(非核兵器国ではこのような核物質は発生しないが、今後、核兵器国から移転されるようなものがあれば、IAEAとの包括的保障措置協定に基づく保障措置が適用される。)		
余剰核物質	(このような核物質はない。)（注）	［機微でない余剰核物質］ 米ではIAEAとのボランタリー保障措置協定に基づき、米が指定した施設の一部に保障措置が適用されている。なお、英では、ユーラトム保障措置を適用するとしている ［機微な余剰核物質］ 米露では、米露がそれぞれ余剰核物質として指定した核物質に対し、米露余剰プルトニウム管理処分協力協定および米露三者イニシアティブに基づく検証措置が適用される予定。	（現時点では、このような核物質は想定されていない。）
軍事用核物質	(このような核物質はない。)（注）	現時点では、保障措置ないし検証措置を要求する枠組みはない。	現時点では、保障措置ないし検証措置を要求する枠組みはない。

注：厳密にいえば、NPT自身は、非核兵器国に対して、核兵器用およびその他の核爆発装置用以外の、軍事船舶推進用の燃料などに用いられる核物質の利用は禁止していないが、現状では存在していない。

シャティブのモデル協定に関しては，IAEA理事会で審議されるとされているが，我が国は必ずしも米露余剰プルトニウム処分協定の直接の当事者ではない。また，FMCTの条約交渉開始に関しても，まだ，確たる見通しが得られていない。しかしながら，NPTにおける非核兵器国の義務として包括的保障措置を受け入れてきたとともに，大規模な原子力活動を有する国として率先して追加議定書を受け入れている経験などを有する立場から，さらに，核軍縮，究極的な核廃絶を希求する我が国の立場からも，核軍縮関連の検証措置の検討には積極的に参画していくべきである。

4 二国間原子力協力協定に基づく国籍管理

濃縮ウランなどの核物質が，多量かつ継続的に国と国の間で移転が行われるような場合には，その当事国間で二国間協定を締結し，移転された核物質やそれから生成された核物質などの協定対象物に対して，平和非爆発利用目的への限定，保障措置の適用，第三国移転の事前同意といった，様々な規制を設定した上で行われることが一般的である。そのような規制の管理を行うに当たっては，二国間協定の相手国の国籍をたてて，国籍管理（flag control，あるいはtracking）を行うことで，国際約束を担保している。しかしながら，国籍管理という言葉は公式の協定本文にあるものではなく，二国間協定に基づく規制を担保するための措置を説明する際の通称として用いられているものに過ぎない。国内法令では，原子炉等規制法に基づく国際規制物資の使用に関する規則（総理府令）において，国際規制物資の報告の様式の中に「供給当事国」という欄が設けられて，ここに，いわゆる「国籍」に対応するコードを記載することが求められており，このコードにしたがって，二国間協定で必要とされる核物質などの国籍管理が行われている。

原子力の利用が開始された当初，原子力は軍事利用として米国の独占状態にあった。それが，ソ連による原爆実験に拡大する一方，米国内においては原子力の平和利用への拡大，さらに他国における平和利用への拡大が行われていった。1953年12月，アイゼンハワー大統領は国連総会で「平和

のための原子力」と題する演説を行い，国連の名の下に各国が核物質を提供することにより国際的な原子力機関の創設を呼びかけ，国際的な原子力の平和利用の推進を提案する一方，国内的にも原子力平和利用を進めるための条件整備として，大統領は自ら1954年2月に，1946年原子力法の抜本的改正の必要性を指摘した。その中には，米国の友好国との協力を図り，原子力平和利用面における援助を拡大するという点が含まれていた。そのような背景のもとで，1954年原子力法が成立した。

米国の1954年原子力法は，政府間協定のもとに広汎にわたる国際協力を可能とし，1955年のトルコとの研究協力協定締結を皮切りに，英，ソ連，加，日本など，1959年末までに42ヵ国と二国間協定を締結するとともに，1958年以降，動力炉開発のための原子炉と多量の濃縮ウランの供給を，二国間協定を通じて実施することとなった。なお，ソ連，英も関係国にウランの供給を行う取極を順次結んでいった。

これら米国との二国間協定では，当初から，移転される核物質の利用目的が非軍事利用に限定されるとともに，合意された目的のためのみに使用されることを確保するなどのため保障措置を適用することとして，米国の代表者が移転された核物質を随時観察する権利や，管轄外移転の事前同意，協定終了後には核物質を米国に引き渡すことなどの規制が盛り込まれていた。これは，いわば，米国の国内法である原子力法の規制を，一方的な措置として，他国に波及させていったものであり，国籍管理の起源であるといえる。

二国間協定の規制内容については時代により変化があるが，主なものは，(a) 平和利用担保としての保障措置の適用，(b) 受領当事国の活動に対する供給当事国の事前同意，(c) 移転の形態，返還，移転量の設定，(d) 核爆発利用の禁止，核物質防護の適用などである。

我が国は，米，英，加，豪，仏，中国，ユーラトムと，それぞれ二国間協定を締結してきている。当初は，海外から核物質などの供給を受ける必要があるという目的で，基本的には核物質の受領国としての立場で，二国間協定を締結してきたといえるが，最近は双方向の移転が行われるように

表12-10 二国間原子力協定に基づく核物質の国籍の発生原因別分類

分類名	内容
移転核物質	「協定に基づき移転された核物質」が該当。
直接派生核物質	「協定に基づき移転された核物質の使用を通じて生産された核物質」が該当。例えば，原子炉において，移転されたウランから生成したプルトニウムがこれに該当。
1次間接派生核物質	「協定に基づき移転された施設・設備の使用を通じて生産された核物質」および「協定に基づき移転された資材の使用を通じて生産された核物質」が該当。例えば，米国から輸入した原子炉で，日米協定対象物ではないウランから生成したプルトニウムは日米協定対象物になる。
2次間接派生核物質	「協定に基づき移転された技術に基づく施設・設備を用いて行う処理によって得られた核物質」が該当。例えば，協定に基づき仏から導入した再処理技術によって建設した再処理施設での処理によって得られたプルトニウムが該当。
中性子寄与核物質	「協定に基づき移転された核物質の使用を通じて生産された核物質」として定義されるもののうち，例えば，高速増殖炉のブランケット部の劣化ウランから生成されたプルトニウムは，コア部の核分裂性物質からの中性子が寄与してできたものであるので，コア部に米国籍の核分裂性物質があった場合，ブランケット部に生成されたプルトニウムの国籍としては，一定の割合について米国籍がたつとされているもの。
混合使用核物質	「協定に基づき移転された核物質において使用された核物質」，「協定に基づき移転された施設・設備において使用された核物質」および「協定に基づき移転された資材において使用された核物質」が該当。例えば，混合酸化物（MOX）燃料集合体中の損耗・残存核物質について，MOX燃料集合体中に米国籍の核燃料物質を含む場合には，核物質において使用された核物質として，非米国籍の核物質にも国籍がたつということになるもの。

なっている。また，最近では，2009年5月に露との二国間協定の署名が行われる一方，カザフスタン及び韓国との間で協定交渉が行われている。

二国間協定の規制対象は，大きく，核物質，資材，施設・設備，技術に分類される。具体的にどの範囲までをそれぞれの二国間協定の規制対象とするかについては，それぞれの協定によっても異なるとともに，同じ協定の中でも規制内容によって異なることがある。なお，核物質については，国籍の発生原因別に，表12-10のように整理できる。

我が国では，二国間協定の規制を担保するために，1961年の原子炉等規制法の改正で，国際規制物資を使用するものは内閣総理大臣（現在では文部科学大臣）の許可を必要とするなどを規定した国際規制物資の使用に関する規制が設けられた。なお，「国際規制物資」とは「原子力の研究，開発及び利用に関する条約その他の国際約束に基づく保障措置の適用その他

表12-11 ● 我が国の核燃料物質保有量の推移

(単位：kg)

暦年	天然ウラン	劣化ウラン	濃縮ウラン		トリウム	プルトニウム
			U	U-235		
1982	638,894	176,112	4,623,510	109,889	4,166	9,636
2006	1,079,000	13,879,000	18,660,000	401,000	3,000	132,681
比	1.7	78.8	4.0	3.7	0.7	13.8

注1：核燃料物質の区分は，原子力基本法及び核燃料物質，核原料物質，原子炉及び放射線の定義に関する政令の規定に基づいており，物理的・化学的状態によらない合計量である。
注2：下欄の「比」とは，それぞれの核燃料物質の1982年の保有量を1とした場合の比
出典：原子力委員会「原子力年報」(昭和57年版) および文部科学省資料「我が国における保障措置活動状況などについて」より作成。

表12-12 ● 主な核燃料物質の国籍別保有量割合の変化

(単位：%)

核燃料物質の種類	暦年	米	加	仏	豪	英	中	EU	IAEA	その他	単純合計
天然ウラン	1982	11.9	13.3	26.0	0.0	46.7	−		0.3	11.9	110.3
	2006	10.5	55.1	4.1	3.2	1.3	6.2	5.1	0.0	24.2	109.7
濃縮ウラン (U)	1982	95.7	48.7	4.3	4.0	0.0	−	−	0.0	0.0	152.7
	2006	72.7	26.7	26.8	16.6	9.6	1.3	30.7	0.0	2.1	186.5
プルトニウム	1982	88.2	46.5	0.1	1.5	12.1	−	−	0.0	0.0	148.4
	2006	72.3	30.9	29.5	17.1	12.2	0.3	2.3	0.0	1.6	166.3

出典等：表12-11と同じ

の規制を受ける核原料物質，核燃料物質，原子炉その他の資材又は設備をいう」と定義され，内閣総理大臣（現在では文部科学大臣）が告示するものとされた。

我が国における核燃料物質保有量について，毎年12月末時点に統一して保有量を公表するようになった1982年末のデータと2006年末のデータを比較してみると，表12-11および表12-12のとおりである。国籍の多元化が進んでいるとともに，濃縮ウランやプルトニウムでは多重国籍化も進んでいる。

核物質が核兵器の原材料となりうるという点を考慮すると，大きな破壊力を持った核兵器が軍事上の重要性を失わない限り，平和利用の核物質が核爆発装置などの核兵器へ転用されることがないよう，適切な措置を講じ

ていくことが必要であると考える。そのような措置として、国際共通的なものがIAEAの保障措置制度であり、原子力供給国グループ（NSG）ガイドラインによる共通の輸出指針であったりする一方、核物質などの供給能力を有する国々が、二国間協定という拘束力を有する形で、受領当事国に様々な規制を求めることも、核不拡散に寄与している仕組みのひとつと考えられる。

しかしながら、二国間協定では、主にそれぞれの供給国側の個別の事情や必要性に応じた対象や規制の設定が行われていることから、受領国の立場からみると、必ずしも整合性を持たない面がある。今後は、対象や規制については、基本的には、二国間協定締結国間で共通なものとしていくことが適当であると考えられ、核物質の国籍管理についても、多重国籍のものへの対応の検討や簡素化・共通化が行われていくことが望ましい。

5 まとめ

原子力エネルギーの開発利用にあたっては、いくつかの規制がある。その中心は安全規制であり、その他として核物質防護を含む核セキュリティや保障措置などの規制がある。さらに、最近では多国間管理の必要性の議論までが提起されてきている。このうち、安全規制については、その必要性を疑う者はないと考えられ、また、核物質防護を含む核セキュリティに関しても、妨害破壊工作から原子力施設や核物質を守るという観点は、安全確保にもつながるものであり、それらの必要性について一般の理解が得られていると考える。

これに比べて、保障措置は、極めて政治的にその必要性が認識され、原子力エネルギーの利用者・事業者の視点から見ると、いわば政治レベルからトップダウン的に降りてきたメカニズムであるように見える。特に、保障措置の歴史の初期では、二国間協定に基づき核物質などを供給する側の国が、その平和利用の担保として保障措置を必要とする、いわば供給国側の事情に始まり、保障措置をその任務のひとつとするIAEAという国際機関が設立され、さらに核兵器を有する国の数を増やさないということを主

第12章
原子力の平和利用と保障措置

たる目的とする NPT が，非核兵器国に対して IAEA の包括的保障措置を義務づけるという形で保障措置の制度化・定着化が進められたが，このような経緯のために，日本にとっては，外的要因によって保障措置を受け入れさせられた，という受け止め方が多くある。

しかしながら，国際社会における日本の役割の拡大が進む中で，日本としても保障措置の受け手としての立場を越えて，国際社会全体の将来を考え，その上で，核不拡散や核軍縮の問題を考えていくという立場にたって，保障措置の問題に取り組んでいくことが必要である。特に，原子力の平和利用を進めていく上で，保障措置の合理化と普遍化の問題が当面の課題である。

核軍縮の検証措置までを包含する普遍的保障措置を第四世代の保障措置として位置づけたが，さらに核廃絶ということが実現する時代の保障措置は，その先の世代の保障措置として位置づけられるようなものとなろう。まだそこまでの保障措置を取り上げるには至らなかったが，核兵器に関する技術・知識を消し去ることができない以上，たとえ，核廃絶が実現したとしても，平和利用の核物質の核兵器などに対する転用を防止するための国際的なメカニズムは恒久的に必要となる。

保障措置の問題は，最終的には各国間の外交交渉あるいは IAEA といった国際機関によって，決定されるものである。しかしながら，将来の課題に対する解決策の提示あるいは調整といったものは，直ちに外交レベルで取り上げるよりは，まず専門家レベルでの相互理解の増進が必要である。したがって，日本国内において，より多くの者が研究を行い，幅広い関係者による理解を得つつ，各国の専門家レベルでの意見交換を活発化させ，その上で最終的には外交レベルにおいて保障措置の課題の解決を図っていくことが必要である。

［坪井　裕］

参考文献

坪井裕（2003）「保障措置システムの進化と今後の展望」『エネルギー政策研究』第 1 巻第 2

号, pp. 5 -20.
坪井裕, 神田啓治 (2002)「原子力平和利用における保障措置の観点からみた核軍縮に関連する核物質の検証措置のあり方」『日本原子力学会和文論文誌』第 1 巻第 1 号, pp. 1 - 14.
坪井裕, 神田啓治 (2001a)「核兵器国における保障措置の現状を踏まえた保障措置の普遍化方策」『日本原子力学会誌』第43巻第 1 号, pp.67-82.
坪井裕, 神田啓治 (2001b)「二国間原子力協力協定およびそれに基づく国籍管理の現状と課題」『日本原子力学会誌』第43巻第 8 号, pp.806-822.

第13章

核不拡散輸出管理

1 | 輸出管理の歴史

　産業力，経済力の優位を保つために，他国が持たない資源や先進的な技術の流出を防ぐことは，昔から行われてきた。18世紀末からの産業革命の際，英国が厳しい輸出管理を行い，重要技術の流出を防ごうとしたことは有名である。天然ゴムは19世紀後半から広く利用されるようになったが，原産地であるブラジルは，ゴムの種子や苗木を持ち出すことを禁止し，厳しい監視を行った。

　国単位での輸出管理はこのように古くから数多く行われてきたが，国際的な制度として作られたのは，欧州復興援助計画（マーシャル・プラン）の条件としての位置付けで，1949年に設立されたココム（COCOM：Coordinating Committee for Multilateral Export Controls）が最初である。ココムは，冷戦構造下において，米国を中心とする西側諸国による東側諸国の封じ込めのための仕組みとして機能した。我が国では，1987年に米国との間で政治問題化した東芝機械事件で一躍有名になったが，我が国の安全保障輸出管理は，これを機に抜本強化されることとなる。その後，冷戦の終焉を受けて，ココムもその役割を終え1994年，45年に及ぶ歴史に幕を閉じた。しかし，ココムの枠組みは，形と役割を変え，通常兵器と関連の資機材・技術の輸出管理を行うワッセナー・アレンジメント（WA：Wassenaar Arrangement) として引き継がれ,今日に至っている。

　一方,国際的輸出管理のもう一つの系譜が,核不拡散のための輸出管理である。1970年に発効したNPT (核不拡散条約:Nuclear Non-Proliferation Treaty) により開始された核不拡散のための輸出管理は,1977年のNSG (原子力供給国会合:Nuclear Suppliers Group) の発足,1992年のNSGパート2の成立,近年のキャッチ・オール規制の開始と,発展していく。また,核兵器以外の大量破壊兵器,すなわち,生物・化学兵器やその運搬手段となるミサイル関連の輸出管理も,1985年のAG (オーストラリア・グループ:Australia Group) の発足,1987年のMTCR (ミサイル関連機材・技術輸出規制:Missile Technology Control Regime) の発足と,順次整備されてきた (図13-1,図13-2,表13-1)。

2　核不拡散輸出管理体制の歴史

2.1　核不拡散体制の誕生

　核兵器保有国を増やさないという核不拡散の努力は,核兵器の登場とほとんど同時に始まった。米国 (1945年),ソ連 (1949年),英国 (1952年),フランス (1960年),中国 (1964年) の順に原爆の開発に成功するが,いずれの国も自らが開発に成功すると,他の国が原子力の技術を手に入れないような政策を採った。1945年7月に原爆の開発に成功し,8月に広島と長崎にそれを投下した米国は,翌46年1月には,原子力の軍事利用を監視するための原子力委員会の設置を国連に提案した。また同年6月には,核兵器の製造を禁止し,米国が保有する技術も含め,原子力技術を国際管理する機関を設立するバルーク・プランを提案したが,ソ連の反対で実現には至らなかった。一方,米国は第二次大戦中から核開発協力関係にあった英国に対してさえ,原子力関係の技術を渡さないようになった。こうした動きは米国だけのものではない。ソ連も中国に対する原子力協力を早い段階で打ち切っており,各国とも他の国が原爆技術を持たないように管理を行った。

　しかしながら,ソ連,英国,フランス,中国と,順次独力で原爆開発に

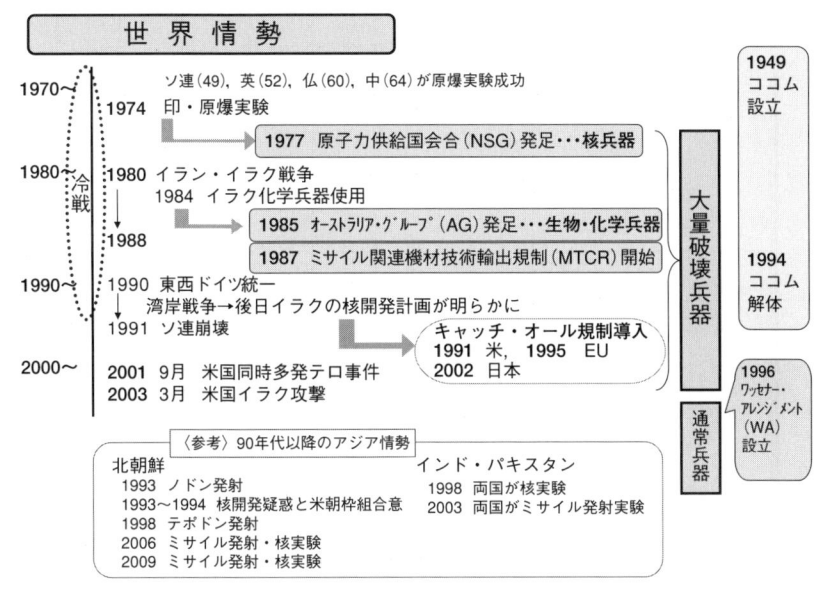

第13章
核不拡散輸出管理

世界情勢

1970〜
- 1974 印・原爆実験
- ソ連(49)、英(52)、仏(60)、中(64)が原爆実験成功
- 1977 原子力供給国会合（NSG）発足…核兵器

1980〜 冷戦
- 1980 イラン・イラク戦争
- 1984 イラク化学兵器使用
- 1985 オーストラリア・グループ（AG）発足…生物・化学兵器
- 1987 ミサイル関連機材技術輸出規制（MTCR）開始
- 1988

1990〜
- 1990 東西ドイツ統一
- 湾岸戦争→後日イラクの核開発計画が明らかに
- 1991 ソ連崩壊
- キャッチ・オール規制導入
  - 1991 米、1995 EU
  - 2002 日本

2000〜
- 2001 9月 米国同時多発テロ事件
- 2003 3月 米国イラク攻撃

大量破壊兵器 / 通常兵器

- 1949 ココム設立
- 1994 ココム解体
- 1996 ワッセナー・アレンジメント（WA）設立

〈参考〉90年代以降のアジア情勢

北朝鮮
- 1993 ノドン発射
- 1993〜1994 核開発疑惑と米朝枠組合意
- 1998 テポドン発射
- 2006 ミサイル発射・核実験
- 2009 ミサイル発射・核実験

インド・パキスタン
- 1998 両国が核実験
- 2003 両国がミサイル発射実験

出典：経済産業省資料

図13-1 ●国際輸出管理体制の経緯

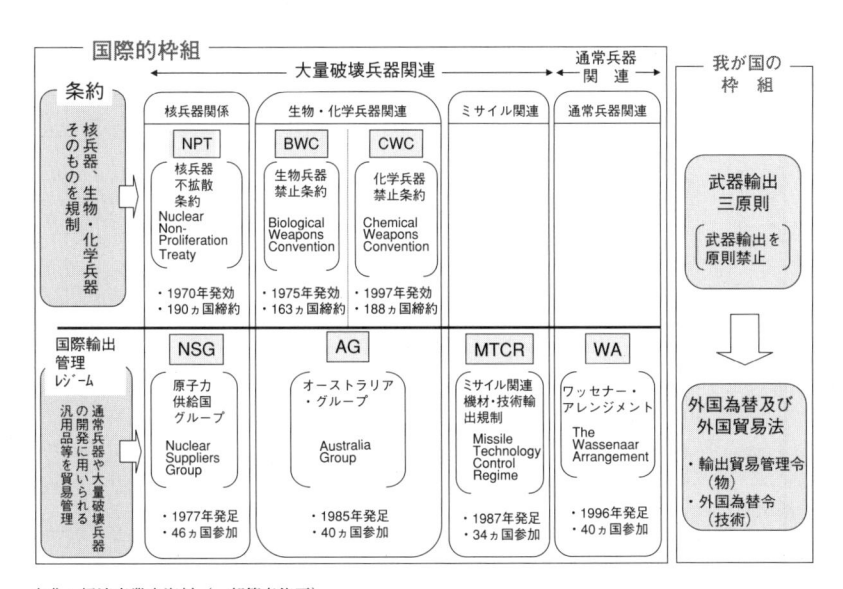

国際的枠組

	大量破壊兵器関連			通常兵器関連		我が国の枠組
	核兵器関係	生物・化学兵器関連		ミサイル関連	通常兵器関連	

条約（核兵器そのものを規制、生物・化学兵器）

- NPT 核兵器不拡散条約 Nuclear Non-Proliferation Treaty
  - 1970年発効
  - 190ヵ国締約
- BWC 生物兵器禁止条約 Biological Weapons Convention
  - 1975年発効
  - 163ヵ国締約
- CWC 化学兵器禁止条約 Chemical Weapons Convention
  - 1997年発効
  - 188ヵ国締約

国際輸出管理レジーム（通常兵器や大量破壊兵器の開発等に用いられる汎用品等を貿易管理）

- NSG 原子力供給国グループ Nuclear Suppliers Group
  - 1977年発足
  - 46ヵ国参加
- AG オーストラリア・グループ Australia Group
  - 1985年発足
  - 40ヵ国参加
- MTCR ミサイル関連機材・技術輸出規制 Missile Technology Control Regime
  - 1987年発足
  - 34ヵ国参加
- WA ワッセナー・アレンジメント The Wassenaar Arrangement
  - 1996年発足
  - 40ヵ国参加

武器輸出三原則
- 武器輸出を原則禁止

外国為替及び外国貿易法
- 輸出貿易管理令（物）
- 外国為替令（技術）

出典：経済産業省資料（一部筆者修正）

図13-2 ●国際輸出管理体制の概要（2009年8月現在）

第Ⅳ部
原子力平和利用・核不拡散政策

表13-1 ●国際輸出管理体制参加国一覧（2009年8月現在）

国名	NSG (46カ国)	AG (40カ国)	MTCR (34カ国)	WA (40カ国)
日　本	○	○	○	○
米　国	○	○	○	○
カナダ	○	○	○	○
ドイツ	○	○	○	○
英　国	○	○	○	○
フランス	○	○	○	○
イタリア	○	○	○	○
ベルギー	○	○	○	○
デンマーク	○	○	○	○
ギリシャ	○	○	○	○
オランダ	○	○	○	○
ルクセンブルグ	○	○	○	○
ポルトガル	○	○	○	○
スペイン	○	○	○	○
アイルランド	○	○	○	
ノルウェー	○	○	○	○
アイスランド	○	○	○	○
トルコ	○	○	○	○
オーストリア		○	○	○
フィンランド		○	○	○
スウェーデン	○	○	○	○
スイス	○	○	○	○

	ロシア	ベラルーシ	ウクライナ	カザフスタン	ラトビア	エストニア	リトアニア	クロアチア	チェコ	スロバキア	ポーランド	ハンガリー	ブルガリア	ルーマニア	マルタ	キプロス	スロベニア	オーストラリア	ニュージーランド	ブラジル	アルゼンチン	南アフリカ共和国	韓国	中国
	○	○	○	○	○	○	○	○	○	○	○					○	○		○	○	○			
	○	○						○			○	○						○	○	○				
				○		○	○	○	○	○	○	○	○	○				○	○			○		○
	○	○	○	○	○	○	○	○	○	○	○	○	○	○	○	○	○	○	○	○	○	○	○	○

成功し，原爆保有国が増加していった事実は，こうした米国をはじめとした開発先行国の不拡散努力が実らなかったことを示している。核不拡散の努力が核兵器登場と同時に始まったといっても，それは先に保有した国の話であって，その他の大国はむしろ安全保障上不利な立場にならないよう，必死で原爆の開発に努力したのである。非核兵器国も含めて国際的なコンセンサスの下，核不拡散の体制が整うのは，1968年に国連で可決され，70年に発効するNPTの誕生まで待たなければならない。

2.2 NPT体制

核不拡散体制の基礎はNPTである。NPT成立時に核兵器を保有していた国は，米国，ソ連，英国，フランス，中国の5ヵ国であり，NPTの下では，この5ヵ国のみが，核兵器を保有することを許されている。現在，190ヵ国がNPTに参加しており，上記5ヵ国を除く185ヵ国は，核兵器を保有する権利を自ら放棄している[1]。NPTにおいては，条約参加の非核兵器国に，自国内のすべての核物質に対してIAEA（国際原子力機関：International Atomic Energy Agency）の保障措置[2]受け入れ義務を課すとともに，参加国が非核兵器国へ核物質等の原子力資機材を移転する際には，当該核物質に保障措置が適用されることを条件（第3条第2項）としている（表13-2）。すなわち，NPTにおいては，IAEAによる保障措置と輸出管理が不拡散確保の具体的手段とされている。

なお，NPTの条文（第3条第2項）の，移転の条件として保障措置を要する原子力資機材を明確化するため，スイスのザンガー教授の提唱により1970年にザンガー委員会が設けられ，対象となる資機材のリスト（ザンガー・リスト）が作成された。

1）現在でこそ世界中の大多数の国が加盟しているが，それはNPT成立当初からのことではない。日本が批准したのは76年になってからだが，それでもまだ96番目である。またNPT上の核兵器国であるフランス，中国は，92年まで加盟していなかった。
2）保障措置とは，原子力の平和利用を確保するため，平和利用の核物質が核兵器等に転用されていないことを検認する制度。具体的には，事業者が核物質の保有，移動の状況を計量，管理し，それが国を通じてIAEAに報告され，IAEAや国などが査察によりそれを検認する。詳細は第12章参照のこと。

表13-2 ●NPT 主要条文概要

条(項)番	条 文 概 要
第1条	核兵器国は，核兵器等を他国に移譲せず，また，その製造等について非核兵器国を援助しない。
第2条	非核兵器国は，核兵器等の受領，製造又は取得をせず，製造のための援助を受けない。
第3条 第1項	非核兵器国は，原子力が平和利用から核兵器等へ転用されることを防止するため，国際原子力機関（IAEA）との間で保障措置協定等を締結し，それに従い国内の平和的な原子力活動にある全ての核物質について保障措置を受け入れる。
第2項	各締約国は，原料物質，特殊核分裂性物質及びこれらの核物質の処理・使用・生産施設の非核兵器国への移譲に際して，当該核物質に保障措置が適用されない限り，移転を行わないことを約束する。
第4条	本条約は，全ての締約国の原子力の平和利用のための権利に影響を及ぼすものではなく，全ての締約国は，原子力の平和利用のため，設備，資材及び情報の交換を容易にすることを約束しその交換に参加する権利を有する。
第6条	締約国は，軍縮に関する条約について，誠実に交渉を行うことを約束する。
第8条 第3項	本条約の運用を検討するため，この条約の効力発生の5年後に締約国の会議を開催する。その後5年ごとに，締約国の過半数が寄託国政府に提案する場合には，会議を開催する。
第10条 第2項	本条約の効力発生の25年後に，条約が無期限に効力を有するか追加の一定期間延長するかを決定するため，会議を開催する。

2.3 NSG の創設

1974年5月，インドは核爆発実験を成功させた。カナダから輸入した炉で生産したプルトニウムを使用したものである。中国が64年に第5番目の核兵器国になってから，ちょうど10年目，NPT の発効から4年目の出来事であった。インドはこの核爆発実験を核兵器開発のためではなく，平和利用を目的とするものと主張した。インドは NPT 非加盟国であり，そもそも NPT の約束に従う義務がないことに加え，NPT 自体，核爆発の平和利用を禁じているものではなかったことから，二重の意味で，インドの行

為は国際的な非難に対抗できるものであった。この出来事は，NPT による核不拡散体制が，その実効性において不十分であることを示す結果となった。

そこで，翌75年6月から，日，米，ソ，英，仏，西独，加の7ヵ国が，実効性のある輸出管理に関する協議を開始した。NPT のように国際的条約に基づき，受領国も合意の上での核不拡散体制でなく，核開発に用いられる資機材，技術を供給する能力のある，いわゆる原子力供給国が，協調の上，輸出管理を行い，実態として核不拡散を確保しようというものである。これが，NSG（原子力供給国会合：Nuclear Suppliers Group）である。ロンドンで会議が開かれたことから，ロンドンクラブとも呼ばれた。当時NPT には不参加だったフランスが，NSG には参加したことも，不拡散の実効性確保の上で，重要な要素である。

1977年9月には，NSG ガイドラインが合意され，78年1月に公表された（なお，この時までに参加国は15ヵ国に増えている）。NSG ガイドラインは，規制対象とする資機材及び技術のリストとそれらを移転する際の条件を示したものである（表13-3）。NPT に基づく従来のルールとの主な違いは，①規制対象に重水製造を加えたこと，②資機材に限らず，濃縮，再処理，重水製造設備に関連した「技術」の規制が加えられたこと，③濃縮，再処理などの機微施設や関連技術などについては，特に移転を制限的に扱うよう促したこと，などである。また，受領国における核物質防護体制についても，移転の際の条件として定められた。

3 冷戦後の不拡散輸出管理の発展

3.1 イラクの核開発活動と NSG の強化

1991年の湾岸戦争とそれに続く IAEA による特別査察は，イラクが核兵器の開発活動を本格的に行っていたことを明らかにした。これにより NPT と NSG を中心とした既存の核不拡散体制が十分ではない，との認識が先進国を中心に高まった。

NSG の会合は，1977年のガイドライン合意以来，開催されたことがな

表13-3 ●NSGガイドライン主要条文概要

項　番	概　　　要
第2項	供給国は，核爆発装置につながる使い方をしないとの受領国の確約を得た場合のみ，対象品目の移転を許可すべき。
第3項	受領国において，核物質防護が実施されるべき。
第4項	供給国は，受領国においてIAEA保障措置が適用される場合のみ対象品目を移転すべき。
第6項	第2項，第3項，第4項の要件は，移転された施設や技術を利用した再処理，濃縮，重水生産施設にも適用されるべき。
第7項	濃縮又は再処理施設を移転する場合，供給国は，これを多数国が参加するような施設とするよう，受領国に働きかけるべき。
第8項	濃縮施設又は技術の移転については，受領国は，移転された施設や技術を利用した施設が，供給国の同意なく，20％以上の濃縮ウランの生産のために設計，運転されないことに同意すべき。
第10項	以下の場合は，供給国の同意が要求されるべき。 (1) 再処理，濃縮，重水生産施設，その主要な構成物，又はその技術の再移転 (2) 移転された再処理，濃縮，重水生産関連の品目に由来する品目の移転 (3) 兵器級物質又は重水の再移転

かったが，1991年，オランダの呼びかけにより，13年振りにハーグで開催された。これがその後の核不拡散輸出管理強化に繋がっていくことになる。74年のインドの核爆発実験がNSGの誕生をもたらしたのと同様に，イラクの核開発活動の発覚が，NSGの抜本的強化の動きを促したものである。

　この後2年余の間に，原子力資機材の輸出の際の条件としてのフル・スコープ保障措置の導入，リストの拡大及びザンガー・リストとの整合，参加国の拡大等，NSGの抜本的強化が図られた。中でも注目すべきは，原子力以外の用途にも用いられる原子力関連資機材（汎用品）の輸出管理であるNSGパート2が創設されたことである。

3.2 汎用品規制の創設

一連の NSG 強化策で最も重要なのは，汎用品規制の創設である。ここでいう汎用品とは，従来の NSG の対象が，核原料物質，重水等の原子力用途専用の資機材であったのに対し，工作機械，繊維材料等，原子力用途にも使用され得るが，工業生産等一般の用途にも用いられるものである。

東西冷戦構造が終焉した後，次第に地域紛争に世界の安全保障上の関心が移りつつある中で，イラクの核開発計画が明らかになったが，そこで使われた資機材の多くが，NSG メンバーをはじめとした先進国から輸出されたものであった。それらは必ずしも，従来 NSG において輸出規制の対象になっていた原子力専用資機材ではなく，むしろ他の用途をも持つ汎用品が多く使われていたのである。

折しも，事実上汎用品の輸出にチェックをかけていたココムは緩和の動きにあり，東側諸国を対象とするのではなく，地域の懸念国に対する汎用品の輸出をチェックする何らかの仕組みが必要との認識が急速に先進国の間に高まった。

そんな中で1991年 NSG 本会合が開催され，核爆発目的のために重要な意義を持ちうる汎用品の規制について検討を行うことが合意された。同時に，作業グループの設置とその作業グループへの委任事項も決定された。その後，約1年の間に4回の作業グループが開催され，ガイドライン及び規制リストについて検討された。米国の78年 NNPA（核不拡散法：Nuclear Non-Proliferation Act）は，既に汎用品も独自に規制しており，また核兵器国として核兵器技術に熟知していることから，米国の提示したリストがたたき台となった。92年4月に開催されたワルシャワ本会合に，リストとガイドラインが提出され，正式に合意された。NSG パート2の誕生である。ガイドラインは，輸出許可手続，移転を許可するための統一的条件，再移転の同意等，包括的なものとなっている（表13-4）。また規制対象のリストは65品目となった（表13-5）。

なお，ガイドラインとリストは公開されている（INFCIRC/254/Part 2）が，この他に参加国間の了解覚書（MOU：Memorandum of Understanding）が

表13-4 ●NSGパート2ガイドライン主要条文概要

目的（第1項）
　核不拡散を目的として、核爆発活動及び非保障核燃料サイクル活動に使用、又はその可能性のある規制対象品目の移転に当たって、供給国は本ガイドラインを遵守し、国内法に反映させることに合意した。

基本原則（第2項）
　規制対象品目が核爆発活動及び非保障核燃料サイクル活動に使用、又はその可能性がある場合は原則として輸出禁止とすること。

輸出許可手続の確立（第4項）
　供給国は規制対象品目の輸出許可手続を確立し、輸出許可に当たっては基本原則と以下の要件を考慮しなければならない。
　①受領国がNPT等の不拡散体制に加盟し、IAEAとFSSを締結していること。
　②NPT等の不拡散体制に加盟していない受領国の場合は、非保障核燃料サイクル活動の施設を保有していないこと。
　③最終需要者の最終用途が妥当であること。
　④再処理・濃縮施設の研究・開発・設計・製造・建設・運転・保守に使用されないこと。
　⑤受領国の行動・声明・政策が不拡散体制を支持していること。
　⑥受領国が違法な調達を行っていないこと。
　⑦最終需要者への過去の輸出が不許可となっていないか、又は過去の移転がガイドラインにそぐわない目的に流用されていないこと。

移転のための条件（第5項）
　供給国（供給者）は輸出許可の前に国内法の許す範囲で以下の書類を入手すること。
　①最終需要者により最終用途及びその場所を明記した誓約書。
　②核爆発活動及び非保障措置核燃料サイクル活動に使用しない旨の誓約書。

再移転に対する同意見（第6項）
　規制対象品目をNSG非加盟国へ移転する場合は、第三国への再移転時に原供給国（原供給者）の事前同意を得る旨の誓約書を入手すること。

あり、NSGパート2の重要な構成要素をなしている。MOUの存在及び内容については、当初秘密とされていたが、97年以降のNSGにおける透明性促進の動きにより、内容が紹介されるようになった（Thorne 1994, p.37）。

　MOUによれば、①規制対象品目の供給能力を有すること、②適切な輸出管理制度を有すること、③信頼に足る不拡散政策にコミットしていること等の条件を満たしていなければならない。そして新たな参加国になるた

めには，現参加国全員の了解が必要である（INFCIRC/539）。

MOUの概要は以下の通りである（Muller and Dunn 1993, pp. 8-9）。

(1) 参加国への輸出には，ガイドラインに示された輸出手続を簡略化することができる。
(2) 本ガイドラインに基づき輸出を拒否した場合には，その内容が他の参加国に通報される。他の参加国は，少なくとも3年間（3年後に拒否理由がレビューされる），同じ輸出案件を許可してはならない（いわゆる，ノー・アンダーカット・ルール）。
(3) 最低，年に1回の会合により，情報交換を行う。

これらはガイドラインに盛り込まれている内容ではないものの，実態上，NSGパート2の仕組みの重要な構成要素である。(1)の趣旨は，参加国間の対象資機材の輸出許可を迅速化することである。(2)は，自国の企業に対する輸出不許可が当該企業に他国の企業と比べ不利益を与えないことを確保するとともに，かかる懸念から不許可をためらうことを防止している。(3)は，(2)とともに，NSGパート2の仕組みが，ココムのような合議制ではなく，参加各国がそれぞれ裁量を有しながら，密な情報交換・流通を行うことで成り立っていることを示している。

3.3 フル・スコープ保障措置の導入

NSGパート2の創設と並行して，NSG本体（パート2の創設にともない，従来からある原子力専用資機材の輸出管理はパート1と呼ばれるようになった）においても，強化が図られた。その代表例がフル・スコープ保障措置（FSS：Full Scope Safeguards）の導入である。

NPTやNSGの従来の輸出管理では，輸出を認める条件として求める保障措置の対象は，当該輸出に関係する原子力活動だけだった。しかしながら，輸出された資機材が軍事目的等に転用されないことを確保するためには，輸入国におけるすべての原子力活動について保障措置が適用されるこ

表13-5 ●NSG パート1及びパート2の対象品目

NSG パート1	NSG パート2
1．資材及び機材 　a.核物質（プルトニウム，天然ウラン，濃縮ウラン，劣化ウラン，トリウム等） 　b.原子炉とその付属装置（圧力容器，燃料交換装置，制御棒，圧力管，ジルコニウム管，一次冷却材用ポンプ） 　c.重水，原子炉級黒鉛等 　d.ウラン濃縮（ガス拡散法，ガス遠心分離法，レーザー濃縮），再処理，燃料加工，重水製造，転換等に係るプラントとその関連資機材	1．資材及び機材 　a.産業用機械（数値制御装置，測定装置等） 　b.材料（アルミニウム合金，ベリリウム，マレージング鋼等） 　c.ウラン同位元素分離装置及び部分品（周波数変換器，直流電源装置，遠心分離機回転胴制御装置等） 　d.重水製造プラント関連装置 　e.核爆発装置開発のための試験及び計測装置 　f.核爆発装置用部分品
2．技術 　規制されている品目に直接関連する技術（ただし，「公知」の情報または「基礎科学研究」には適用しない。）	2．技術 　規制されている品目に直接関連する技術（ただし，「公知」の情報または「基礎科学研究」には適用しない。）

注：ここでは，外務省資料の NSG 概要に従ったが，正確な対象リストは INFCIRC/254/Part 1 及び同 /part 2 を確認のこと。

と（FSS）が必要との議論が従来からあった。例えば，1974年以降の NSG ガイドライン合意に至る過程においても，採用には至らなかったが主要な議題の一つであったし，90年の第4回 NPT 再延長会議でも，FSS を輸出の条件とすべき，という日本の主張を取り入れた報告書がまとめられている。

　米国は早くから，自国の政策として FSS の考え方を採用している。米国の輸出管理の基礎となっている1978年 NNPA において，既に事実上 FSS の考えを取り入れている。この時期には米国以外にも，いくつかの国が独自に FSS を輸出の条件として採用している（カナダ（76年），オーストラリア（77年），スウェーデン（77年），ポーランド（78年），チェコスロバキア（78年））。米国は以来，米国企業が FSS を輸出の条件として導入し

ていない他国の企業と比べて，厳しい条件を課せられることになっている状況を改善するため，様々な機会に，それ以外の国の輸出管理においてもFSSを取り入れるように働きかけたが，80年代の間は失敗に終わっている。

1990年のNPT再検討会議を契機として，FSS採用の動きは急速に進展した。まず，再検討会議の準備過程で，日本がFSS採用を表明（89年）し，90年の再検討会議の場で，東西ドイツ，ブルガリア，ハンガリー，オランダが採用の声明を出した。直後，英国とフランスもFSSを採用した（90年）。

FSSの採用が世界的な流れになる中で，米国は92年のワルシャワでの本会合の数週間前に，まだFSSを採用していないNSG参加国に対し，FSSを採用するよう促す文書を送り，本会合の時までにロシアを除くすべての国が採用を決めた。ワルシャワでは，ガイドラインの改正作業ではなく，宣言を出すに留まったが，93年のルツェルンの本会合で，具体的なガイドラインの改正作業が行われ，合意に至り，同年7月にINFCIRC/254/Rev. 1 /Part 1 /Mod. 1 . として，IAEAから発表された（表13-6）。

これにより，①FSS条件付けの対象がリストに挙げられているものであること，②現在の活動のみならず将来の活動に対してもFSS適用の約束が要求されていること，等が明確にされた。NSG本体（パート1）の抜本的強化が図られたのである。

3.4 NSGのその他の強化策

NSGパート2の創設，パート1へのFSS導入以外にもNSGの強化，改善の努力が行われた。

例えば，NSGパート1のリストについては，1978年の発表以来，13年間放置されていたが，この機会に全面的な見直しが行われ，ザンガー・リスト（これは定期的に見直されていた）との整合性が図られ，以後，NSGパート1のリストとザンガー・リストとの間では自動的に整合性が図られる仕組みが確立された。

また，NSGの実効性を確保するために重要な，参加国の拡大が行われ

第13章
核不拡散輸出管理

表13-6 ●NSGパート1変更後（INFCIRC/254/Rev. 1/Part 1/Mod. 1.）の第4項

a. 供給国は，受領国がIAEAとの間で締結する，現在及び将来の平和活動における全ての原材料及び特殊核物質が保障措置の適用を受ける協定が発効している場合に限り，トリガー・リストの品目を非核兵器国に移転すること。

b. 第4項a.で定められた移転を，かかる保障措置協定なしに非核兵器国で行う場合は，既存の施設の安全操業に不可欠と考えられ，かつ，保障措置が当該施設に適用される場合に限り例外として認められること。

c. 第4項a.及びb.に示された政策は，1992年4月3日又はそれ以前になされた協定，契約には適用されない。1992年4月3日より後にINFCIRC/254/Rev. 1/Part 1に加盟した国又は加盟する国の場合は，この政策は加盟日以降になされた（なされる）協定に限り適用される。

d. 第4項a.に示された政策が適用されない協定（第4項b.及びc.を参照。）の下では，供給国は，IAEA doc. GOV/1621に基づく期限と適用範囲条項を伴うIAEA保障措置がある場合に限り，トリガー・リスト品目を移転すること。ただし，供給国は，かかる協定の下，第4項a.に示された政策の可及的速やかな実施に努力すること。

e. 供給国は，国家政策の問題として，追加的な条件を適用する権利を有する。

た。NSG参加国が如何に輸出管理を行おうとも，新たに発展してきた非参加工業国が規制対象資機材を自由に供給したのでは，輸出管理の実効は上がり得ない。このため，参加国を増やす努力が行われた。1990年時点で26ヵ国だったものが1991年にオーストリア，アルゼンチンが参加したのをはじめ，参加国は徐々に増え，現在46ヵ国が参加している。ただし，参加国は単純に増やせば良いというものではない。核開発懸念国が参加することは，NSGの価値を大きく損なうものであるし，輸出管理体制が十分に整備されていない国が参加すれば，その国から規制対象資機材が流出する可能性がある。このような観点から，新規参加国たる要件が議論され，新興工業国に対し，参加を呼びかけてきている。

さらに，目立たないが重要な強化策として，情報の流通・交換の仕組みの整備が挙げられる。輸出管理制度は，各供給国がそれぞれの国内法制に基づき，それぞれの国の責任で，輸出の可否を判断しているため，不許可案件，疑惑活動等について，参加国間で情報を十分に共有していないと，

抜け道が生まれ，制度の実効が十分に上がらない。NSGにおいては，パート2については設立当初から，パート1についても1995年から，日本の在ウィーン国際機関代表部が事務局を引き受け，このような情報流通・交換をうまく行う仕組みを構成した。

3.5 NSG以外の輸出管理体制の強化

NSGの強化が図られるのと同時期に，核兵器関連以外の輸出管理体制も強化された。化学兵器関連では，イラン・イラク戦争における化学兵器の使用を契機として85年に創設されたAG（オーストラリア・グループ：Australia Group）の下，化学原材料の輸出管理がなされてきたが，91年には，その製造設備も規制の対象に加えられた。また，92年には，生物兵器関連の資機材もAGの管理の対象に加えられた。ミサイル関連の輸出管理を行うMTCR（ミサイル関連機材・技術輸出規制：Missile Technology Control Regime）においても，92年に，それまで核兵器搭載を想定し，比較的大型のミサイルのみを対象としていたのを，化学兵器，生物兵器搭載用のミサイルにまで対象を拡大するため，小型のミサイルをも対象とする規制の強化を行った。

通常兵器及びその製造に寄与する資機材（汎用品）の輸出規制については，ココムの廃止を補う形でWA（ワッセナー・アレンジメント：Wassenaar Arrangement）が96年に発足，規制が実施に移された。ココムが共産圏諸国を対象に，その封じ込めを目的としていたのに対し，WAは，一定の地域での通常兵器の過剰な蓄積を防止することを目的としている。このため，ココムが規制対象資機材の共産圏諸国への輸出は原則禁止で，輸出する場合には全参加国の了解が必要だったのに対し，WAでは，規制対象国を定めず，全地域を対象とし，また輸出管理をすべき対象資機材は定めているものの，その許可，不許可は，各国の裁量に委ねられている。

なお，不拡散の目的で行われている輸出管理に，キャッチ・オール規制がある。キャッチ・オール規制とは，具体的にリストで管理することが求められている以外の広範な貨物について，輸出者が大量破壊兵器の開発，

製造に用いられることを知っている場合に，輸出規制の対象とするものである。品目を特定せず，日用品も含めた「すべて」を対象とすることから，キャッチ・オール規制と呼ばれる。

米国では，このような考え方の規制が，79年から核兵器に関連して実施されていたが，91年に生物・化学兵器及びミサイルについてまで拡大された。英，独でも91年から導入され，EUとしても95年から実施している。日本においては，まず96年から「大量破壊兵器等の不拡散のための補完的輸出規制」と呼ばれる限定的な制度を導入し，2002年から，食料，木材等の一部品目を除き原則すべての貨物・技術を対象とするキャッチ・オール規制が導入された。また2008年からは，大量破壊兵器関連のみならず通常兵器関連についても，キャッチ・オール規制が導入されている。

4 │ 国際輸出管理体制の性格の変化と評価

4.1　性格の変化

90年代前半の国際輸出管理体制の強化は急速かつ大きなものであった。しかも，それは単に強化というだけではなく，目的，手法，政治的意味合い等において，質的変化を伴うものである。冷戦構造下では，ココムが輸出管理のいわば代名詞であったが，現在はNSGなど不拡散型の輸出管理がなされている。それに伴う国際的輸出管理の性格の変化として，以下のような点が指摘できるであろう[3]。

(1) 東西対立から南北対立の構図へ

ココムは，東側諸国の封じ込めを目的としていたため，東南アジア諸国，中東等，東側に参加していない国にとっては，自らが輸出管理の対象ではなかった。一方，不拡散型輸出管理においては，全地域を対象とするものであり，結果的に，発展途上国はすべて規制の対象となる。従って，東西対立の構図から南北対立の構図へと変化したとみることができる。

(2) 汎用品規制の強化

各国輸出管理体制で，規制強化がなされたのは，大量破壊兵器や通常兵

---

3) この議論の詳細及び参考文献については，国吉・神田（1999），pp.66-67を参照。

器の開発，製造等にも使用され得るが，通常は一般産業用途に使用されている「汎用品」である。工作機械，繊維材料，化学薬品等，普通の工場でごく一般的に作られるものが，多く対象となっている。キャッチ・オール規制に至っては，基本的に一切の貨物が規制の対象となり得るものである。従って，規制対象貨物は，極めて膨大なものとなる。

(3) 目的に直接対応した規制の導入

ココムの下では規制対象貨物の対共産圏輸出は原則禁止であり，輸出管理とは，貨物が規制対象か否か，輸出先が東側諸国か否かを判断することであった。しかし，NSG や WA など冷戦後に強化，設立された不拡散型輸出管理においては，通常の経済活動を阻害しないよう，最終用途を確認し，問題のないものは輸出を認めるという判断が必要となる。

これは，輸出貨物を一律に止めることをしないで，輸出管理の目的に直接対応した判断を行うようになったものといえるが，現実の輸出管理に当たっては，手続を煩雑かつ難しくさせ，時間を要するものとする。

(4) 各国の裁量の増大

ココムの下では，例外的に規制対象貨物を東側諸国へ輸出する場合は，ココムの会議の場で，全会一致による同意が必要であった。NSG 等の輸出管理においては，基本的に各国の裁量で輸出の許可，不許可を判断することができるようになった。ノー・アンダーカット・ルール等の一定の歯止めはあるものの，基本的には各国の裁量を尊重した，情報交換の枠組みという性格になっている。

(5) 国際ルール化

現在の輸出管理体制においては，一定の条件を満たせば，新規参加国として認められるようになっている。その意味では先進国クラブという色彩を残しつつも，強い排他性を有しておらず，広く受け入れられる国際ルールとしての存在に近づいたともいえる。

4.2 輸出管理体制の評価

輸出管理は手放しで歓迎されるものではない。輸出管理により活動に制

約を受ける国や企業にとっては，当然好ましくない側面もある。輸出管理は，その目的が安全保障上の関心にある一方で，管理の対象になるのは，ほとんどの場合，通常の貿易活動であるため，安全保障上の利益の追求が経済活動上の不利益に直結し得る構図にある。そしてそれだけの代償を払って，目的がどれだけ達成できるのかという疑問を提示されることになる。以下に，輸出管理体制に対する評価を試みる[4]。

(1) 輸出管理体制の正当性

　輸出管理は，輸出国側が輸入国の資機材調達を管理することから，輸入国から見れば，差別行為と受け取られることがある。WAのように，移転の透明性の確保を目的とした場合であっても，武器の輸入国はその戦力情報が開示されてしまうのに対し，自ら生産する国の場合は，情報が開示されないという差別が生まれる。また，武器を輸入する国にとっては，その調達が管理されることは，国連憲章第51条でも明記されている自衛権を制約される行為とも捉えられる。見方によっては工業先進国がその技術優位を確保するためのカルテルであるともいえる。

　また，貿易を管理しようという以上，自由貿易に何らかの制約がかかるのは当然のことであり，WTOルールに基づく自由貿易主義との関係にも議論の余地がある。自由貿易の確保が世界の平和と安定の基礎であることは，二度の世界大戦から人類が得た教訓であるが，貿易活動を制限する輸出管理は，これに逆行する手段である。また，経済活動への制約が過度になれば，輸入国の経済情勢の悪化をもたらし，地域に不安定な状況を生じさせる。また，平和の達成のためには，貨物や技術の供給を制限するより，経済的貧困，民族・宗教上の対立等，紛争の原因となる状況を改善することの方が，本質的な解決策である。

　なお，NSG，AG，MTCR，WAは条約ではなく，参加国政府間の政策協調についての紳士協定である。各国政府が，それぞれの国内法制に基づいて行う輸出管理を，協調して実施しているに過ぎない。従って，NPT等の条約に基づく場合と異なり，その法的根拠となる国際的合意は強いも

4）この議論の詳細及び参考文献については，国吉・神田（1999），pp.74-77を参照。

のではない。これらの輸出管理体制は，この点でも，その正当性について議論の対象となり得る。またシステムとして見れば，NPT等の条約が，加盟国間の約束により拡散を防ごうという，比較的内部指向型であるのに対し，これらの紳士協定は，加盟国である供給国が，外部の脅威に対応しようというシステムであり，より対立の構図が強いものとなっている。

(2) 輸出管理の効果

輸出管理がどの程度，兵器の拡散を防止できているかについても，疑問が提示される。

輸出管理という手段は，ココムが開始された頃と比べ，その実効性が弱くなっていることは否めない。第一は，技術革新に伴い民生用の技術が高度になり，兵器用のレベルを上回ることも珍しくなくなったことである。限られた特定の技術の品目だけを輸出管理することでは目的を達成できず，幅広い汎用品を規制する必要が生まれた。第二は，民生用途にも用いられる汎用品を対象とすることに伴い，それが何に用いられるかを判断して輸出管理を行うことが必要になったことである。特定の貨物を輸出させないという行為は比較的簡単であるが，輸出先でどう使われるかをコントロールすることは難しい。第三は，経済がグローバル化したことである。貿易活動の増大に伴い，監視下に置いて管理すべき輸出の量が膨大なものとなっている。

現に，輸出管理の努力を行ってきたのにも関わらず，イラクや北朝鮮は，核開発計画を進めることができたし，インドやパキスタンは核爆発能力を持ってしまった。従って，輸出管理は効果がないのではないかという議論もあり得る。正当性に関しても論点として挙げた，紳士協定であることによる限界もある。国家が正式に結んだ条約ではないため，法的強制力もない。各国際輸出管理体制とも，輸出の許可，不許可については，参加各国の国内法制と裁量に委ねているため，国によって運用にばらつきがあり，結果として輸出管理の効果を減じている側面も指摘されている。また，参加国以外の国から規制対象の資機材や技術が供給されれば，輸出管理の効果がなくなってしまう。

(3) 輸出管理の経済的負担

輸出管理を実施すれば，輸出を行う企業，規制を行う政府双方に経済的負担が発生する。企業側は，輸出貨物が規制対象であるかを常に確認しなければならないし，規制対象であれば，輸出許可申請の手続が必要となる。許可を得られず，輸出が不能となり売り上げを失う可能性もある。また最終的に許可を得る場合でも審査に時間を要すれば，金利などの損失を被ることになろう。

政府も，輸出許可審査のため，専門的知識・判断力を有する人材を相当数，関係機関に配置する必要がある。税関での審査体制の強化も必要となろう。

こうした輸出管理にかかる経済的負担を見積もる事は，非常に難しい。米国議会の OTA（Office of Technology Assessment）が試みているが，不許可となった輸出に伴う逸失利益の見積もり以外は，定量的な評価はできていない[5]。

(4) 輸出管理の役割

以上，正当性，効果，経済的負担の各観点から，輸出管理に投げかけられる疑問点について整理した。輸出管理の評価は，これらの否定的な側面と輸出管理によって得られる価値とを比較して，行われるものであろう。そこで，評価に移る前に，拡散防止における輸出管理の役割は，そもそも何なのかを論じておく。

ある国が核兵器の開発に踏み切るかどうかの意思決定が，何を基準に行われるかをモデル化して考えてみよう。

核兵器開発の動機は，核兵器の開発に成功した場合の利益 B（benefit）である。ここでいう利益とは，軍事戦略上の価値に加え，国の威信，国民意識の高揚といったものまでを含めた，総合的なものである。

一方，核兵器開発には，コスト C（cost）がかかる。もし，かかるコストが得られる利益を上回った場合，すなわち，

---

5) OTA (1994), pp.25-30.

$$B - C < 0$$

ならば，この国は，核兵器開発は割の合わない行為として，開発の意思決定は行わないであろう。

逆に，

$$B - C > 0$$

であっても，核兵器の開発を行うとは限らない。核兵器開発を行った際に，制裁 S（sanction）が予想されるからである。この制裁は，軍事的，経済的な制裁措置に加え，国際世論の中での孤立化等の，その国にとって望ましくない反応一般の総合的なものである。

これを考慮に入れれば，核開発により得られる正味の利益 B － C が，制裁 S を上回る，すなわち，

$$B - C > S$$

であると判断した場合に，その国は核開発に踏み切るということができる。

従って，核兵器の開発を阻止するためには，利益 B を小さくするか，コスト C を大きくするか，制裁 S を大きくするかの 3 通りの方法が考えられる。

利益 B を小さくする政策とは，例えば，地域的対立の構図を緩和したり，国際的安全保障環境を整備したりすることによって，核兵器所有により得られる国防上の価値を小さくすることである。一方，輸出管理は，コスト C を大きくする手段であるといえるだろう。輸出管理をすり抜けるために，架空のビジネス活動を偽装したり，第三国経由で資機材を入手したりするには，金と時間がかかるからだ。制裁 S を大きくすることも，論理的には有効であるが，インド，パキスタンや北朝鮮の例をみてもわかるように，現実に強力な制裁措置を行うことは困難である。仮に利益 B を小さくし，コスト C を大きくすることにより，B － C ＜ 0 である状態

を作り出せれば，制裁Sに頼らなくても，核不拡散に成功することができる。

この簡単なモデルによれば，輸出管理の役割は，核開発をコスト高にさせ，核開発の意思決定を行わないようにさせることであるといえる。

以上は，核開発に踏み切るかどうかの意思決定局面における輸出管理の役割についての検討であるが，現実には核開発に着手したあと，輸出管理が役割を果たす場合もある。輸出管理の実施により，秘密裏の核開発はコスト高になるとともに，時間がかかるものとなるからだ。

(5) 輸出管理体制の評価

輸出管理の正当性や効果に関する疑問は，それぞれある程度は妥当なものではある。また，輸出管理にかかる産業界，政府の経済的負担も，決して小さいものではない。しかしながら，輸出管理の目的が，大量破壊兵器の拡散防止などによる世界の平和及び安全の維持であることに鑑みれば，このような問題や限界を有することを認識した上で，やはり輸出管理という手段に頼らざるを得ないというのが，現実的な判断であろう。

輸出管理の正当性に関しては，各国際輸出管理体制において，改善が図られてきている。ガイドラインの公表などによる透明性の向上が図られているし，条件さえ満たせば新たな参加国を認めることにより，差別性を低減させようとしている。

また，輸出管理の効果に関しては，輸出管理がそれのみで，拡散や移転を阻止する方法でないことに留意する必要がある。むしろ，輸出管理の目的は，核開発等の実施コストを高め，時間を要するものとすることと理解すべきである。

輸出管理を，安全保障を確保する手段として用いるかどうかは，その効果と対象としている脅威との比較により判断される問題である。我々が直面している脅威が十分に大きいものと捉えるならば，輸出管理は完全な解決策ではないものの，一定の効果は有すると考えられることから，実施するとの判断となる。現状では，大量破壊兵器等の拡散防止のための，輸出管理以外の有効手段は乏しく，欠点の多い手段かもしれないが，改善に努

めつつも，輸出管理に頼っていかざるを得ないというのが実態であろう。輸出管理単独で目的達成を期待するものではなく，外交努力，軍備管理，信頼醸成等，他の手段と併せて実施することにより，総合的な効果を期待するものである。

もちろん，輸出管理には様々な問題点があることをよく認識した上で，その制度設計を行う必要がある。安全保障上の利益を追求するあまり，経済活動に過度の負担をかけてしまっては，輸出管理は適切に機能せず，逆に当初の目的を達成できない結果ともなり得るだろう。

4.3 NSG 強化策の核不拡散体制上の意味

核不拡散体制の強化が，条約である NPT の改正ではなく NSG により行われたことは，核不拡散体制をより柔軟ではあるが拘束力の弱い体制に変えたということを意味する。NSG は政府間の紳士協定であり，国会による批准もなく，輸出管理の実施に当たっての各国の裁量も大きい。元来，NPT の補完の役割として生まれた NSG が実態上，核不拡散体制の大きな部分を占めるようになったことは，条約等による堅い国際体制の限界を補う新たな流れといえるのかもしれない。

NSG による輸出の条件としての FSS の導入は，NPT の参加国が課せられている FSS を，NPT 非加盟の輸入国にまで条件付けることにより，NPT を事実上拡大した行為と捉えることもできる。微妙なバランスの上に成り立っている NPT の条文改正は議論を呼び，NPT 体制の崩壊に繋がりかねないことから，NSG で実態的に NPT の強化を行ったともいえる。

また FSS を，国際的に受け入れられる一種の規範的存在にしたという効果も評価し得る。FSS を当然とする国際的な意識の醸成を受けて，95年の NPT 再検討・延長会議では，NPT 第 3 条第 2 項の核物質，原子力専用資機材の輸出に際しての保障措置についても FSS であるとの解釈を含む文書 *Principles and Objectives for Nuclear Non-proliferation* が採択された[6]。NPT の補完的役割の NSG が，NPT そのものの議論に大きく影響を及ぼし

---

6) INFCIRC/539.

たともいえる。

　一方，NPT が，核不拡散の重要性についての国際的合意の下に，非核兵器国が自ら核兵器保有の権利を放棄することで成り立っているのに対し，NSG は，資機材の供給能力のある工業先進国による一方的規制である。NPT においても，核兵器国と非核兵器国の対立の構図があるが，NSG においては，供給国対非供給国，言い換えれば，技術先進国対技術後進国の構図がある。

　2008年の米印原子力協力の動きを受けた形で，NSG はインドの特例措置化を決定した[7]。インドについては，FSS を求めずに，民生用施設のみを対象にした保証措置を受け入れることで，NSG の対象資機材を供給することができるようになった。これは NSG による FSS の要求により，NPT を実態的に拡大したという流れからいえば，大きく逆行するものである。一方，条約ではない NSG の柔軟さを活用し，核不拡散体制にインドを取り込む試みという意味では，従来とは違う位置づけではあるものの，NSG が NPT を補完する役割を担っているともいえる。いずれにせよ，現状で見通せる限り，これはインドだけを対象とした例外措置に留まり，他の NPT 非加盟国に広がるとは考え難く，従来の意味でも NPT を補完する NSG の役割は引き続き有効であるとみて良いだろう。

5　おわりに

　冷戦終了後の国際情勢の変化に対応しつつ，不拡散型の国際的輸出管理体制は強化されてきた。この新しい体制は，①対象国の全地域化，②各国の裁量重視，③最終用途の確認の必要性，④汎用品の対象化等を受け，広範で柔らかい体制の性格を有する。これは輸出管理実務の対象を膨大かつ複雑なものとし，管理を難しいものとしている。また情報技術の発達を受けて技術の流出の捕捉は極めて困難な状況と考えられる。従って，体制としての輸出管理は強化されたものの，現実の管理可能性の観点からみれば，そこには限界があるということを認識したうえで，制度の運用を行う

7）NSG "Statement on Civil Nuclear Cooperation with India" INFCIRC/734（corrected）.

べきである。さらに，9.11.以来，テロリストへの資機材，技術の流出が心配されているが，これに輸出管理で対応していくのはさらに困難であろう。もとより輸出管理は，不拡散への万能薬ではない。外交手段等他の方法と併せて実施していくことが必要である。

　なお，輸出管理が画一的でなく用途によって行われる以上，懸念活動を行っている国，グループの動きを把握するインテリジェンス（情報）は極めて重要である。我が国のいわゆる情報機関としては，内閣情報調査室，外務省国際情報統括官組織，防衛省では情報本部，防衛政策局調査課や自衛隊の各幕僚監部情報課，警察庁外事情報部，公安調査庁などが挙げられるが，国内の防諜はともかく，対外情報機関としてCIAなどに対応するレベルで十分な能力を有し機能しているとは考えられない。我が国のインテリジェンスを抜本強化することが難しい以上，他国からの情報に頼らざるを得ず，そのことによって我が国が不利な状況とならないよう運用面で工夫していくことが現実的な対応策であろう。

　一方，管理の困難さや情報の問題とは別に，我が国からの不正輸出が後を絶たないことも事実である。NSG関連でいえば，精密測定機器製造販売のM社が，規制対象の三次元測定器機2台を，許可を受けることなく，シンガポール経由でマレーシアに輸出した事件が2006年に発覚している。このうち一台は，その後リビア国内の核開発関連施設内で発見された。また，工作機械製造・販売会社のH社が，核兵器開発に転用可能な工作機械を，測定データを改ざんし性能を低く偽ることで，許可を得ずに韓国等へ輸出していたことが2008年に発覚している。生物兵器関連ではMY社が，台湾経由で北朝鮮に凍結乾燥機を輸出していたことが，2006年に明らかになった。またMTCRの対象である無人ヘリコプターを無許可で中国に輸出しようとしたYH社が，税関申告で指摘された（同社は2007年に略式起訴で罰金百万円）という事案もある。安全保障輸出管理の重要性の認識と遵法意識を広く社会に浸透させていく必要がある。

　2008年に，米印原子力協力の動きが進み，NSGにおいてもインドの特例措置化が認められた。これは，インドの核実験を契機に成立したNSG

が，インドを特例的に扱うというものであり，NSGの大きな転換であることは間違いない。このことが核不拡散体制に与える影響について，様々な見方が示されているが，少なくともNSG参加国は核不拡散体制の強化になると判断したわけである。

しかしインドと現実にどのように付き合うかは，NSGの場での合意の範囲内で，各国の裁量に任されている。前述したテロへの対応などと併せ，輸出管理は，各国協調ということを軸に，その制度設計においても，管理実務においても，柔軟に考え対応していくことがより重要になってくるものと考えられる。

[国吉　浩]

参考文献

国吉浩（1998）「ココムの終焉とワッセナー・アレンジメントの成立」『新防衛論集』第26巻第2号，pp.94-111.
国吉浩，神田啓治（1998）「核不拡散輸出管理体制の強化と将来の課題」『日本原子力学会誌』第40巻第10号，pp.767-775.
国吉浩，神田啓治（1999）「国際安全保障輸出管理体制の役割とアジア地域の発展」『開発技術』第5号，pp.61-83.
国吉浩（1999）「解説 原子力関連輸出規制と違反事例」『日本原子力学会誌』第41巻第8号，pp.831-841.
国吉浩（2000）「安全保障輸出管理体制の発展と日本の対応」『日本貿易学会年報』第37号，pp.143-148.
Muller, H., Dunn, L. (1993) "Nuclear Export Controls and Supply Side Restraints." PPNN.
NSG (1997) "Nuclear Suppliers Group." IAEA, INFCIRC/539.
OTA (1994) "Export Control and Nonproliferation Policy" U.S. Government Printing Office.
Thorne, C. E. (1994) "Director's Series on Proliferation 3 ." LLNL, California.

第14章

核物質防護

1 核物質防護とは

　非合法組織による核物質の盗取，又は原子力施設に対する妨害破壊行為等の犯罪（以下「不法行為」という）を防止する核物質及び原子力施設の物理的防護措置を「核物質防護」と呼ぶ。これは，計量管理と封じ込め・監視により核物質の軍事転用を防ぐ「保障措置」，核兵器への転用に必要となる資機材の国境を越えての移転を管理する「輸出入管理」と並んで，原子力を不法な用途に用いることを防ぐ手段として重要なものである。

　2001年9月11日に米国で発生した同時多発テロ（以下「9・11テロ」という）を契機として，近年，核に関するテロリズムに対する懸念が高まっている。2007年に開催されたハイリゲンダムG8首脳会合でも「核によるテロリズムの行為の防止に関する条約」や，「核物質の防護に関する条約」の早期の批准を国際的に呼びかける文書が採択されるなど，「核物質防護」は，国際的な協調によって取り組むべき，今日の最重要課題の1つとなっている。

2 核物質防護制度の発展の経緯と現状

2.1　核物質防護制度の成立の経緯

　核物質防護制度は，IAEAが防護の手法・手段についての具体的なガイ

ドラインを示し，これに基づき，各国が自国の制度として防護措置を事業者に義務付けている。この制度は，過去40年にわたり，国際的な共同作業により制度を改善させながら発展してきたものであり，まず，その歴史的経緯を振り返る。

(1) 国際的枠組みの成立

主権をもった各国を対象とした国際保障措置制度の構築からやや遅れて，主権国家内の非合法組織に対抗する核物質防護制度の構築が，1960年代から本格化した。この頃，航空機のハイジャック等の国際テロリズム活動が盛んになったことと，原子力施設に対する妨害破壊活動の発生の兆しが見られたことから，核物質がテロ組織等に所持されて脅迫に利用されたり，妨害破壊行為によって原子力施設が破壊されたりする恐れが真剣に考慮された。米国では，1969年，自国の原子力の規制法体系に"Physical Protection of Plants and Materials"が導入された（10CFRシリーズのPart 73）。次いでIAEAが，加盟各国の専門家の協力を得て核物質防護の国際的な基準を検討し，1975年に「核物質の防護（The Physical Protection of Nuclear Material）」と題した勧告文書を，INFCIRC/225の文書番号で各国に送付した。この文書は若干の修正の上，INFCIRC/225/Rev.1として1977年に公表され，以降，数度の改訂を経ながら，核物質防護に関するガイドラインとして広く利用されてきた。

また，1974年のインドの核実験を契機として，原子力先進15ヵ国の合意により作成された「非核兵器国への原子力輸出に際して適用されるガイドライン」（通称「ロンドン・ガイドライン」）」においても，その添付リストに記載された物資の輸出に当たって，輸入国において，INFCIRC/225に準拠した適切な核物質防護措置の実施を必要要件とすることが規定された。

さらに，INFCIRC/225/Rev.1が公表された1977年，IAEAは，国際輸送中の核物質防護措置を担保する「核物質の防護に関する条約」の案文検討を開始した。1980年には条約の条文がまとまり，1987年に発効した。このようにして，1970年代から1980年代に，核物質防護に関する基本的な国際的枠組みと内容が概ね形成された。

第14章
核物質防護

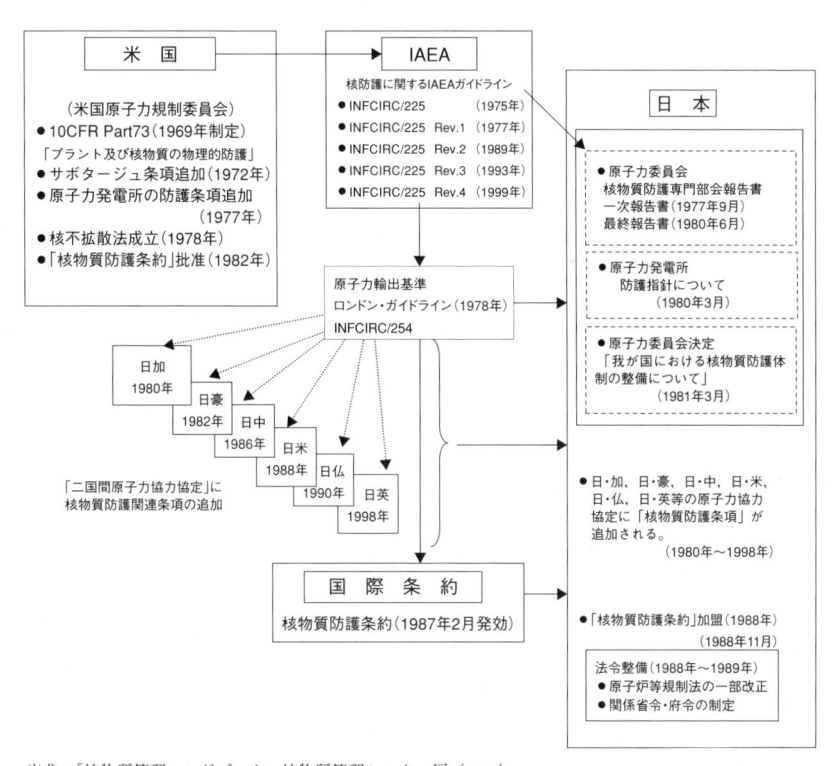

```
┌─────────────────┐      ┌─────────────────────────┐
│      米 国      │─────▶│         IAEA            │
└─────────────────┘      │ 核防護に関するIAEAガイドライン│
 （米国原子力規制委員会）   │ ●INFCIRC/225  （1975年）│      ┌─────────────────┐
 ●10CFR Part73（1969年制定）│●INFCIRC/225 Rev.1（1977年）│     │     日 本       │
 「プラント及び核物質       │ ●INFCIRC/225 Rev.2（1989年）│     └─────────────────┘
  の物理的防護」           │ ●INFCIRC/225 Rev.3（1993年）│  ┌─────────────────────┐
 ●サボタージュ条項追加（1972年）│●INFCIRC/225 Rev.4（1999年）│ │●原子力委員会        │
 ●原子力発電所の防護条項追加 └─────────────────────────┘  │ 核物質防護専門部会報告書│
         （1977年）                                      │ 一次報告書（1977年9月）│
 ●核不拡散法成立（1978年）                                │ 最終報告書（1980年6月）│
 ●「核物質防護条約」批准（1982年）                          └─────────────────────┘
                                                        ┌─────────────────────┐
                         原子力輸出基準                   │●原子力発電所        │
                         ロンドン・ガイドライン（1978年）     │ 防護指針について     │
                         INFCIRC/254                    │     （1980年3月）    │
                                                        └─────────────────────┘
        日加                                             ┌─────────────────────┐
        1980年  日豪                                     │●原子力委員会決定      │
              1982年   日中                              │「我が国における核物質防護体│
                    1986年  日米                         │  制の整備について」    │
                           1988年  日仏                  │    （1981年3月）     │
                                 1990年  日英            └─────────────────────┘
 「二国間原子力協定」に           1998年
 核物質防護関連条項の追加                                  ●日・加，日・豪，日・中，日・米，
                                                          日・仏，日・英等の原子力協力
                                                          協定に「核物質防護条項」が
                                                          追加される。
                                                             （1980年～1998年）

                         ┌─────────────────┐
                         │   国 際 条 約    │           ●「核物質防護条約」加盟（1988年）
                         └─────────────────┘                    （1988年11月）
                         核物質防護条約（1987年2月発効）
                                                        法令整備（1988年～1989年）
                                                         ●原子炉等規制法の一部改正
                                                         ●関係省・府令の制定
```

出典：「核物質管理ハンドブック」核物質管理センター編（2001）。

図14-1 我が国における核物質防護の法制度化の経緯

(2) 我が国における核物質防護制度の成立の経緯

　我が国では，1970年代後半の上記の国際的動向を踏まえ，原子力委員会の下に設けられた核物質防護専門部会の検討に基づき，当面は法令を整備することなく，実質的に防護態勢を整えることを方針として，行政指導により具体的な対策を講じてきた。また，日本政府は，各国との間に結ばれていた原子力協力協定を改定する際には，改定前には含まれていなかった核物質防護についての規定を逐次取り入れた。国際的には，INFCIRC/225に即した防護措置を講じることを約束し，国内的には既存の安全規制の法制度の中で，核物質の盗取と原子力施設の妨害破壊行為とを防止する措置を実質的に担保したものである。

345

この状況が続く中、1980年代後半には、核物質防護条約の批准国が増え、その発効時期が迫ってきたことを踏まえ、同条約が求める要件である「国際輸送中の核物質を条約で定める水準で防護すること」と「条約で定めている犯罪行為を国内法で処罰すること」を国内法で担保するため、1988年に、原子炉等規制法が改正され、同条約が批准・締結された。その際、条約批准に必要な最小限の措置にとどまらず、国内の原子力施設及び国内での輸送中の核物質に対しても、核物質防護上の所要の措置を講ずることを、同法を改正することにより事業者に法的義務として課した。これらの結果、我が国において、核物質防護が初めて法制度化され、明確な位置付けを持つものとなった。上記の我が国における核物質防護の法制度化の経緯を図14-1に示す。

2.2 現行の核物質防護制度

既に述べたように、核物質を使用する各国においては、IAEAが定めたガイドラインであるINFCIRC/225シリーズ（最新の文書はINFCIRC/225/Rev.4）に準拠して、それぞれ独自の核物質防護体系を構築している。これは、IAEAが統一的に実施する保障措置とは異なり、核物質防護措置が各国の警備・治安体制に大きく依存するものだからである。

(1) INFCIRC/225の概要

INFCIRC/225では、核物質を取り扱う施設を、取り扱う核物質の転用のし易さに応じて表14-1に示す3段階に区分している。この区分を踏まえて、次の3つのカテゴリーに分けて、それぞれの防護要件を具体的に示している。

・使用及び貯蔵中の核物質の不法移転に対する防護要件
・原子力施設並びに使用及び貯蔵中の核物質への妨害破壊行為に対する防護要件
・輸送中の核物質の防護要件

表14-1 ●INFCIRC/225における核物質の区分

核物質	形　態	区分Ⅰ	区分Ⅱ	区分Ⅲ c	
1．プルトニウムa	未照射b	≧2 kg	2 kg＞　＞500g	500g≧　＞15g	
2．ウラン235	未照射b				
	－濃縮度20％以上	≧5 kg	5 kg＞　＞1 kg	1 kg≧　＞15g	
	－濃縮度20％未満 　10％以上	－	≧10kg	10kg＞　＞1 kg	
	－濃縮度10％未満	－	－	≧10kg	
3．ウラン233	未照射b	≧2 kg	2 kg＞　＞500g	500g≧　＞15g	
4．照射燃料			劣化ウラン，天然ウラン，トリウム又は低濃縮燃料（核分裂性成分10％未満）d/e		

a：プルトニウム238の同位体濃度が80％を超えない全てのプルトニウム。
b：原子炉内で照射されていない物質，又は原子炉内で照射された物質であって，遮蔽がない場合に，1メートル離れた地点で1時間当たり1グレイ以下の放射線量率を有するもの。
c：区分Ⅲに掲げる量未満のもの及び天然ウラン，劣化ウラン並びにトリウムは，少なくとも慣行による慎重な管理にしたがって，防護するものとする。
d：この防護の水準が望ましいが，各国は具体的な状況の評価に基づいてこれと異なる区分の防護の水準を指定することができる。
e：他の燃料であって，当初の核分裂性物質含有量により，照射前に区分Ⅰ及び区分Ⅱに分類されているものについては，遮蔽がない場合にその燃料からの放射線量率が1m離れた地点で1時間当たり1グレイを超える間は，防護の水準を一区分下げることができる。
出典：IAEA Document, INFCIRC/225/Rev. 4 (1999)。

　INFCIRC/225では，防護措置の具体的な内容について，詳細に示されている。例えば，区分Ⅰの核物質を扱う施設の鍵の管理については，次の要件が示されている。

核物質の格納又は貯蔵に係わる鍵又はキーカードに接近し又は所持する全ての者についての記録を保管しなければならない。また，次の措置を講じなければならない。
(a)特に複製の可能性を最小にするため，鍵又はキーカードを点検，保管すること。

(b)適当な時間間隔で組合せ番号の設定を変更すること。
(c)錠，鍵又は組合せ番号の信頼性が失われたという証拠又は疑いが生じたときには，いつでもそれらの番号を変更すること。(INFCIRC/225/Rev. 4 6.2.8)

　原子力施設の妨害破壊行為の防止に関しては，核物質のみならず，妨害破壊行為を受けた場合に放射線事故に至る可能性のある設備，システム又は装置も防護の対象となる。核物質と併せ，それらの設備・装置等を収容している区域を「枢要区域」として指定した上で防護措置を講じることとされている。

　また，輸送中の核物質の防護に関しては，錠及び封印，警備方法などの物理的な防護手段に加え，輸送経路の選定や輸送情報の機密管理も重要であり，それらも含めて，具体的な要件指定がなされている。

　最新のガイドラインである INFCIRC/225/Rev. 4 では，「核物質不法移転又は妨害破壊行為を企てる恐れのある潜在的内部者と外部からの敵の属性と性格」として定義される「設計基礎脅威(Design Basis Threat)」(以下「DBT」という) なる概念を新たに導入し，「核物質防護システムは，国が設定する DBT を考慮して施設ごとに設計する」としている。DBT の具体的内容は各国ごとに異なり，また，公表されないが，一般的には「仮想敵(テロリスト，不満を持つ従業員等)」，「人数」，「戦術(偽りの証明証を用いて警備システムを突破する偽計等)」，「不法行為(警備システムを突破する公然とした実力行使等)」，「隠密(検知システムを破って密かに施設に侵入等)」，「能力(防護システム等に関する知識，襲撃のスピード，武器・爆薬・道具等の所持等)」といったものが想定される。

　米国，英国及び仏国では，以前から核物質防護に関する法制度に DBT が取り入れられており，核物質防護システム設計の基礎となっている。我が国でもこれらの国際的動向を踏まえ，2005年には，DBT の取り入れのために必要な法令改正も行われた。

第14章
核物質防護

表14-2 ●原子炉等規制法に基づく現行の核物質防護措置一覧

防　護　措　置	区分Ⅰ	区分Ⅱ	区分Ⅲ
○防護区域の設定	○	○	○
○防護区域を堅固な障壁で区画	○	○	○
○周辺防護区域を設定し，障壁で区画し，照明装置等人の侵入が確認できる装置を設置	○	－	－
○見張人の巡視	○	○	○
○防護区域又は周辺防護区域への人の立入			
・常時立入者に証明書を発行	○	○	○
・立入者に証明書を発行	○	○	○
・立入者に常時立入者を同行させ監視	○	○	－
○防護区域又は周辺防護区域への業務車両以外の車両立入禁止	○	○	○
○防護区域又は周辺防護区域の出入口			
・妨害破壊行為用物品の持ち込み及び特定核燃料物質の不法持ち出し点検	○	○	－
・金属探知装置，特定核燃料物質検知装置を利用した点検	○	－	－
・見張人の常時監視又は出入口施錠	○	○	○
○特定核燃料物質の管理			
・防護区域内に置く	○	○	○
・常時監視又は堅固な構造の施設内に貯蔵し，その施設について出入口を施錠し，認めた者以外の立入を禁止し，見張人に巡視させる	○	○	－
・貯蔵施設へ認めた者以外の立入禁止	－	－	○
・見張人の貯蔵施設周辺巡視	－	－	○
・異常の報告	○	○	○
・一日の作業終了後に点検報告	○	○	○
○監視装置			
・確実な検知，速やかな表示	○	○	○
・非常用電源を備える	○	○	－
・表示は見張人が常時監視できる位置に設置	○	○	－
○出入口施錠			
・鍵の複製が困難なもの	○	○	－
・不審時には速やかに取り替え	○	○	－
・当該者以外の取り扱い禁止	○	○	－
○防護装置の点検保守	○	○	○
○防護のための連絡			
・防護区域または周辺防護区域内に連絡設備を設置し，見張人から詰所へ迅速かつ確実な連絡	○	○	－
・詰所から関係機関へ迅速かつ確実な2重以上の連絡	○	－	－
・詰所から関係機関へ迅速かつ確実な連絡	－	○	○
○防護のための詳細な事項が必要以外の者に知られないこと	○	○	○
○防護のための教育訓練	○	○	○
○防護体制の整備	○	○	○
○妨害破壊行為に備え，適切な計画作成	○	○	○

(2) 日本の核物質防護制度

現行の我が国の核物質防護制度においては，原子炉等規制法に基づき，表14-1に示されたIAEAガイドラインの区分を踏襲して種々の対策を講じることが原子力事業者に義務付けられている。その概要を表14-2に示す。表14-2に示す各種の措置を講じることにより，不法行為を企図する者（以下「不法行為者」という）が，目標地点に到達するまでの間に（核物質を盗取する場合は，盗取の後，施設外に脱出するまでに，また妨害破壊行為の場合は，破壊対象の地域に到達するまでに）捕縛するというものである。

3 現行制度を取り巻く状況と課題

1980年代に確立した核物質防護制度については，その後の脅威の高まり，とりわけ9・11テロを契機として，近年，大きく変容を遂げつつある。各国は，9・11テロを踏まえて原子力施設の警備強化を行うなど，種々の核物質防護強化方策を講じた。我が国でも，原子力施設立地道府県の警察に，サブマシンガンを装備して専従体制で警備を行う「原子力警備隊」を設置するなど，原子力施設の警備が抜本的に強化された。また，IAEAにおいては，高まる脅威に対抗して，核物質防護制度の改善に係る各種の検討を進めている。ここでは，その主なものを取り上げる。

3.1 核密輸の発生

原子力施設に対する不法行為とは別に，核物質密輸の問題もある。旧ソ連が崩壊した後，1990年代前半に，核物質の不法移転が相次いで摘発された。核兵器転用に直接結びつく危険性のあるものは無かったが，一連の密輸摘発によって，旧ソ連における解体核兵器の管理についての懸念が高まった。これを受け，IAEAは不法移転に関するデータベース（The IAEA Illicit Trafficking Database: ITDB）を構築し，関係国政府に情報提供を行っている。核物質密輸の摘発はその後も止むことなく発生が続いており，2006年にも，2件の高濃縮ウランの不法所持が摘発され，データベースに登録されている。

3.2 放射性物質散布装置の脅威の顕在化

従来想定された，盗取した核物質により製造した核爆発装置を用いたテロリズムの脅威に加え，爆発時に内包する核物質，又は放射性同位元素を撒き散らす"dirty bomb"に代表される，核物質又は放射性同位元素を内包し，それを散布する装置（Radiological Dispersal Devices と呼ばれる。以下「RDD」と略す）によるテロリズムという新たなタイプの脅威が顕在化している。不法行為者が RDD を製造することを阻止するためには，核物質の防護のみならず放射性同位元素も視野に入れた，新しい制度体系を導入する必要が生じている。

従来の核物質防護体系においては，核物質の盗取による核爆発装置への転用か，原子力施設又は核物質の輸送容器の破壊による放射性物質散布という被害を想定していたが，それ以外の，放射性同位元素の盗取により RDD を製造して放射性同位元素を散布するという新たな犯罪類型も包含した総合的なアプローチが必要となっており，IAEA では既に，"3 S"と称する新たなアプローチを展開することを打ち出している。これは，Safety（安全），Security（セキュリティ）及び Safeguards（保障措置）の3領域において，包括的に連携をとって推進するものである。

我が国の原子力委員会でも，IAEA の検討などの動向を踏まえ，放射性同位元素も対象とする「原子力防護」という用語を導入している。

3.3 防護措置の評価の導入

現行の INFCIRC/225/Rev. 4 では，新たに，核物質防護措置の評価を行うことを勧告している。具体的には，
「核物質防護対策が国の規則を満たし，設計基礎脅威に対して効果的に対応可能な状況に維持されることを保証するために，国の所管当局は原子力施設運営者及び輸送実施者による評価が確実に行われるようにしなければならない」
と規定している。これを受けて，我が国でも法令が改正され，事業者が行う核物質防護措置に対して，国の規制当局が検査を行う制度が導入されて

いる。具体的な検査の手法としてはタイムライン分析という手法が提案されている。

タイムライン分析とは，施設への攻撃に対する防御能力を測定する基本的なアプローチであって，外部からの不法侵入者が破壊対象に到達するまでの間に，警備当局が到着して侵入者を捕縛できるよう，早期に検知する確率を算出するものである。原子力安全の分野では，確率論的安全評価というアプローチが採用されている。核物質防護措置の分野に，確率論的安全評価に相当するアプローチを取り入れたものが，タイムライン分析であるともいえよう。

3.4 内部脅威者への対応

(1) 内部脅威対策強化の必要性

核物質又は核物質防護上重要設備を有する区域に，業務上，付き添い無しで立ち入ることができる者のうち，思想信条や心神的状況等により盗取や妨害破壊等の不法行為を実行しようとする者又は不法行為を実行する恐れがある者を総称して「内部脅威者」という。内部脅威者による犯行は，防護の失敗も含む重大な結果をもたらしかねないものであり，重点的に対応すべきものといえる。我が国では，終身雇用制や年功序列制を基本として営まれている企業風土，従業員の企業に対する忠誠心，原子力産業における雇用情勢の安定などの要因から，内部脅威者の懸念は極めて少ないとの認識に立ち，職場の同僚を疑う前提での対策は受け入れずに，主としてテロリスト集団等の外部からの侵入者の不法行為を想定して防護対策が講じられてきた。しかし，高度成長期が終わり上記の企業風土が失われる中，企業内の職員によるテロ行為への協力の具体例も既に発生している。内部脅威者対策は，9・11テロの発生以降，その重要性の認識が高まっている。

(2) 内部脅威者に対する対策

内部脅威者は，種々の措置を組み合わせて総合的に防止する。具体的には，①侵入検知装置や監視カメラ，施錠などによる物理的な防護措置（「物

第14章
核物質防護

表14-3 ●個々の内部脅威者対策と他の対策との共通性

防護措置			具体的内容	他の対策		
				アウトサイダ対策	安全対策	保障措置
物的防護	盗取対策	施錠（多重鍵型）	鍵を持たない（暗証番号を知らない）内部者は入室不可能	○		○
		リアルタイムな計量管理（核物質の常時監視）	核燃料物質の移動が即座に検知される			○
		検知・監視措置	不必要な場所への侵入を検知	○		○
	破壊対策	フェールセーフ・インターロック等，安全上の措置	妨害破壊行為が行われたとしても，安全上の対策が講じられているため，大事故に発展することを防ぐ。結果として，防護措置ともいえる		○	
出入管理	人	枢要区域等の設定	防護上の重要度により区域を細分化するなどして，入域できる内部者を限定	○		
		パスワード	枢要区域へ入域できる内部者のカードを盗んでも，パスワードがなければ機能せず	○		
		生体認証（個人識別装置）	IDカード等を他者に渡しても，本人でなければ入室不可	○		
		出入時間の記録（移動・滞在記録）	自動で記録されるものであれば，不審な移動・滞在をチェックできる	○		
		相互監視規則	不審な行動を相互監視			
	物	持込制限（不必要な工具類，携帯電話，カメラ等）	妨害破壊行為，外部者の誘導，枢要区域等の撮影を防ぐ	○		
		金属探知器	不必要な工具類の検知	○		
		爆発物検知器	爆発物の検知	○		
		特定核燃料物質検知装置	核燃料物質の不法な持ち出しの検知	○		○
	車両	アクセス・コントロール	不審な車両の入域阻止	○		
人的管理	組織管理	組織内教育	内部者による脅威についての関心を高める			
		情報管理	必要のない内部者には情報が知られない			
		内部通報制度	不審な内部者の行動が事前に発見できる			
		採用時/配置時の調査	業務実施についての適正の確認が可能			
		行動観察	不審な内部者の行動が事前に発見できる			
		ツール・ボックス・ミーティング	内部者による脅威についての関心を高める			
	信頼性確認	犯歴情報照会等	原子力利用主要国において，分野横断的に実施されている			

353

的防護」），②防護区域や周辺防護区域の出入りの際の，生体認証による本人確認，持ち物チェックなどの徹底した出入り管理，入域中の作業者相互の監視（「出入管理」），③組織内教育の実施，情報管理の徹底，内部通報制度の実施，普段の行動観察に基づく配置管理や，治安機関等の保有する個人情報を利用した信頼性確認など（「人的管理」）である。これらのうち多くは，内部脅威者対策以外の他の目的，すなわち「外部から侵入する脅威（アウトサイダ）の対策」，「安全対策」，及び「保障措置」で既に導入されているものである（それらの関係を表14-3に整理した）。内部脅威者対策のためにのみ実施される措置は，「相互監視規則」と，「人的管理」の諸措置である。このうち，相互監視規則は，間近で実際に姿や顔を見ながらの常時監視であり，ハードの機器では対応できない部分も補う優れた特質を持つ手段である。したがって，正しく機能すれば高い効果を発揮することが見込まれるものであり，内部脅威者対策の最も基本となる手段であるといえる。INFICIRC/225や我が国の国内法令においても，相互監視規則を中心とした対策を講じることが盛り込まれている。即座に転用することが可能な金属形状の高濃縮ウランやプルトニウムを扱う施設では，内部脅威者のリスクを限りなくゼロに近づけるため，相互監視規則の徹底が求められる。その一方で，他の目的で既に導入されている措置と異なり，互いに監視しあう作業者が共謀する可能性は残る。この点に着目した相互監視規則の有効性についての評価は十分に行われておらず，今後，犯罪統計，犯罪心理学などに基づく検証が待たれるところである。

4　抜本的な制度改善に向けた新たな視座の提示

　核物質防護制度は，これまで，その時代ごとの状況，要請を反映して改善を重ね発展してきた。言い換えれば，発展過程では既存の制度をもとにしてこれに必要な修正を加えながら，漸進的に発展してきたものである。しかしながら，上述のとおり，核物質防護をとりまく状況が劇的に変化しつつある中，制度の根本に立ち返り，必要があれば制度の抜本的な改変を行うことも視野に入れるべきと考える。本節においては，これまで核物質

防護の制度の発展過程では目を向けることの無かった点にも着目しつつ、制度の抜本的な改善に向けての視座を提供することとしたい。

4.1 核物質防護の分類体系の再構築

(1) 「盗取防止」と「破壊防止」の2分類体系と現実との乖離

現行の核物質防護制度は、対象とする犯罪行為を大きく2つの類型、すなわち、核物質の盗取と、原子力施設又は輸送容器の破壊に大別して、それらに対する防護措置として構成されている。言わば「盗む」「壊す」の2つへの対応である。これは核物質防護制度が発足してから変わらない考え方である。しかし、防護をする個々の措置を講じる上では、盗取の阻止も、破壊の阻止も大きな違いはない。強いて言えば、盗取阻止においては実行犯が施設から退出する前に阻止すれば防護は成功であるから、若干条件が緩和されうる。しかし、これは本質的な違いとは言いがたい。

他方で、新たに放射性同位元素の盗取によるRDDの製造という脅威が顕在化している。これは、盗取の対象が核物質から放射性物質全般に拡大し、盗取の結果もたらされる被害は通常の爆発に伴う放射性物質の飛散による放射線被曝であることを意味する。核物質を核爆発装置への転用のし易さによって区分することを基本とする現行の制度と、現実の脅威との間の乖離が生じているといえる。この乖離を解消する方策としては、「盗取防止」と「破壊防止」という区分けの方法を改め、核物質防護の体系を再構築することが合理的であると考えられる。以下、この観点から、着目すべき論点を挙げる。

(2) 核爆発と施設破壊の質的な違い

核爆発装置製造を目的とした核物質盗取とそれ以外の行為（原子力施設の妨害破壊、RDDによる放射性物質散布等）とでは、もたらされる可能性がある被害規模が決定的に異なる。仮に、広島型原子爆弾と同等の破壊力規模である10〜15キロトン級の核爆発装置を主要都市で爆発させた場合、被害は数km^{2}に及び、3万人から10万人の死傷者が見込まれるといわれる。核爆発の被害規模は、原子力施設に対する破壊行為と比べ、人命損失とい

う面では2桁ないしは3桁も大きい。また、被害が及ぶ地域は、不法行為者側が任意に選ぶことができるため、一旦核爆発装置が製造されたならば、国内のあらゆる地域が、被害が及ぶ対象となりうる。さらには、不法行為者が摘発される、若しくは核爆発装置が実際に用いられるまで、恐怖感が解消されずに続くことになる。こうした人的被害のほか、国内外のいかなる場所であっても我が国由来の核物質によって核爆発が発生したならば、我が国の対外的な信頼を損ね、核不拡散体制をも揺るがすであろう。こうしたことを考えれば、核爆発装置製造を目的とした核物質盗取とそれ以外の犯罪行為とでは、被害規模の量的な違いを超えて、質的な相違があるといえる。

(3) 核爆発装置製造の技術的困難さ

そもそも、非合法組織が、盗取した核物質を用いて核爆発装置を製造する場合、次の制約がある。

①作業人員規模の制約
②加工作業を行う施設・設備の規模や性能の制約
③核爆発装置の製造を行っていることを周囲に悟られてはならないという制約
④加工施設・設備が警察に捜査される前に核爆発装置の製造を完了しなければならないという時間的制約

これらの制約の下にあって、核爆発装置を製造するということは、非常に困難なことである。以下に具体的に説明する。

核爆発装置には大きく分けると砲弾型（2つか、それ以上の未臨界量の物質が同時に急速に発射され、超臨界を作り出す方式）と、爆縮型（中心部に核分裂性物質を置き、その周りに化学的な高性能爆薬を詰めた構造。高性能爆薬が爆発し、核分裂性物質を均等に圧縮して未臨界状態から超臨界にする方式）の2つの方式がある。爆縮技術は、1万分の1秒単位で点火をコントロールする高度な点火技術、32分割して球体に成形する技術、火薬や核物質

を入れる球面の容器を加工する精密加工技術など，高度な技術が必要である。砲弾型は，爆縮型に比べて技術的に実現が容易であることから，テロ組織が核爆発装置を製造するとしたら，おそらく高濃縮ウランを用いた砲弾型になるであろうといわれる。しかし，ウランの濃縮技術は，非常に大規模な施設を必要とする高度な技術であり，非合法組織が低濃縮ウランからこれを製造することは困難であろう。

　さらに，商業用軽水炉の通常の運転の結果生じたプルトニウム（以下「原子炉級プルトニウム」という）で核爆発装置を製造しようとした場合，高い濃度で含まれる^{238}Pu，^{240}Pu及び^{241}Puのそれぞれに起因して，発熱，高レベルのバックグラウンド中性子，強いガンマ線といった問題が発生する。MOX燃料から数kgのオーダーのプルトニウムを抽出するプロセスでは臨界管理も必要となり，通常は，大規模な施設と設備，さらには大量の有機溶媒などの資材が必要となる。大規模施設を建造，運転することにより，不法行為が発覚する可能性は増大する。原子炉級プルトニウムから核兵器は物理的には製造できるとする考え方もあるが，仮に製造できるとしても，「爆発力が不確かであり，技術的に不安定で信頼が置けない原子炉級プルトニウムの核兵器を敢えて製造するメリットは認めがたく，また，原子炉級プルトニウムで核爆発装置を作る以外に手段のない集団にとっては，この核爆発装置の作成は技術的に難しい」とする今井隆吉の指摘が当を得ているといえよう（今井2001）。

　上述のような困難さを考慮すれば，不法行為者が核爆発装置転用の容易性の低いMOX燃料や低濃縮ウランなどの核物質を盗取して核爆発装置を製造するという脅威は，理論的には可能性があっても，現実的な可能性は高くないと考えられる。

　その一方，テロリズムに用いられる可能性のある大量破壊・殺傷の手段としては，核爆発装置の他にも，生物兵器，化学兵器や，通常爆薬などがある。2004年3月にスペインで起きた列車爆破テロでは，最も身近な輸送手段である鉄道が，通常爆薬による爆破テロに対して脆弱であることを露呈させた。これらの手段は，商業用原子力施設からの核物質の盗取による

核爆発装置製造に比べ，不法行為者にとって，はるかに容易に目的を達成できるテロリズムの手段である。原子力利用以外のこれらの大量破壊・殺戮の手段は，技術的・コスト的に比較的容易に実現が可能であるといえよう。

MOXや低濃縮ウランなど商業用の原子燃料の核爆発装置への転用が容易ではない核物質については，はるかに容易に実現でき，しかも発覚しにくい大量殺戮手段が他にある中，敢えて核物質盗取を行うメリットは少ないのが実情であろう。むしろ，より確実に，大きな社会的影響を与える手段として，RDDによるテロリズムや，各種の大量破壊・殺傷手段の脅威の方が現実味を帯びている。

(4) 核爆発装置転用の対象核物質の絞込みと重点的管理

MOX燃料や低中濃縮ウラン燃料は，盗取した核物質を核爆発装置に組み込む金属形状に加工するまでの間に，さらに分離，転換，濃縮などの追加的な工程が必要となる。また，扱う核物質量が有意量未満の施設の場合，別の事業所から盗取するという，追加的工程が必要となる。最終的に核爆発装置に組み込む金属形状の高濃縮ウラン，プルトニウムに加工するまでに，追加の工程が必要となるこれらの核物質については，非合法組織にとって魅力度は格段に劣ると考えられる。

①盗取の後，分離，濃縮，転換などの大規模作業を伴う工程を経ることなく，核爆発装置に組み込むことができること
②他の事業所から追加的な核物質盗取をせずに核爆発装置製造に必要な量が確保できること

上記の要件を満たす核物質は，金属形状の高濃縮ウランや兵器級プルトニウムであって研究用原子炉燃料などに用いられているごく限られたものである。

非合法組織が極秘裏に持ち出して核爆発装置に転用する対象となる核物質は，現実的には，金属形状の高濃縮ウランや核分裂性プルトニウム割合

が高いプルトニウム（いわゆる「兵器級プルトニウム」）に限られると考えるべきであろう。

魅力度が非常に高く盗取の蓋然性が高いものと，それ以外のものとを峻別し，それぞれについて，核物質防護が目標とする水準を変えて，重点的な管理を行うことが合理的であると考える。

4.2 防護に関する一部の情報開示

防護の内容やその水準について情報が明らかになれば，不法行為を企図する者は，その情報を基に侵入方法や攻撃方法を検討できる。防護の能力の最大限のレベルが明らかになれば，まさに不法行為者側を利することになる。従来，このような考え方に立って，防護水準についての情報は厳重に管理されてきた。しかしながら，防護能力の限界まで余裕を保ちつつ部分的な情報開示をする場合，言い換えれば，「少なくともこの程度は満たしている」といった形で防護能力の一部の情報を示した場合は，必ずしも不法行為者側を利するとは限らないと考えられる。例えば，家屋への侵入に対する防犯対策においては，防護性能の情報は我が国では積極的に公表されている。ドア，窓，シャッターなどに用いられる建物部品の防犯性能を評価した上で，一定の防犯性能があると評価した建物部品を公表するとともに，検査基準についても，「攻撃の開始から5分間以上人体が通過できる状態にならなかったと判定された試験体は，試験に合格したものとする」と決定され，それが公表されている。

原子力安全の分野では，安心感を醸成するために，情報を公開して，説明責任を果たすことは当然のこととされている。安全・安心な社会を希求する国民の声が高まる昨今，核物質防護についても，一定限度内で部分的に情報を開示しつつ，核物質防護水準についての開かれた議論を行うことによって，初めて公衆の安心感が醸成されるものと考えられる。

最大能力を示さないようにした上で，当該施設の防護能力の高さをアピールすることにより，一般の防犯対策と同様に，テロ行為に対する抑止力を得ることは十分期待できると考えられよう。防護に関する情報を一部

公表していくことにより，公衆の安心感を醸成するだけでなく，副次的にも不法行為者に対する抑止効果を生み出すことが期待できる。

5　おわりに

　核物質防護の制度は，核爆発装置の原料となりうる核物質を防護するという発想から出発した。しかしながら，時代の推移に従い，懸念される脅威は，商業用原子力施設に関してみれば，核物質の盗取により核爆発装置を製造するというものよりも，施設の破壊による放射能飛散の方の比重が大きくなってきているとみられる。

　放射能の毒性を持った物質が飛散することを防止するという視点からみれば，他の毒劇物を扱う施設の防護と本質的な違いは無いと考えることができよう。むしろ，核物質を扱うという特殊性に目を向ける余り，他の劇毒物取り扱い施設と比べて格段に厳重な防護を行っているというのが現状であるともいえる。

　今後，国際的なテロリズムの情勢に振り回されることなく，核物質防護の制度を安定性の高いものとして維持していくためには，核物質の持つ特殊性を十分加味しながらも，他のリスクと比較することによって，適正なレベルの防護のあり方を検討していく必要があろう。

［板倉周一郎］

参考文献

ハイリゲンダム G 8 首脳会合　「テロ対策に関する G 8 首脳声明——グローバル化時代の安全保障」。
今井隆吉（2001）「原子炉級プルトニウムと兵器級プルトニウム調査報告書」，(社) 原子燃料政策研究会機関紙 "Plutonium", No.34, pp. 3－7．
板倉周一郎，中込良廣（2008）「核防護措置における相互監視規則の有効性の評価に関する考察」『日本原子力学会和文論文誌』Vol. 7, No. 1, pp.21-31.
板倉周一郎，中込良廣（2006）「核防護システムの評価の視点からみた核防護制度の課題」『日本原子力学会和文論文誌』Vol. 5, No. 2, pp.136-151.
板倉周一郎，中込良廣（2008）「原子力施設の妨害破壊行為に対抗する防護措置についての新たな評価制度」『日本原子力学会和文論文誌』Vol. 7, No. 1, pp.12-20.
文部科学省研究炉等安全規制検討会（2005）『内部脅威対策について』。
核物質管理センター編（2001）『核物質管理ハンドブック』。

総合資源エネルギー調査会原子力安全・保安部会原子力防災小委員会報告書（2004）「原子力施設における核物質防護対策の強化について」。

終 章
原子力政策学の課題と展望

1 原子力政策学の必要性

　本書の随所で述べられているところであるが，エネルギー資源のほとんど無い我が国にとって，原子力は今後の重要なエネルギー源であることは論を待たない。原子力の確保として，地下資源であるウランの確保は最重要課題であるが，そのウラン資源も現状のペースで消費するとおよそ64年で枯渇することになる。一方，ウランの消費によって生じるプルトニウムを再利用することにより，原子力は千年単位で資源の確保を延ばすことが可能となる。いわゆる「核燃料サイクル」の実施である。この形態は，化石燃料や他の再生可能エネルギー源にはみられない現象である。まさに人間の知恵が結実したエネルギー資源利用形態と言えよう。

　原子力利用には，残念ながら暗い過去がある。1945年に太平洋戦争時，広島と長崎に落とされた原子爆弾としての利用であった。その後1955年の米国アイゼンハワー大統領の国連での"Atoms for Peace"演説により原子力の平和的利用が開始されたが，原子力の「軍事的利用」と「平和的利用」の二面性は，今でも続いているのである。一見して，原子力は大量破壊兵器の材料となることから，「悪者」扱いされているが，原子力そのものより，それを利用する人間の心に問題があることは明らかである。これを制御するのが「政策」である。このことは，何も原子力に限ったもので

はないが，とりわけ膨大なエネルギーを持つ原子力は，その代表として議論の中心材料として取り上げられることを覚悟しなければならない。

この意味からも，原子力政策学は原子力の平和的利用に対して不可欠な学問であると言える。原子力の平和的利用に際し，原子力の技術的側面ばかりでなく，地政学，人種，文化，民族，宗教，社会事情等といった周辺側面（政策面）をも考慮しなければ利用は不可能であると言っても過言でない。

また，原子力を取り扱う上で，特に配慮すべきことは安全の確保であることは万人が認めるところである。しかし，個々の部品や材料が安全であっても組み上げられた本体が安全である保証はない。それらの部品等を有機的に結合する"横串"のようなものがあってこそ，原子力は社会に受け入れられるものと思っている。この役目を果たすのが政策学であるとも言える。

2│原子力政策学の課題

本書では，原子力政策を学問の一つとして支える要素を組み合わせた構想を基盤として，内容を記述しまとめるよう腐心した。すなわち，現代社会が直面する諸問題（エネルギー問題や環境問題等）に対する原子力の位置づけ，原子力の産業としての社会的合意問題（放射性廃棄物処理・処分問題や安全信頼性問題等），法的規制，そして世界に目を向けた核不拡散問題等々，原子力政策遂行として避けて通れない基本的問題を，精力的かつ冷静に取り上げている。

原子力政策学において，安全の確保が最重要であることは前述したとおり自明のことである。本節の冒頭で述べた諸問題の根幹をなすものは，この安全の確保である。このために，これまで多くの研究や技術的支援がなされてきており，度重なる事故・事象を貴重な経験として，更なる安全追求に役立ててきた。

とは言うものの，人間の考えることに「完全」はなく，いわゆる事故等はすべて「想定外」の出来事と受け止めるべきである。想定内のことは，

すでに安全対策として設計の段階において（予防策として）考慮されていると理解できる。この想定外の事象に対し，対応する手段すなわち事故対策を想定内の知識の中で構築しておくことが重要である。事故対策は原子力政策学と直接的な関係はないものの，頭の中に入れておく項目であろう。

　近年，地球環境問題が関心を高めているが，原子力を取り巻く周辺部において，およそ40年前の原子力黎明期にはなかった世界的な情勢の変化が生じてきていることを，冷静かつ真摯に受け止め，その原因を分析し対応する必要がある。その典型的な事例として「核セキュリティ」問題が挙げられる。いわゆるセキュリティ問題は，わが国にとって最も苦手とする分野である。1970年代前半から20世紀末までは「核物質防護（PP）」として原子力施設特有の問題として扱われてきたが，2001年9月11日の米国同時多発テロ事件（いわゆる9.11テロ）以来，RIを含むあらゆる放射性物質およびそれらを取り扱う施設がテロの対象として考えられるようになってきた。まさにPP対応のグローバリゼーションといった国際的背景の変化が生じてきたことを，事実として受け止める必要がある。

　このような世界的情勢においても，特に核セキュリティに関しては，日本政府および日本人は「安全は分かっているが，セキュリティは眼中にない」といった状態にあると言っても過言ではない。諸外国からも，日本人のセキュリティ感覚の低さは種々の分野で言われているところである。個人的には，我が日本人のセキュリティ感覚の無さに賛同するが，特に国際的に原子力事業を展開する場合には，世界のセキュリティ感覚を十分理解した上で対応することが不可欠である。この対応は原子力政策学において，原子力固有の安全性とは異なるものの，核不拡散政策の一手段として直接的に関係するものであり，原子力を語る上で考慮すべき項目である。

　また，原子力政策学を学問として位置づけたうえで，これを継承する人材を確保することも重要な課題として挙げられる。若手を政策学の専門家に育てるには時間が掛かることは必定であるが，将来エネルギー問題に直面するのが彼らの層であることを考えるに，時間をかけても原子力政策学

の専門家を育てることが，我が国のエネルギー問題解決にとって不可欠であることを忘れてはならない。

3 原子力政策学の展望

　原子力政策学構築にあたっては，純粋な物理学や工学といった科学技術的分野の他に人間の心理学的な要素を包含し，さらに，核兵器への転用・拡大を防止する「核不拡散」という国際的な基本的枠組みをも十分考慮し，これらをバランスよく組み込むことが求められている。この観点から本原子力政策学は，我が国のエネルギー確保のための政策，特に国民によるエネルギー選択や国の政策決定の際に，基本的に役立つものと期待できる。また，エネルギー問題に限らず科学的事業を展開する他の分野においても，ハード・ソフトの両面からアプローチしている本原子力政策学の内容及び構築の手法は，中・長期計画や指針策定等に応用できよう。

　資源小国であるわが国のエネルギー将来像を描くとき，政策無くして安定したエネルギー確保はあり得ない。近年の環境問題においてとりわけ重要とされる炭酸ガス排出量の低減化に関し，質・量において中心的役割を果たす原子力に関する政策の構築は，これまで漠然と認識されていたものを，一つの学問体系としてまとめたものとして大きな価値がある。原子力政策学は"学"として存在意義があるのか？　といった議論もあるが，ここでは"学"そのものの議論にはあえて言及せず，現実社会で実用化されている原子力を見据え，現実的にも役に立つ学問体系が構築できたものと自負している。

[中込良廣]

索　引

●A-Z

ABC アプローチ　142-145
AG　→オーストラリア・グループ
APP　→クリーン開発と気候に関するアジア太平洋パートナーシップ）
Atoms for Peace（平和のための原子力）　2, 16, 20, 208, 286, 308, 363
BSS　→国際基本安全基準
BWC　→生物兵器禁止条約
CDM　→クリーン開発メカニズム
COCOM　→ココム
COP 会議　→国連気候変動枠組条約締約国会合
CWC　→化学兵器禁止条約
DBT（Design Basis Threat）　→設計基礎脅威
FMCT　→兵器用核分裂性核物質生産禁止条約
GIF　→第 4 世代原子力システムに関する国際フォーラム
GNEP　→グローバル・ニュークリア・エネルギー・パートナーシップ
How safe is safe enough?　46
IAEA　→国際原子力機関
ICRP　→国際放射線防護委員会
INFCIRC/225　344-346
IPCC →気候変動に関する政府間パネル
　　IPCC 第 4 次評価報告書　24, 92
ISO14001　54-56, 177
JCO（ジェー・シー・オー）臨界事故　224, 281
MTCR　→ミサイル関連機材・技術輸出規制
NIMBY（Not In My Back Yard）的態度　30
NNPA　→核不拡散法
NPT　→核不拡散条約（核兵器の不拡散に関する条約）
NSG　→原子力供給国会合
PDCA サイクル　177
Probability Tree　113
RDD（Radiological Dispersal Devices）　351, 355

UNFCCC　→国連気候変動枠組条約
UNSCEAR　→国連科学委員会
WA　→ワッセナー・アレンジメント

●算用数字

3S　351
55年体制　216, 229
93+2 計画　291

●あ行

安全性　18, 20, 27, 37, 38, 43-52, 57-60, 96, 111-115, 121, 125, 131, 174-178, 181, 182, 185, 188, 195, 198, 200, 201, 213, 216, 223, 227, 230, 365
安全マネジメントシステム　47-50, 53, 57-60, 177
安全文化　16, 52-54, 56
安全目標　30, 32, 46
意思決定の公正さ　187
一元的線量登録制度　255
一瞬の化石燃料時代　91
遺伝的影響　236
一般財源　153, 157, 169
ウィーン条約　268, 277-281
ウラン資源　67, 71, 74, 76, 78, 80, 82, 96, 98, 131, 219, 363
エネルギーコミュニケータ　143
エネルギーの安定供給　63, 66, 68
エネルギー安全保障（エネルギーセキュリティ）　4, 21, 28, 63, 66-68, 71, 74-82, 85, 102, 107, 127
　　短期的──　64, 67, 71, 74-77, 80
　　中長期的──　64, 67, 71, 74-79, 81
エネルギー学　146
エネルギー基本計画　3, 32, 129, 131
エネルギー資源　29, 63, 81, 219, 363
エネルギー収支比　98
エネルギー政策基本法　3, 128-130, 138
欧州原子力共同体　301

367

オーストラリア・グループ　316, 330

●か行
開発途上国　83
概要調査地区　192, 195, 201
化学兵器禁止条約　330
核原料物質，核燃料物質及び原子炉の規制に関する法律（原子炉等規制法）　45, 207-210, 212-216, 218-220, 222, 225-227, 229-231, 242, 244, 261, 293, 308, 310, 346, 350
核燃料廃棄物　179-183, 186
核不拡散　5, 16, 24, 28, 96, 101, 136, 215, 226, 228, 283, 286, 301, 304, 306, 312, 315, 320, 322, 325, 337- 339, 341, 356, 364-366
核不拡散条約（核兵器の不拡散に関する条約；NPT）　286, 316
核不拡散法　324
核物質防護　5, 16, 27, 210, 215-217, 226, 228, 309, 312, 322, 343, 344-346, 348, 350-352, 354, 359, 365
核物質の防護に関する条約（核物質防護条約）　215, 343, 346
核兵器国　286-288, 292, 296, 299-306, 320, 324, 339
核融合　24, 67, 75, 78, 81
確定的影響　236-238
確率的影響　237, 240
家政学　146
価値意識　37, 43
価値観　12, 14, 21, 34, 43, 59, 137, 141, 143, 146, 175, 178, 182, 189
環境アセスメント審査プロセス　69
環境影響評価　179
環境マネジメントシステム　38, 50-52, 54, 57, 60
気候復元　95
気候変動に関する政府間パネル　24, 87, 92-94, 103
吸収線量　238
急性障害　236
京都メカニズム　24, 33, 88, 100
京都議定書　86, 88-90, 94, 100, 102, 106
空間線量率　239

クリーン開発と気候に関するアジア太平洋パートナーシップ　90, 102
クリーン開発メカニズム　88, 100, 107
グローバル・ニュークリア・エネルギー・パートナーシップ　28
経済発展　88, 155, 163, 166
原子力委員会　13-15, 30, 45, 47, 64, 66-68, 81, 128, 131, 172, 175, 208, 268, 316, 345, 351
原子力開発利用長期計画　64, 66, 68, 72, 74, 81, 129
原子力基本三原則　207
原子力基本法　66, 207-209
原子力技術　4, 12, 18, 37-39, 43, 45-48, 52, 57, 59, 104, 114, 176, 200, 214, 223, 230, 267, 316
原子力供給国会合　316, 322
原子力事業者　2, 38, 45, 47, 50, 57, 60, 177, 212, 219, 262, 268-274, 276-278, 350
原子力政策円卓会議　13, 129, 144
原子力政策形成メカニズム　29
原子力政策大綱　30, 67, 171
原子力損害の賠償に関する法律（原賠法）　243, 271-274, 276, 280
原子力発電　2, 5, 12, 18, 20, 24, 26-28, 37, 43, 57, 77, 79, 83, 96-99, 101, 104, 107, 111, 114-118, 120-124, 127, 151, 158, 162, 171-174, 176, 178, 186, 189, 194, 200, 202, 215, 219, 245, 246, 268, 285
原子力発電環境整備機構　173
原子力プラント輸出　104
原子力ルネサンス　18, 25, 27
原子炉設置の許可　213, 216, 222
個人被ばく線量限度　243, 255
雇用責任者　242-249, 253
公害問題　51
公共の空間　20, 21, 33
工業化　165, 167
行為責任　241, 247, 268
合意形成　5, 13, 15, 34, 81, 111, 127-130, 132, 136, 137-140, 142, 147, 201
国際基本安全基準　241
国際原子力機関　52, 241, 277, 286, 302, 320
国際標準化機構　54

国際放射線防護委員会　235
国籍管理　308, 312
国民の役割　132, 136, 146
国連科学委員会　257
ココム　315, 324, 326, 330-332, 334

●さ行

査察　290, 294, 301, 303, 320, 322
財政力指数　159, 162
参加型電源　135
ザンガー・リスト　323, 328
使用許可制　212, 219, 225-227
使用前検査　222
市民参加の梯子モデル　140
市民参加懇談会　129
指定統計　159
資源量　84, 98
事業規制　207, 210, 212, 218, 220, 223-225, 228
持続可能性　101, 164, 166
自主財源　153, 169
実効線量当量　238
社会適合性　176-179, 182, 186
社会的受容　4, 21, 37, 39, 48, 171, 174-176, 179, 181, 185, 195
住民参加　198
主要国首脳会議　91
受容型電源　135
熟慮の民主主義（熟議的民主主義）　15, 139
情報公開　14-17, 56-58, 111, 132, 188, 194
情報操作　118-122, 125
処分概念　178-187
処分地選定　175, 187-190, 192-198
信頼形成　5, 111, 116, 118, 120-122, 124
信頼性　5, 26, 38, 45-49, 57, 60, 135, 144, 178, 185, 217, 226, 254, 257, 289, 348, 364
信頼度　92, 114-116, 124, 201
審査登録制度　54
身体的影響　236
ステイクホルダー　15, 17, 20-22, 30, 33, 35
精密調査地区　189-192

生物兵器禁止条約　330
責任保険契約　272, 276
世論調査　40-42, 130, 183
設計基礎脅威　348
設計及び工事の方法の認可　213, 222
線源責任者　241-248, 251, 253
線量測定サービス会社　246, 254
線量当量　238
選択施設（selected facility）　303
組織線量当量　238
双方向コミュニケーション　129
相互監視規則　354
総合エネルギー調査会　30, 64, 67, 71, 74, 81
増殖可能性　67, 72, 74
損害賠償措置　269-272, 278

●た行

第三者認証機関　56
タイムライン分析　352
第4世代原子力システムに関する国際フォーラム　27
大量破壊兵器　301, 316, 330, 337, 363
（市民との）対話　14, 80, 128, 135, 138-146, 148, 178
単位発電量（kWh）あたりのCO_2排出量　97, 104
段階的安全規制　213
単純所持　225, 228
地域間の公平　200
地域共生方策　202
地域振興　3, 5, 151, 154, 158, 164
地球温暖化　3, 17, 24, 30, 83-94, 96, 98, 100, 103, 108, 130
地球環境問題　14, 22, 24, 33, 51, 60, 72, 79, 127, 365
地層処分　173, 180, 200
地方交付税　153, 155, 162, 169
知慮（フロネーシス）　34, 140
追加議定書　287, 292-297, 304, 308
追加性の証明　104, 106
通常兵器　315, 330
適格施設（eligible facility）　303

適合性評価機関　54
出口規制　214, 247, 258
電気事業法　45, 151, 209
電源三法　153, 156, 161, 169
電離放射線障害防止規則（電離則）　242-251, 265
電離放射線　234, 241, 266
統合保障措置　287, 291, 294
東芝機械　315

●な行
内部脅威者　352, 354
二国間原子力協力協定　76, 286, 289, 308
入口規制　214, 216, 223, 230, 247
燃料備蓄　67, 71, 76-78, 80, 100
燃料輸送　67, 72, 74
ノー・アンダーカット・ルール　326, 332

●は行
排出権価値　106
賠償措置額　270, 273, 276, 281
パブリック・アクセプタンス　128
パブリックコメント　129-131, 140
パリ条約　268, 277-281
発電原価の安定性　75-77
晩発障害　236
汎用品規制　324, 331
非核兵器国　286-, 290, 296, 299, 301-306, 308, 313, 320, 329, 339, 344
備蓄性　99
被ばく線量限度　239, 240
被ばく前歴確認義務　244, 248
物質規制　210, 212, 228, 230
プライス・アンダーソン法　26, 274
ブラックボックス　40
プルトニウム等の回収利用　67, 71, 74, 75
兵器用核分裂性核物質生産禁止条約　287
ベイズ定理　112-114, 116, 122, 124
平成の大合併　154, 160, 163, 169
包括的保障措置　286, 290-292, 294, 296, 300, 302-, 304, 306, 308, 313
防護責任　241, 244, 247
放射性廃棄物　17, 107, 220, 230, 170-173, 364
　高レベル——　28, 77, 101, 173, 192, 201
放射性物質散布装置　351
放射線業務従事者　235, 239, 243, 245, 250-257, 262-265
放射線診療従事者　250
放射性同位元素等による放射線障害の防止に関する法律（放射線障害防止法：障害防止法）　207, 225, 230, 242, 247-250, 260
放射線被ばく　235, 238, 241, 245, 252, 257, 263-265
補完的アクセス　292
補償契約　271-276
補償契約法　271, 274, 276
保障措置（safeguards）　5, 16, 212, 285-297, 299-306, 308-310, 312, 320, 323, 325, 329, 338, 343, 344, 346, 351, 354
　INFCIRC/66型保障措置　289
　INFCIRC/153型保障措置　290
　フルスコープ保障措置（包括的保障措置）　286
　ボランタリー保障措置協定　296, 302-307
ポスト京都議定書　90, 102, 106-108

●ま行
マルチリスク社会　43, 52, 59
ミサイル関連機材・技術輸出規制　330
民主主義的エリート主義　139
もんじゅ事故　13, 15, 21

●や行
輸出（入）管理　5, 16, 315, 320, 322, 325-341, 343
ユーラトム（欧州原子力共同体）　27, 301, 307

●ら行
リスク認知　176, 183-187, 201

●わ行
ワッセナー・アレンジメント　315, 330

執筆者紹介（執筆順，[］内は担当章）

神田啓治（かんだ　けいじ）[序章]
奥付の「編者紹介」を参照。

村田貴司（むらた　たかし）[第1章]
早稲田大学政治経済学部政治学科卒業，京都大学大学院エネルギー科学研究科修了，京都大学博士（エネルギー科学）。科学技術庁原子力局核燃料課長，同研究開発局宇宙政策課長，文部科学省高等教育局医学教育課長，内閣府原子力安全委員会事務局総務課長，文部科学省研究振興局振興企画課長，同大臣官房審議官（研究開発局担当），（独）理化学研究所神戸研究所副所長などを経て，現在，（独）放射線医学総合研究所理事。主な著作に，『次世代エネルギー構想』（共著，電力新報社，1998年），『ブライター・トゥモロー』（共訳，ERC出版，2005年）など。専攻：エネルギー社会・環境科学，原子力政策学。

倉田健児（くらた　けんじ）[第2章]
慶應義塾大学工学部卒業，同大学大学院工学研究科修士課程修了，京都大学大学院エネルギー科学研究科博士後期課程修了。京都大学博士（エネルギー科学）。通商産業省（現経済産業省）入省後，ノースカロライナ州立大学客員研究員，北海道大学公共政策大学院教授，経済産業省生物化学産業課長などを経て，現在，産業技術総合研究所企画副本部長。
著作に，『環境経営のルーツを求めて――「環境マネジメントシステム」の意義と将来』（産業環境管理協会／丸善，2006年），「計測データの相互承認と強制規格――貿易の技術的障壁除去に向けた課題」『国際ビジネスと技術標準』（梶浦雅己編著，文眞堂，2007年所収）など。専攻：技術政策。

入江一友（いりえ　かずとも）[第3章]
東京大学法学部卒業，ジョージタウン大学大学院外交学修士課程修了，京都大学博士（エネルギー科学）。経済産業省勤務を経て，現在，東京大学大学院工学系研究科原子力国際専攻客員教授。原子力安全基盤機構企画部特任参事および日本エネルギー経済研究所研究理事を兼務。主な著作に，『電園都市の創造』（日本地域社会研究所，1995年），『国際平和協力入門』（共著，有斐閣選書，1995年），『原子力の外部性』（共著，日本原子力学会，2006年）など。専攻：エネルギー政策学，原子力社会工学。

371

池本一郎（いけもと　いちろう）［第4章］

京都大学大学院工学研究科修士課程修了，京都大学博士（エネルギー科学）。電力中央研究所入所後，研究開発部原子力推進室長，原子力政策室部長，理事・CS企画部長，理事・広報グループマネージャー等を経て，現在，特別顧問。この間，米国エンリコ・フェルミ炉，動燃大洗工学センター，日本原電にて高速増殖炉の設計に携わる。経済産業省原子力発電顧問，原子力委員会専門委員などを歴任。主な著作（共著）に『電気事業の革新技術』（日本工業新聞社，1986年），『トリレンマの挑戦』（毎日新聞社，1993年），『トリレンマ問題群——次世代エネルギー構想』（エネルギーフォーラム社，1998年）など。専攻：原子核工学，エネルギー・地球環境政策論。

山形浩史（やまがた　ひろし）［第5章］

京都大学工学部卒業，京都大学大学院工学研究科修士課程修了，スタンフォード大学大学院工学研究科修士課程修了，京都大学博士（工学）。経済産業省エネルギー情報企画室長，環境交渉官等，OECD原子力機関行政官，IAEA安全評価アドバイザーを経て，現在，経済産業省産業技術環境局国際室長。主な著作に，"Bayesian Analysis of Public Views on the Safety of Nuclear Development," *Annals of Nuclear Energy*, (Vol.25, No.10, 1998), *Nuclear Education and Training: Cause and Concern?*（共著，OECD，2000年）など。

髙橋玲子（たかはし　れいこ）［第6章］

筑波大学大学院環境科学研究科修了，京都大学博士（エネルギー科学）。(株)東芝入社後，京都大学大学院エネルギー科学研究科研究生（兼務）を経て，現在，(株)東芝電力・社会システム技術開発センター　エネルギーソリューション開発部主務。主な著作に，「原子力の国民的合意形成に向けた対話に関する考察」（『日本原子力学会和文論文誌』第4巻第3号，2005年）など。専攻：エネルギー政策学，環境教育論。

山本恭逸（やまもと　きょういつ）［第7章］

明治大学大学院政治経済学研究科修士課程修了。(財)日本生産性本部勤務を経て，現在，青森公立大学経営経済学部教授。主な著作に，『政策を観光資源に——有料視察から政策観光へ』（ぎょうせい，2007年），『コンパクトシティ——青森市の挑戦』（編著，ぎょうせい，2006年），『ドイツに学ぶ木質パネル構法——地方分権型経済と環境配慮型木造住宅』（大橋好光と共著，市ヶ谷出版社，2004年），『実務者のためのソフトウェア産業人事制度』（コンピュータ・エージ社，1993年）など。専攻：地域経済政策，フィールドリサーチ。

坂本修一（さかもと　しゅういち）［第 8 章］

京都大学工学部卒業，マサチューセッツ工科大学大学院原子力工学科修士課程修了，京都大学博士（エネルギー科学）。文部科学省研究開発局宇宙利用推進室長，地球・環境科学技術推進室長などを経て，現在，文部科学省大臣官房総務課副長。専攻：原子炉物理学，エネルギー政策学。

田邉朋行（たなべ　ともゆき）［第 9 章］

京都大学大学院エネルギー科学研究科博士後期課程修了。京都大学博士（エネルギー科学）。財団法人電力中央研究所主任研究員，大阪大学大学院工学研究科特任准教授（兼任）を経て，現在，同研究所上席研究員。主な著作に，「規制システムと企業コンプライアンス活動との協働——米国原子力事業の例と我が国への示唆」（『ジュリスト』No.1307, 2006年）など。専攻：原子力法，対テロ研究，企業倫理等。

中川晴夫（なかがわ　はるお）［第10章］

京都大学工学部原子核工学科卒業，京都大学大学院修士課程原子核工学専攻修了，京都大学大学院後期博士課程修了，京都大学博士（エネルギー科学）。株式会社日立製作所，社団法人日本電機工業会，社団法人日本原子力産業協会を経て，現在，財団法人放射線計測協会理事，医療法人萌彰会那須脳神経外科病院監事。専攻：原子力政策論，放射線防護政策論。

広瀬研吉（ひろせ　けんきち）［第11章］

京都大学大学院エネルギー科学研究科エネルギー社会・環境科学博士課程修了，京都大学博士（エネルギー科学）。科学技術庁原子力安全課長，内閣府原子力安全委員会事務局長，経済産業省原子力安全・保安院長等を経て，現在，（独）科学技術振興機構理事。専攻：原子力安全工学。

坪井　裕（つぼい　ひろし）［第12章］

東京大学工学部卒業，京都大学博士（エネルギー科学）。科学技術庁保障措置室長，核燃料課長，文部科学省留学生課長，経済産業省原子力安全・保安院核燃料サイクル規制課長，内閣官房内閣参事官，文部科学省開発企画課長等を経て，現在，文部科学省大臣官房政策課長。主な著作に，「二国間原子力協力協定およびそれに基づく国籍管理の現状と課題」（『日本原子力学会誌』第43巻第 8 号，2001年），「核兵器国における保障措置の現状を踏まえた保障措置の普遍化方策」（『日本原子力学会誌』第43巻第 1 号，2001年），「原子力平和利用における保障措置の観点からみた核軍縮に関連する核物質の検証措置のあり方」（『日本原子力学会和文論文誌』第 1 巻第 1 号，2001年），「保障措置シス

テムの進化と今後の展望」(『エネルギー政策研究』Vol. 1 , No. 2 , 2003年) など。

国吉　浩（くによし　ひろし）[第13章]

東京大学卒業，ケンブリッジ大学修士（国際関係論），京都大学博士（エネルギー科学）。通商産業省，資源エネルギー庁，中小企業庁，貿易局，大臣官房に勤務。国際連合工業開発機関（UNIDO）事務局長補佐官，内閣府原子力安全委員会課長，東京工業大学教授を経て，現在，近畿経済産業局地域経済部長，京都大学客員教授。専攻：エネルギー・環境政策，科学技術政策，技術経営。

板倉周一郎（いたくら　しゅういちろう）[第14章]

東京大学工学部原子力工学科卒業，京都大学大学院エネルギー科学研究科博士課程修了，京都大学博士（エネルギー科学）。科学技術庁保障措置課，経済協力開発機構原子力機関（OECD/NEA），在フランス日本大使館（科学技術・原子力担当），東京大学生産技術研究所教授，文部科学省核融合室長，内閣府（総合科学技術会議事務局）参事官勤務を経て，現在，独立行政法人海洋研究開発機構・経営企画室。専攻：核物質防護に関する政策論。

中込良廣（なかごめ　よしひろ）[終章]

奥付の「編者紹介」を参照。

編者略歴

神田啓治（かんだ　けいじ）
東京工業大学大学院工学研究科博士課程原子核工学専攻修了，工学博士。京都大学原子炉実験所助手，講師，助教授，教授を経て2002年停年退官。同年京都大学名誉教授。現在，エネルギー政策研究所長，（財）電力中央研究所名誉研究顧問。主な著作に『知の構築法』（ごま書房，1998年）など。専攻：エネルギー政策学。

中込良廣（なかごめ　よしひろ）
東北大学大学院理学研究科修士課程修了，東北大学理学博士。京都大学原子炉実験所助手，助教授，教授，副所長を経て2007年停年退職。京都大学名誉教授。現在，独立行政法人原子力安全基盤機構理事（理事長代理）。京都大学在職中，1977年12月から1年間，米国レンスラー工科大学（ニューヨーク州）に留学。1996年から京都大学大学院エネルギー科学研究科でエネルギー政策学を担当。国，自治体等の原子力関係緊急時対応，放射性物質安全輸送，原子力防災，核不拡散関係等の委員を務める。2000年科学技術庁長官賞・核物質管理功労者表彰，2006年経済産業大臣原子力安全功労者表彰を受賞。専攻：エネルギー政策学，核燃料管理学。

原子力政策学

2009年11月25日　初版第一刷発行

編　者　神　田　啓　治
　　　　中　込　良　廣

発行者　加　藤　重　樹

発行所　京都大学学術出版会
606-8305　京都市左京区吉田河原町15-9京大会館内
電話075(761)6182　FAX075(761)6190
URL　　http://www.kyoto-up.or.jp/
印刷所　亜細亜印刷　株式会社

ⓒ K. KANDA, Y. NAKAGOME, 2009　Printed in Japan
定価はカバーに表示してあります

ISBN978-4-87698-790-0　C3050